STERNWUNDEN

Der Kosmos ist ein Produkt aus Katastrophen

Carl-Friedrich von Steegen

Copyright © 2015 Carl-Friedrich von Steegen
Alle Rechte vorbehalten

ISBN-10: 1505932637
ISBN-13: 978-1505932638

Erster Teil
Impactjäger

Phaeton, Sohn des Helios, stürzt vom Sonnenwagen

PROLOG EINES PHILOSOPHEN[1]

Zahlreich und vielfältig sind die vernichtenden Verheerungen, die über das Menschengeschlecht hereingebrochen sind und hereinbrechen werden, die gewaltigsten durch Feuer und Wasser, andere minder große durch tausenderlei andere Ursachen. Denn, was auch bei Euch erzählt wird, nämlich dass einst Phaeton, des Helios Sohn, die Lenkung von seines Vaters Gespann an sich nahm, aber unfähig des Vaters Bahn einzuhalten, weite Landstrecken durch Brand verheerte und selbst durch einen Blitzschlag umkam, das hört sich zwar wie ein Märchen an, in Wahrheit aber handelt es sich um eine Abweichung der die Erde umkreisenden Himmelskörper, und um eine in langen Zeiträumen sich wiederholende Verheerung der Erdoberfläche durch massenhaftes Feuer.

---

[1] Platon, -427 bis -347

Krater auf dem Mond (NASA-Foto)

EIN GNÄDIGES ENDE

Der US-Astronom *Eugene Shoemaker* ist 1997 tödlich verunglückt. Soweit wir wissen, ist er der erste Mensch, dessen Asche in den Glaswüsten des Erdtrabanten zu suchen ist. Der Satellit, der eine winzige Kapsel mit ein paar Gramm seiner Asche durch den Raum transportiert hatte, war rund 6.115 Stundenkilometern schnell, als er aufprallte und sich in den Mondstaub bohrte. Der Satellit war die US-Mondsonde *Lunar Prospector*: 160 Kilogramm schwer, 1,2 Milliarden Mark teuer, am 6. Januar 1998 gestartet, 6.800 Mondumkreisungen, am 31. Juli 1999 um 15.51 Uhr (MEZ) auf dem Mond aufgeschlagen. Weil die Erd- und Satelliten-Spezialteleskope nicht wie erwartet die Staub- und Geröllwolken dieses Aufschlags beobachten und auf Eisspuren untersuchen konnten, war die Enttäuschung groß. In dieser Hinsicht ist ein wissenschaftlicher Fehlschlag zu verkraften, wenigstens in diesem Abschnitt der Mission; was aber Eugene Shoemaker betrifft, der bei einem Verkehrsunfall umgekommen war, steht eine spektakuläre Beisetzung auf dem Mond unter dem Strich, eine Beisetzung, die exklusiv und beziehungsreich ist. Shoemaker hat seine letzte Ruhestätte in einem Krater gefunden, in irgendeinem von unzähligen Kratern, die das verwüstete Gesicht des lunaren Südpols wie Blatternarben decken. Wo anders hätte man diesen scharfsinnigen Impact[2]-Forscher würdiger bestatten können als dort, ihn, der zu Lebzeiten Erdkrater erforscht und als Sternwunden identifiziert hat, oder Kometen und Asteroiden am Nachthimmel geortet hat, die potentielle Kollisionsgegner der Planeten sind. Shoemaker gehört in die Spitzengruppe zeitgenössischer Wissenschaftler, denen wir grundsätzliche Kenntnisse über jene vielen kosmischen Crashs verdanken, die die irdische Biosphäre im Laufe der Erdgeschichte heimgesucht haben, Crashs, mit denen wir auch zukünftig rechnen müssen. Shoemakers Grab im Mondkrater ist nicht nur ein Denkmal seiner wissenschaftlichen Arbeit, sondern auch Sinnbild für jene infernalischen Wirklichkeiten, die in ihrem Schrecken zeitlos sind.

Durch die Naturwissenschaften weht ein frischer Wind. Vor gar nicht langer Zeit hätte niemand daran gedacht, Zweifel an der gängigen Evolutionstheorie anzumelden, wonach aller Wandel der Natur die Summe winziger Ereignisse sei, deren Fülle durch den Trichter der Zeit fließt und gemächlich Neues schafft. Vielleicht mussten erst die Apollo 11-Astronauten durch den tiefen Glasstaub des Mondes waten und Zentner von Schmelz- und Trümmersteinen sammeln, ehe die These akzeptiert werden konnte, dass die so sanft und stetig vermutete Evolution der Erde und ihres Trabanten in Wahrheit durch eine Vielzahl von urplötzlichen und folgenreichen kosmischen Katastrophen verschüttet worden ist. Es sind höllische Gewalten

---

[2] Impact = Aufschlag

gewesen, die tausend Arten urplötzlich ausgelöscht und die Erdkruste nach Belieben zertrümmert haben. Luzifers Hammer kommt aus dem All. Unverhofft und apokalyptisch schlägt er zu, und alles wird anders, wenn er die Erde erwischt: Asteroiden oder Kometen sind Todfeinde jeder Evolution, ihr Aufschlag ist die Stunde Satans, ist die Stunde null.

Weil die Lebensverhältnisse auf der Erde immer wieder zerhämmert worden sind, müssen wir die Entwicklungsgeschichte der Arten neu beschreiben lernen, ebenso die Menschheits- und Gesellschaftsgeschichte. Wie noch zu berichten sein wird, hat es vor 65 Millionen Jahren einen kosmischen Donnerschlag gegeben, einen Asteroiden-Treffer, dem alle Tiere von mehr als zwanzig Kilogramm Körpergewicht zum Opfer fielen, im Wasser oder auf dem Land. Auch wenn die Menschengeschichte sehr viel später beginnt – der homo erectus betrat erst vor 1,3 Millionen Jahre die afrikanische Bühne – war auch unsere Spezies Horror-Szenarien ausgesetzt, die dem Saurier-Inferno ähnlich waren, wenn sie auch nicht derartig vernichtend gewesen sein brauchen. Die wenigen Überlebenden haben zu ihrer Zeit über solche Apokalypsen berichtet – es waren traumatische Erlebnisse, so schlimm, dass ihre Schreckensbilder dem Gedächtnis der Völker eingebrannt sind – Spiegelbilder solcher Katastrophenberichte sind die Mythen, wenn sie, in erstaunlicher globaler Übereinstimmung, vom Schicksal ihrer Urvätern berichten, die dem Feuer, den fliegenden Bergen, der Flut, den Feuerdrachen, dem Getöse oder der Finsternis entkamen. In den frühesten Niederschriften ist von solchen chaotischen Zeiten die Rede, in den Epen, Testamenten, Papyri oder heiligen Büchern. Was aber sind Mythen gegen die Wissenschaft?

Sir *Fred Hoyle* jedenfalls, renommierter Mathematiker und Astronom, hat ein ungebrochenes Verhältnis zum Mythos: er habe gelernt, bekennt dieser britische Gelehrte, dass jedes erhalten gebliebene historische Dokument oder auch überlieferte Geschichte mit großer Wahrscheinlichkeit ein wahres Element enthält, ansonsten hätten sie die Zeiten nicht überstanden. Also sind Mythen verlässlichere Indizien für die Erd- und Menschengeschichte, als es Puristen einräumen wollen. Dass dies so ist, hat 1929 der Archäologe Sir *Charles Leonard Woolley* erfahren, ein Landsmann Hoyle's: im mesopotamischen *Tell al Muquyyar*[3] durchstieß Woolley runde sieben Meter Siedlungsschutt, um unverhofft auf eine drei Meter dicke Lehmschicht zu treffen, die frei war von jeglichen Scherben. Darunter setzte sich der Siedlungsschutt fort, es waren aber keine Töpferscheiben-Gefäße mehr wie oben, sondern es kam handgeformte Keramik ans Licht. Woolley rätselte am Phänomen dieser gewaltig dicken Lehmschicht herum, die er zunächst als archaisches

---

[3] Heutiger Irak

Flussbett des Euphrat interpretierte, der in der Vorzeit einen anderen Lauf genommen haben mochte. Doch das konnte nicht stimmen, wie er bald einsehen musste, dafür lag der Grabungsort entschieden zu hoch; auch enthielt die Lehmschicht die Überreste von Seetieren, was auf die Tiefen des Persischen Golfes schließen ließ, dessen Meerwasser hier offensichtlich einmal gestanden hatte. Nach vielen Forschungen und Interpretationen ohne greifbare Resultate hatte man vor Wolleys Entdeckung längst die Hoffnung aufgegeben, je das große Rätsel der Sintflut zu lösen, das in fernen dunklen Epochen der Fabel zu versickern schien: *Und das Gewässer nahm überhand und wuchs so sehr auf Erden, dass alle hohen Berge unter dem ganzen Himmel bedeckt wurden[4]*. An dieses Bibelwort und an Noahs Arche erinnerte sich Woolley gut, vielleicht auch an das sumerische Gilgamesch-Epos und an Noah's Ebenbild Utnapischtim, wo es heißt: *Geht der Wind - die Sintflut, der Südsturm vernichtet das Land*. Nur weil er die Bibel und die darin verewigten Menschheitsrätsel kannte, kam Woolley dem Geheimnis der Drei-Meter-Lehmschicht auf die Spur: der Brite hatte eine regionale Sintflut ausgegraben, obwohl es ihm am Tell al Muqayyar eigentlich um die Königsgräber von Ur gegangen war. Ein Zufall also? Vielleicht – aber ohne den Mythos von der großen Flut, hier überliefert in der Bibel, hätte niemand diesem Fund jene faszinierte Aufmerksamkeit zugemessen, die er bekam, nachdem die Nachricht Woolleys über den Ticker gegangen war. Die Ausgrabung der Sintflut-Lehmschicht ist eines der Beispiele, wie viel ein Mythos beitragen kann, die dunklen Stellen der Erd- und Menschengeschichte zu erklären. Der Mythos ist wie ein Fossil, kein Rest eines vorzeitlichen Organismus zwar, wohl aber das Echo eines prähistorischen Menschenereignisses. Warum also sollte der Mythos kein Mosaikstein für wissenschaftliches Arbeiten sein? Er ist sicherlich ebenso aufschlussreich wie ein rostiges Griffzungenschwert. Der Mythos kann der Forschung Anreiz und Erklärung liefern, und wer ihn belächelt, wird niemals so erfolgreich sein wie Woolley.

Es wäre naiv anzunehmen, so urteilen die Impact-Forscher *Victor Clube* und *Bill Napier*, man bräuchte nur auf die tiefen Risse im jetzigen Wissensgebäude hinzuweisen, und die Gelehrten würden sich daransetzen, einen besseren Verständnisrahmen zu schaffen, in dem die Menschheit ihre Zukunft planen könnte. In den Status Quo ist so viel investiert worden, dass die Aufgeklärten und Etablierten, die an seiner Aufrechterhaltung ein Interesse haben, uns den Kosmos weiter in einer bequemen, gewaltfreien Form präsentieren werden. Die Ideengeschichte zeigt, dass sich sogar einige als Gedankenpolizei aufspielen werden, um die Abweichler ins Glied zurückzutreiben. Ihnen ist vorübergehende Macht wichtiger als das Schicksal der Spezies.

---

[4] 1. Mose 7

Max Planck[5], Physiker und Nobelpreisträger, wird die bezeichnende Bemerkung zugeschrieben, dass die Theorien der Wissenschaft nicht durch logische Argumente überholt werden, sondern durch die biologische Lösung, was heißt, durch das Aussterben derer, die solche Theorien vertreten. In der Tat, ein Blick zurück auf die Geschichte der Wissenschaften legt ihre Menschenschwäche bloß - die Gelehrsamkeit gleicht einer Karawane, deren Trittspuren sich stolz in breiten Trassen sammeln, schließlich aber ins flimmernde Nichts führen; ihre Kamele sind mit Irrtümern und brüchigen Positionen beladen; über ihren Tritten weht ein müder Wind, der alle Spuren endlich unter Sand begräbt – das gnädige Ende einer langen und nutzlosen Reise. Der Streit der Positionen ist zu keiner Zeit sachlich oder nüchtern, denn der subjektive Dünkel streitet mit, er ist der Todfeind jeder Objektivität. Wissenschaftlicher Fortschritt lässt sich eben nicht als Kampf des guten Neuen gegen das böse Alte definieren – verdient doch auch das Alte das Adjektiv gut, solange, bis das bessere Neue gefunden und belegt ist.

Es vollzieht sich also eine Revolution in der modernen Naturwissenschaft, wenn immer mehr Fachleute der These folgen, dass kosmisch bedingte Erdkatastrophen den jeweiligen Erdzeitaltern ein apokalyptisches Ende machten. Dabei standen Impact-Szenarien und andere Ad Hoc-Desaster rund anderthalb Jahrhunderte auf dem Index der Lehrmeinung; es waren im Besonderen amerikanische Wissenschaftler, Eugene Shoemaker zum Beispiel, dessen sterblichen Überreste nun im Mondstaub begraben liegen, oder *Walter* (Sohn) und *Luis Alvarez*[6] (Vater), die den aktuellen Impact-Thesen auf den Weg brachten (1980). In der Tat ist es für die Wissenschaften des 20. Jahrhunderts radikal neu, die Evolution unter den Vorzeichen kosmischer Apokalypsen zu definieren – nunmehr tritt die Vorstellung einer kataklystischen Evolution an die Stelle der Vorstellung vom gemächlichen Werden, eine Erd- und Artengeschichte gewinnt Kontur, worin Phasen des stabilen Gleichgewichts und Phasen des unstabilen Gleichgewichts in geheimnisvollen Zyklen wechseln. Eine neue Sicht – dahinter steckt die Erkenntnis, dass der Kosmos immer wieder regelnd in die Entwicklung der Arten auf Erden eingegriffen hat, nicht nur vor 65 Millionen Jahren, als es die Saurier traf. Auch vor 208 Millionen Jahren gab es ein Massensterben, ebenso vor 245 Millionen Jahren, als sogar 96 Prozent aller Arten einem Impact zum Opfer fielen - ähnliche Apokalypsen sind auch vor 367, vor 440 oder vor 570 Millionen Jahren anzunehmen. Viele weitere Einschnitte kommen hinzu, kleiner zwar, aber gleichwohl von globaler Wirkung. Es ist wahrscheinlich, dass nicht nur kosmische Impacts solche Evolutionsbrüche verursacht haben. Auch die Schwerkräfte von Himmelskörpern, die die

---

[5] 1858-1947

[6] Nobelpreisträger für Physik

Erde dicht passierten, werden diskutiert, ebenso erdnahe Supernovae-Phänomene, auch die Hemmkräfte dichter Dunkel-Materie, wenn unser Sonnensystem diese durchquert. Die Folgen kosmischen Unheils sind lebensfeindlich: Erdkrustenverschiebungen seien genannt, Polsprünge, Gravitations- und Achsschwankungen – globale Aufheizungen sind die Folge, auch Flutkatastrophen, Klimastürze oder vulkanische Apokalypsen.

Es sieht danach aus, als erfahre in unseren Tagen *Georges de Cuvier*[7], französischer Anatom und Paläontologe, seine späte aber totale Rehabilitation. 1817 hatte dieser renommierte Gelehrte sein Fazit aus Analysen der fossilen Ablagerungen im Seine-Becken gezogen und die Katastrophentheorie aufgestellt; der zufolge seien konstante Arten eines Erdzeitalters jeweils durch Katastrophen vernichtet und in einem Schöpfungsakt durch neue Arten ersetzt worden. *Das Leben auf unserer Erde*, so schrieb Cuvier damals, (ist) *oftmals von furchtbaren Ereignissen gestört worden ... Unglücksfällen, die unter Umständen von Anfang an die äußere Erdrinde bis zu großer Tiefe in Mitleidenschaft zogen und umpflügten ... Lebewesen ohne Zahl sind diesen Katastrophen zum Opfer gefallen ... ihre Rassen sind auf immer ausgelöscht, und nichts ist zurückgeblieben als einige Reste, die kaum noch der Naturforscher zu erkennen vermag.* Es ist offensichtlich, dass Cuviers Theorie durchaus in der Tradition des Bibelwortes stand, was von Charles Darwin's Ansätzen nicht mehr gesagt werden kann. In diesem Sinn konsequent, betrachteten Cuvier und seine Adepten die Sintflut als zeitlich letzte dieser Erdkatastrophen. Dennoch: Cuviers Theorie entdeckte die Tiefe der geologischen Zeit, machte Schluss mit *James Usher's* Berechnung, die Welt sei 4004 vor der Zeitrechnung erschaffen worden. Der irische Bischof hatte 1654 eine Studie in lateinischer Sprache veröffentlicht, die diese aus biblischen Angaben abgeleitete Jahreszahl enthielt; immerhin hatte sich die Fachwelt bis ins frühe neunzehnte Jahrhundert mit solchen Berechnungen zufriedengegeben.

Cuviers Katastrophentheorie geriet unter Beschuss, zunächst im eigenen Land. Im Akademiestreit von 1830 setzte sich Cuvier gegen den Zoologen *Etienne Geoffroy Saint-Hilaire* erfolgreich durch. Dies war nur das Vorgeplänkel: in der Mitte des neunzehnten Jahrhunderts folgte diesem französischen Duell eine donnernde Kanonade zwischen London und Paris, und als sich der Rauch verzog, konnte sich *Charles Lyell*[8] als Sieger fühlen. Der britische Geologe hatte in seinen *Grundlagen der Geologie* Cuviers Katastrophentheorie ins Visier genommen und sich gegen ihre *wilde Form* gewandt, wie er es sah: *Man erzählt uns von allgemeinen Katastrophen und einer Folge von Sintfluten*, polemisierte der Brite, *von wechselnden Perioden der Ruhe und der Unordnung, von der Vereisung des Erdballs, von der plötzlichen Vernichtung ganzer Rassen von Pflanzen*

---

[7] 1769-1832

[8] 1797-1875

und was dergleichen Hypothesen mehr sind, in denen wir den alten Geist der Spekulation wiederbelebt finden und ein Bestreben, den gordischen Knoten lieber zu durchhauen, statt ihn geduldig aufzulösen ... Bei unserem Versuch, diese schwierigen Fragen zu entwirren, werden wir einen anderen Kurs einschlagen und uns beschränken auf die bekannten oder möglichen Wirkungen existierender Ursachen; in der Gewissheit, dass wir die Möglichkeiten, die ein Studium des gegenwärtigen Naturablaufs bietet, noch nicht ausgeschöpft haben, dass wir deshalb im Kindheitsstadium unserer Wissenschaft nicht berechtigt sind, unsere Zuflucht zu außergewöhnlichen Agenzien zu nehmen. Wir werden bei dem Plan bleiben, weil die Geschichte uns lehrt, dass diese Methode die Geologen noch stets auf den Weg gestellt hat, der zu Wahrheit führt...

Dieser Weg Lyell's bekam die Namen *Aktualismus* und *Uniformitarismus* – die Erdgeschichte wird als gradualistische Evolution in kleinen Schritten und langen Zeiträumen begriffen; jenseitige Eingriffe fänden nicht statt; Lyell's Modell fand nicht nur im Darwinismus seine konsequente Entwicklung, sondern passte auch gut zum zeitgenössischen technischen Aufbruch und zum Selbstbild der damals aufsteigenden Industriegesellschaft. Man kann *Stephen J. Gould* Recht geben, wenn er Ende der 1970er Jahre die Evolutionstheorie unter die kritische Lupe nimmt und befindet, dass der Aktualismus nichts anderes sei als ein Kernbegriff des viktorianischen Liberalismus.

Es wundert, wie unangefochten Lyell und sein Lager gegenüber den Katastrophisten die Überlegenen mimen konnten, und wie leicht sie die Schlacht gewannen. Cuvier's tausend wohlbegründete Analysen und Rückschlüsse wurden zerfetzt und in den Boden gestampft. Lyell's Sieg war total, Cuvier's Niederlage ein Desaster für die Wissenschaft. Bis in unsere Tage wirkte der Sog des Aktualismus und prägte nachhaltig den Denkstil der Geologie und angrenzender Disziplinen; anderthalb Jahrhunderte lang war Lyell's Aktualismus die Bekenntnis-Latte, worüber die Fachleute zu springen hatten: das Elixier der Natur sei Kontinuität und behutsame Entwicklung, so würgte das Dogma, sie mache keine Bocksprünge. Die Mythen der Welt passten nicht in diese Garotte, ebenso wenig das Wort der Bibel. Götterdämmerung und Feuerriesen, die Sintflut, den flammenden Phaeton, die fliegenden Felsen, den stürzenden Luzifer – wer hat so was je gesehen? Die Aktualisten von gestern und heute sind stolz, den Aberglauben überwunden zu haben, wie sie sagen - Legenden seien unwissenschaftlich und irrational, das hatte schon Lyell vertreten, obgleich er den spektakulären *Heinrich Schliemann*[9] zum Zeitgenossen hatte, der *Troja* (1868-73) und *Mykene* (1874-76) gefunden und ausgegraben hat. Lyell's Grundsatz, es gäbe keine außergewöhnlichen Agenzien, wirkte etwa zwischen 1830 bis 1980, stramm angezogen und voluminös, als Bremsklotz am Rad der Wissenschaft. Erschienen Einzelgänger auf der Überholspur, Außenseiter wie der ebenso geniale wie

---

[9] 1822-1890

spekulative *Immanuel Velikowsky*[10], bestieg man das aktualistische Schlachtross und ritt den mythologisch orientierten Professor nieder, obgleich der, durchaus schlüssig, etliche dunkle Epochen der Erd- und Menschengeschichte gedeutet hatte – man ging gnadenlos um mit diesem Dissidenten, stand man doch wohlbehütet in der Nachfolge der Idole Lyell und Darwin.

Doch die Tage der Aktualisten sind gezählt. 1972 haben *Stephen J. Gould* und *Niles Eldredge* vorgeschlagen, den Darwinismus zu modifizieren; eben weil sich manche Phänomene der Erd- und Artengeschichte nicht als Folge einer natürlichen Selektion erklären lassen, führten die beiden Wissenschaftler den Begriff *unterbrochenes Gleichgewicht* ein. Doch damit allein war der Anschluss an den geschmähten Georges Cuvier noch nicht perfekt. Es bedurfte der spektakulären Erfolge der bemannten und unbemannten Raumfahrt, um seiner Rehabilitation aufzuhelfen. Die Meinungsführung durch die Aktualisten wirkte wie ein Knebel: *Harold Urey*[11] veröffentlichte 1973 im US-Wissenschaftsblatt Nature seine These, dass in den letzten 40 bis 50 Millionen Jahren mehrere Artensterben durch Meteoriten-Impacts verursacht worden seien; dieser Veröffentlichung wurde zwar nicht widersprochen, sie fand aber auch keine interdisziplinäre Resonanz. Andere Querdenker, *David M. Raup* zum Beispiel, Professor für Geophysik an der Universität Chicago, ließen Manuskripte über eigene Impact-Analysen lange in der Schublade, weil sie den Verriss durch die Aktualisten fürchteten. Eine groteske Vorsicht, mag der Außenstehende meinen, doch das aktualistische Establishment agierte und regierte damals mit harten Bandagen, sobald eine kontroverse Idee auf den Plan trat – es sind schwerwiegende Folgen, mit denen Fachleute wie Raup zu rechnen hatten; das Schicksal des großen Cuvier ist abschreckend und stand ihnen sicherlich vor Augen. Eines ist gewiss: Es ist wissenschaftlich fatal, abgenutzte Theorien anzuwenden, um frische Erkenntnisse zu erklären, und je etablierter diese Theorien sind, desto sicherer ist, dass sie untauglich sind für die moderne Zeit. Insoweit waren die 1980er Veröffentlichungen Eugene Shoemakers und Luis/Walter Alvarez' ein notwendiger und gelungener Befreiungsschlag gegen ein mächtiges Establishment, dessen hartleibiger Dünkel auch Augenfälliges nicht gelten ließ.

Raumfahrt- und Satellitentechnik rehabilitieren den Katastrophentheoretiker Cuvier, der das Wechselspiel von Apokalypse und Schöpfung für realistisch hielt; Lyell ist es nun, den die kosmische Technik auf das Abstellgleis fahren lässt – seine Lehre vom Fehlen *außergewöhnlicher Agenzien* erklärte nicht nur die tausend Flutmythen unserer Erde zu Märchen, sondern auch die vielen Kometen und Planetoiden, die die Erdbahn regelmäßig kreuzen und für unseren Planeten eine latente Impact-Gefahr bilden; auch die tau-

---

[10] 1895-1979

[11] Nobelpreisträger für Chemie (1934)

send Krater auf den Planeten, Monden und Asteroiden, die man täglich neu entdeckt und kartographiert, stützen Cuviers Katastrophismus, nicht Lyell's Vision von der gemächlichen, friedlichen Evolution. Eine Synthese beider Theorien, die guten Gründe dafür lagen schon zu Lyell's Zeiten auf der Hand, wäre der Forschung besser bekommen als der kompromisslose Alleingang der Aktualisten.

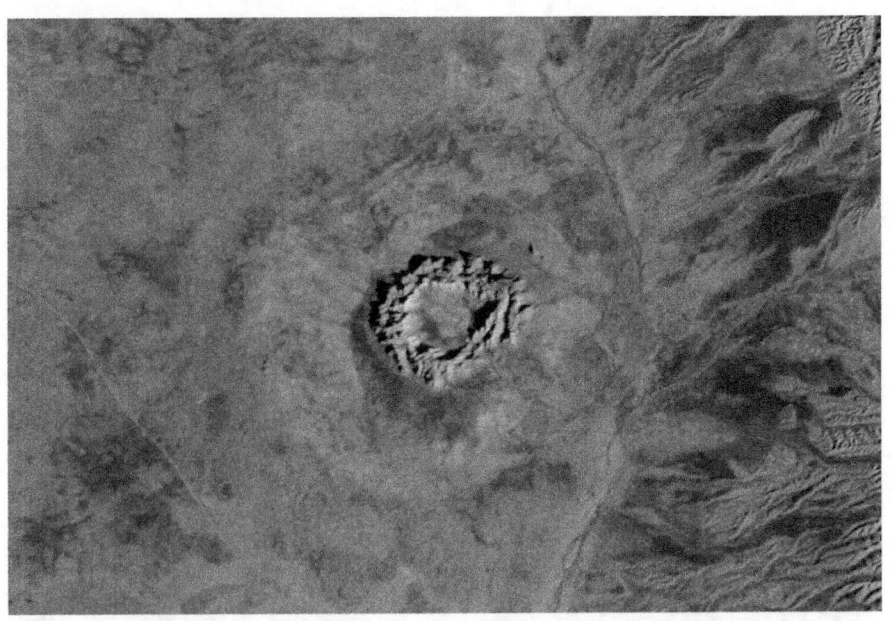

Der Meteoriten-Krater Gosses Bluff (Gesamt), Australien

Der Meteoriten-Krater Gosses Bluff (Innenring), Australien

DIE WELT GEHT UNTER

Glaubt ihr, dass in den alten Sagen ein Kern von Wahrheit steckt? ... in den Erzählungen von ehemaligen zahlreichen Zusammenbrüchen der Menschenwelt durch Überschwemmungen, Seuchen und vieles sonstige Unheil, aus dem sich nur ein winziger Teil des Menschengeschlechts retten konnte ... diejenigen, die damals dem Verderben entrannen, (waren) nichts anderes als Berghirten, die sich hie und da auf den Berggipfeln als schwache Funken zur Wiederbelebung des Menschengeschlechts erhalten hatten ... es war also die Lage der Menschen folgende: eine ungeheure, schaurige Einöde ... von Tieren, da die anderen verschwunden waren, nur einiges Rindvieh und eine oder die andere etwa übrig gebliebene Ziegenart...

Es ist immerhin rund 2.400 Jahre her, dass der altgriechische Philosoph *Platon*[12] über apokalyptische Zerstörungen auf der Erde schreibt, über Weltbrände, Weltfluten, kosmische Katastrophen. Er beschreibt den Taumel der Erde, wenn diese von großen Asteroiden oder Kometen getroffen wird[13], beziehungsweise, wenn sie in die bedrohliche Nähe versprengter Planeten gerät.

Die Gravitation der Himmelskörper ist eben ein kompliziertes Miteinander - in der Regel klappt es präzise und harmonisch, dann aber, urplötzlich und unvermutet, kommt der Hammer aus dem All und löscht ein Zeitalter. Vernichtende Verheerungen durch Feuer und Wasser: In seinem Timaios-Dialog erzählt Platon vom altgriechischen Gesetzgeber *Solon*[14], der nach Ägypten gereist ist und dort im Gespräch mit dem Priester *Kritias* zum ersten Mal vom Untergang des rätselhaften Kontinentes *Atlantis* hört. Es ist merkwürdig, wie selbstverständlich ein antiker Philosoph über Abweichungen der Himmelskörper berichtet, oder von in langen Zeiträumen sich wiederholenden Verheerungen der Erde durch massenhaftes Feuer spricht; es wundert, wenn Platon in seinen Gesetzen von ehemaligen zahlreichen Zusammenbrüchen der Menschenwelt berichtet, woraus sich nur ein winziger Teil des Menschengeschlechts retten konnte. Solche Deutungen waren in unserer Zeit lange suspekt und ließen etliche Generationen die Stirn runzeln und den antiken Philosophen als Märchendichter abstempeln, Generationen, die länger als ein Jahrhundert nicht mehr an Katastrophentheorien glauben mochten, sondern an sanften, langfristigen Evolutionsschemen mehr Gefallen fanden. Das Zeitalter der Satellitenforschung und Weltraumfahrt hat das blinde Fenster zu Platons und Phaetons Feuerstürmen aufgerissen – plötzlich liefert nun auch die zeitgenössische Wissenschaft Thesen

---

[12] -427 bis -347

[13] Phaeton

[14] um -640 bis -559

und Beweise, dass Platon recht hat, und dass das Unfassbare wirklich geschehen ist und wieder geschehen wird. Es ist schwer zu glauben: Mehr als zwei Jahrtausende lang fällt die reale kosmische Apokalypse dem kollektiven Vergessen zum Opfer, werden aus Erde-Asteroiden-Crashs und vergleichbaren Impact-Ereignissen Legenden über flammenspuckende Drachen gewoben, über *Luzifer*, *Quetzal-cohuatl*, den Feuerriesen *Surt* oder über *Typhon*, das Feuermonster mit den hundert Drachenköpfen und Schlangenfüßen.

Es ist gut zu wissen, dass die Staats- oder Gesetzesidee, die Platon aus dem Status Quo der Post-Impact-Verheerung ableitet, auch in der heutigen Zeit, wenn auch mit reichlicher Verspätung, in ihrer kosmischen Realität begriffen und angenommen wird. Es war ein langer Weg zur Erkenntnis, dass die sehr alte Geschichte der Erde und die sehr junge der Menschen etliche Umbrüche erlebt hat – Umbrüche, so radikal und chaotisch, dass von einer regionalen oder zeitlichen Grenze nicht gesprochen werden kann: Der Stern fällt und alles ändert sich - das Klima, die Vegetation, die Fauna, die Jahreszeiten, der Sternenhimmel, die Volksdichte, der Sonnenlauf, die Kulturstufen. Die Sagen über solche Erdrevolutionen machen, so lässt Platon in seinen Gesetzen den *Kleinias* sagen, doch gewiss auf jedermann den Eindruck der Glaubwürdigkeit. Vor 2.400 Jahren glaubte also jedermann an kosmische Kräfte, die periodisch die Erde heimsuchen, sie verheeren und von den Überlebenden einen Kaltstart aus dem Chaos fordern. Diese Platonische Gewissheit ging verloren und blieb verschollen bis in unsere Tage, wohl, weil unsere Generationen solchen Kosmos-Katastrophen zeitlich ferner stehen als Platon: Erst knapp drei Jahrhunderte vor ihm, das dürfen wir nicht vergessen, endeten Laufbahn-Irritationen bei Erde, Venus und Mars, die diese drei Planeten rund achthundert Jahre lang periodisch in gefährliche und katastrophenreiche Konstellationen gebracht hatten, worüber später zu berichten sein wird. Es gibt sicher weitere Gründe für das kollektive Vergessen solcher infernalischen Endzeiten: Die menschliche Psyche schützt sich und begräbt den realen Horror im Unterbewussten, und weil sie seine physischen Ursachen nicht erklären kann, personifiziert sie die kosmische Gewalt in mythologischen Ungeheuern; die Glaubenslehren bemächtigen sich der realen Apokalypse und instrumentalisieren sie als Strafrepertoire gegen die Gottlosen; unter den Überlebenden solcher Katastrophen werden wenige sein, die lesen und schreiben können, und diese wenigen werden ums nackte Leben kämpfen und keine Priorität darin sehen, dieses Wissen zu nutzen oder weiterzugeben.

Pingualuit-Krater (auch Chubb-Krater) auf der Halbinsel Ungava, Kanada
(NASA-Foto)

Der Saturnmond Dione (NASA-Foto)

SCHNAPPSCHÜSSE

Asteroiden sind Himmelskörper aus Stein oder Metall, die um die Sonne kreisen, aber die Größe der Planeten nicht erreichen - man nennt sie deshalb auch Planetoiden[15]. Man hat Asteroiden in der Erdumlaufbahn, aber auch jenseits des Saturn-Orbits entdeckt. Einige haben Bahnen, die den Kurs der Erde kreuzen, viele haben interplanetare Orbits, und etliche hatten in ungewisser Vorzeit Karambolagen mit der Erde – ein gut erhaltenes, spektakuläres Zeugnis einer solchen Kollision ist der *Barringer* Meteorkrater bei Winslow, Arizona, über den noch näher berichtet werden wird.

Die weitaus meisten Asteroiden sind im sogenannten Asteroiden-Gürtel vereinigt, dessen Gesamtheit sich, von der Erde knapp zweiundzwanzig Lichtminuten entfernt, zwischen den Bahnen des Mars und Jupiter hinzieht und wie diese um die Sonne läuft. Die alte These ist wohl inzwischen vom Tisch, die besagt, dass die dortigen Asteroiden Trümmer eines Planeten seien, der in dunkler Zeit kollidiert und in tausend Stücke gegangen ist; heute hält man es für wahrscheinlicher, dass diese Asteroiden niemals einen gemeinsamen Planeten gebildet haben – denn denkt man sich die vermeintliche Masse aller Asteroiden in einem Himmelskörper vereinigt, erreichte dieser nur einen Durchmesser von weniger als tausendfünfhundert Kilometern – das ist geringer als die Hälfte des Erdmond-Durchmessers; auch hat man die Gesamtmasse aller Asteroiden errechnen können, ihre obere Grenze liegt etwa bei einem Zehntel der Erdmasse. Immerhin: im Asteroidengürtel mögen sich mehr als fünfzigtausend Objekte mit Durchmessern von über einem Kilometer tummeln - allerdings hat man erst rund fünfzehn Prozent von ihnen orten können. Der größte bekannte Asteroid dort ist *Ceres*, dessen Durchmesser 768 Kilometer betragen dürfte. Auf den Plätzen folgen *Vesta* (500) und *Pallas* (492). Die kleinsten sind nicht größer als Kieselsteine – nur sechzehn Asteroiden erreichen, soweit man weiß, einen Durchmesser von zweihundertvierzig Kilometern oder mehr. Solche Kleinkörper entscheiden sich in ihren physikalischen Eigenschaften und Größen wenig von den meisten Monden oder auch von jenen Partikeln, die die Planetenringe bilden. In der großen Masse ziehen im Gürtel rohe Trümmerstücke ihre Bahn, die nicht annähernd kugelrund, sondern bruchkantig, oft sogar hantelförmig sind. Sehr individuell scheint *Herculina* die Sonne zu umrunden – seit 1979 hat man Grund zur Annahme, dass diesen Asteroiden ein eigener Satellit umkreist.

Schwerer berechenbar sind jene Asteroiden, die ihre eigenen Bahnen ziehen, weit außerhalb des gemeinsamen Orbits des Asteroidengürtels. *Icarus*

---

[15] Kleinplaneten

scheint derjenige Asteroid zu sein, der am nächsten an der Sonne vorbeifliegt - dort erhitzt er sich auf Plus sechshundert Grad Celsius, während er sich beim Durchgang zwischen Mars und Jupiter dann auf rund Minus hundert Grad abkühlt. Dann ist da noch *Hidalgo* – seine Bahn reicht fast an die des Saturns heran. Ein Extremfall ist *Chiron*[16]: seine Bahn um die Sonne liegt zum großen Teil zwischen Saturn und Uranus, ihr kleinerer Teil ragt aber noch in die Saturn-Orbit hinein. Da sind dann noch die sogenannten *Erdstreifer*. Zunächst der seit 1898 beobachtete *Eros*[17], der sich weit in das Innere des Planetensystems begibt – er kreuzt die Marsbahn und kommt dem Erd-Orbit auf zweiundzwanzig Millionen Kilometer nahe. Inzwischen hat man auch *Amor* gefunden, der bis auf 16,5 Millionen Kilometer herankommt. *Geographos* kreuzt die Erdbahn nach innen, *Apollo* und *Adonis* schneiden auch noch die Venusbahn. Ein Sonderfall ist *Hermes*[18]: 1937 kam er der Erde auf sechshunderttausend Kilometer nahe.

Die Asteroiden sind kosmische Körper, die aus der Geburtszeit unseres Sonnensystems stammen und rund 4,5 Milliarden Jahre alt sind - so alt also wie das Sonnensystem selbst. Asteroiden sind die Mutterkörper der meisten Meteoriten. Der Asteroidengürtel ist eine höllisch unruhige Gegend, dort tobt sich Jupiters mächtige Gravitationskraft aus und setzt Kollisionsketten in Gang – ganze Asteroiden oder Trümmer von ihnen verirren sich von dort auf exzentrische planetenkreuzende neue Bahnen, begeben sich bis in die Nähe der inneren Planeten und werden von Mars, Erde oder Venus eingefangen, wo sie schließlich als Meteoriten vom Himmel fallen. Was wir über die Asteroiden wissen, stammt oft aus Untersuchungen jenes kosmischen Fallouts an Staub und Trümmern, der täglich auf unsere Erde fällt. Es hat sich eingebürgert, alle Asteroiden, die sich auf Kollisionskurs mit der Erde befinden, *Meteoriten* zu nennen. Schlägt ein solcher Asteroid/Meteorit mit hoher kosmischer Geschwindigkeit in die irdische Atmosphäre, lässt ihn der Luftwiderstand glühend verdampfen – der Beobachter sieht einen gestreckten Feuerstreif zur Erde stürzen, ein astronomisches Phänomen, das er als *Meteor* bezeichnet. Schlägt ein überbleibender Rest auf die Erde, weil der Himmelskörper nicht ganz verdampft ist, wird der Findling Meteorit genannt. Es ist nicht immer leicht, die Steinmeteoriten als solche zu identifizieren, weil sie mit den irdischen Gesteinen verwechselt werden können.

Natürlich will die Wissenschaft alles über die Zusammensetzung des Asteroiden-Materials wissen, weil jeder Asteroid ein mehr oder weniger unbeeinflusster Zeuge der Urgeschichte unseres Sonnensystems ist. Solchen

---

[16] zwischen zweihundert und siebenhundert Kilometer Durchmesser

[17] dreiundzwanzig Kilometer Durchmesser

[18] ein Kilometer Durchmesser

Forschungen hat die Raumfahrt Flügel gegeben, denn bis 1991 gab es über die Asteroiden nur Erkenntnisse, wie sie durch erdgestützte Forschung gesammelt werden konnten. Raumsonden, die seit 1991 durch den Asteroidengürtel streifen, dokumentieren, dass dieser keinesfalls dicht belegt scheint, weil die Trümmerkörper dort weit voneinander entfernt ihre Bahnen ziehen. Besonders fleißig war die *Galileo*-Sonde: Im Oktober 1991 zog sie am Asteroiden *951 Gaspra* vorbei, den diese unbemannte Visite zum Ersten unter Seinesgleichen machte, von dessen kraterreichen Fläche es High-Tech-Aufnahmen mit hoher fotografischer Auflösung gibt; im August 1993 gab es eine zweite Galileo-Mission im Asteroidengürtel, diesmal kam der Asteroid *243 Ida* in den Nahbereich einer Serie von faszinierenden Schnappschüssen; die beiden Himmelskörper klassifiziert man seit diesen Besuchen als S-Typ-Asteroiden, weil sie sich aus metallreichen Silikaten zusammensetzen.

Am 27. Juni 1997 war der Asteroid *253 Mathilde* an der Reihe, die Sonde *Near* machte eine Nah-Visite mit High Speed. Zum ersten Mal konnten sich die Fachleute nun einen fernen Asteroiden begucken, der zum karbonreichen C-Typ gehört. Die Near-Visite war eine Glanzleistung, weil die Sonde gar nicht für solch ein fliegendes Rendezvous bestimmt war; eigentlich ist Near ein *Orbiter*, eine umlaufende Sonde also, die im Januar 1999 den Erdstreifer *Eros* vor die Objektive kriegen sollte.

Natürlich haben Astronomen wegen Galileo oder Near nicht aufgehört, von der Erde aus Asteroiden zu beobachten und auszuforschen. Interessante Studienobjekte sind Asteroid *4179 Toutatis*, *4769 Castalia*, der Erdstreifer *Geographos* oder das Impact-Opfer *Vesta* – die Astronomen nahmen sich die ersten drei mit ihren Radio-Teleskopen vor, als diese Himmelskörper in ihren Bahnen der Erde am nächsten kamen; Vesta war vom 28. November bis 1. Dezember 1994 Vorzugsobjekt des Hubble-Raumteleskops.

Impact (Tomislav Zvonaric, http//www.shutterstock.com/)

ABGESPRENGT

Meteoriten sind Steine, die vom Himmel fallen. Jeden Stein, der nicht von der Erde stammt aber dort geortet wird, nennt man Meteorit. Dabei ist nicht von Belang, ob dieser Eindringling in seinem Ursprung ein Komet oder ein Asteroid gewesen ist. Doch in der Regel nimmt man an, dass der größere Teil solcher Brocken aus dem Asteroidengürtel stammt.

Meteoriten ordnet man heute in drei Stoffgruppen: Eisen-Meteoriten, Stein-Eisen-Meteoriten und Stein-Meteoriten. 92,8 Prozent solcher Fundstücke bestehen aus Stein (Silikat), 5,7 Prozent aus Eisen und Nickel, der Rest ist eine Mischung aus diesen Dreien. Fachleute schließen aus ihrer Substanz auf die Beschaffenheit des jeweiligen Asteroiden, von dem sie abstammen. Man geht davon aus, dass Meteoriten durch Kollisionen entstehen, wobei Stücke abgesprengt oder diese im Gesamten zertrümmert werden - die neu entstandenen Meteoriten werden durch die Schwerkräfte solcher Kollisionen in eine neue Umlaufbahn geschossen. Auch können komplette Asteroiden durch Kollision oder durch den Einfluss anderer Planeten in eine neue Bahn schnellen, besonders wegen der Kraft Jupiters. Es trifft zu, dass die größeren Asteroiden ähnlich strukturiert sind wie Merkur, Venus, Erde und Mars: Kern, Mantel und Kruste entstanden in einem Schmelzprozess, wobei die schweren metallischen Komponenten in die tiefe Mitte sanken, und leichtere Silikat-reiche Komponenten aufstiegen. Deshalb ordnet man die Eisen-Meteoriten dem Nickel-Eisen-Kern eines zertrümmerten Asteroiden zu, die Stein-Eisen-Meteoriten seinem Kern-Mantel-Bereich, die Stein-Meteoriten dem Krusten- oder Mantel-Bereich. Eine Sonderform sind die *Kohligen Steinmeteoriten*[19], in ihnen finden sich Beimengungen von etlichen Prozenten Kohlenstoff. Sie sind aus Hochdruckmineralien gebaut und können ein direktes Kondensat der solaren Gas- und Staubwolke sein. Damit wären sie die Ursubstanz der Galaxis, eine Form galaktischer Materie, die seit der Entstehung des Sonnensystems kaum mehr verändert worden ist – Meteoriten also, deren Stoff rund vier Milliarden Jahre alt ist.

---

[19] Chondrite

Ganymed, der größte Mond Jupiters (NASA-Foto)

STERNSCHNUPPEN

Das Wort Komet verdanken wir den antiken Griechen, die den merkwürdigen Stern mit seinem Schweif Langhaar-Stern[20] nannten. Nicht nur Asteroiden/Meteoriten sind potentielle Kollisionsgegner der Erde – auch Kometen sind ein bedrohliches Impact-Potential. Bei seiner Passage durch das Sonnensystem verliert der Komet Substanz – Fachleute berechnen einen Massenschwund von jeweils ein bis drei Metern des Kerndurchmessers, so dass der Komet nur einige Tausend Passagen überlebt; Veränderung der Masse bedeutet Veränderung der Bahn, Veränderung der Bahn bedeutet latentes Kollisions-Risiko. Man hat einmal gesagt, Kometen seien gewaltige schmutzige Schneebälle - ein Gemenge von Staub-Partikeln und Silikat, das in einem frostigen Ball zusammengepresst ist. Der Vergleich, weiß man heute, ist nicht besonders treffend: Kometen haben nämlich einen kompakten Kern, was Schneebälle nicht haben – ihm gehören größere Stein- und Eisenmeteorit-Stücke an; sie sind in Schwärmen geordnet oder zu Blöcken zusammengebacken, die bis zu zehn Meter Durchmesser haben; der Durchmesser eines Kometen beträgt ein bis hundert Kilometer – das Eis besteht aus gefrorenen Ammoniak-, Methan-, Dicyan- oder Kohlenmonoxid-Gasen, auch Wassereis kann vorkommen. Wir können mit bloßem Auge sehen, wie ein sonnennaher Komet Masse verliert: um seinen Kern bildet sich die Koma, ein das Sonnenlicht reflektierender, diffuser Nebelkörper aus Gas und verdampftem Meteoritenstaub, der bis zu eine Million Kilometer durchmessen kann – gelegentlich zeigen sich sogar deutliche Eruptionen im Kern, die die Koma aufblähen; ist deren Gasvorrat reichlich und zieht der Komet sonnennah vorbei, reißen die aus der Sonne strömenden elektrisch geladenen Partikel[21] Teile der Koma mit sich; so entsteht der sonnenabgewandte Kometenschweif, der hundert Millionen Kilometer lang sein kann, in Ausnahmefällen sogar dreihundert Millionen. Bei jeder sonnennahen Passage verliert der Komet bis zu drei Metern seines Kerndurchmessers an Masse, und es kommt durchaus vor, dass Kometen oder Teile davon auf die Erde oder auf andere Himmelskörper schlagen. Am 18. November 1999 zum Beispiel, früh am Donnerstagmorgen, machte wieder einmal der *Leoniden*-Meteoritenschwarm von sich reden, eine dicke Wolke von Mikro-Partikeln aus dem Dunstkreis des Kometen *Tempel-Tuttle*, die alljährlich auf die Erde prasseln; bis zu tausendachthundert Sternschnuppen pro Stunde wurden gezählt, und man sorgte sich um die einigen tausend Satelliten im Orbit – das Max-Plack-Institut für Astronomie Heidelberg hatte eine Wahrscheinlichkeit von dreißig Prozent errechnet, dass einer

---

[20] aster kometes

[21] Sonnenwind

dieser sündhaft teuren künstlichen Trabanten im Sturm der Leoniden getroffen und beschädigt würde. Zum Glück ging alles gut.

An der Kollisions-Gefahr mit Kometen ist kein Zweifel unter den Fachleuten, spätestens, seit man das Impact-Ereignis auf dem Jupiter (1994) beobachten konnte; auch sieht es so aus, als ob die spektakuläre Detonation über der sibirischen *Steinigen Tunguska*[22] einem Kometenkern zuzuordnen ist, der dort verdampfte. Es ist ein Geheimnis um diese spektakulären Himmelskörper, um *Halley, Encke* oder Tempel-Tuttle: Fachleute sagen, dass sich der Asteroidenbestand des Sonnensystems langfristig durch Kometenkerne vollständig erneuert, die aus dem unerschöpflichen Reservoir der außergalaktischen *Öpik-Oortschen Wolke* kommen. Es ist die Gravitation vorbeiziehender Sterne, welche solche Boliden dort einfängt und ins innere Sonnensystem katapultiert, wo sie durch die Umlaufbahnen der Planeten und Monde schießen. Sicherlich wird die Masse von ihnen irgendwann der lähmenden Gravitation des gewaltigen Gasriesen Jupiter erliegen, der sie im Asteroidengürtel versammelt. Doch macht unsere galaktische Existenz von über vier Milliarden Jahren viele Hammerschläge wahrscheinlich, die besonders die inneren Planeten getroffen haben, und die Kometen zuzuschreiben sind – es gibt keinen Grund anzunehmen, dass unsere Erde solchen speziellen Apokalypsen entgangen sein sollte.

Besonders Halley war es, der den gängigen Vergleich, Kometen seien so etwas wie gigantische schmutzige Schneebälle, relativierte – während eines Umlaufs so zu zerlegen, wie es Halley im März 1991 getan hat, wäre einem schmutzigen Schneeball im freien Flug bei minus 200 Grad Celsius nicht eingefallen. Am 30. bis 31. März blies Halley rund eine Million Tonnen feiner Partikel in den Raum, die im Sonnenlicht eine sehr spezielle Strahlung von sich gaben, wie sie für organische Materie[23] typisch ist und nicht für wesenlosen Schmutz. Was hätte ein schmutziger Schneeball an Halley's Stelle getan? - er wäre allmählich verdampft, weil er ja im sonnennahen Raum ausreichend erhitzt worden war. Halley aber spuckte in einer Reihe von Eruptionen gewaltige Mengen von Materie ins All, und dies, als er bereits jenseits der Saturnbahn dem Uranus zusteuerte, etwa zwei Milliarden Kilometer von der Sonne entfernt – in einer Sonnenferne also, wo jede gewöhnliche Verdampfung längst hätte aufhören müssen.

Es mag sein, dass Kometen in ihrer Sternzeit-Jugend so viel radioaktive Masse besessen haben, dass deren Hitze das Gefrieren von Flüssigkeiten verhinderte. Mit dem Abbau dieser Strahlung dürfte ein Prozess der Vereisung in Gang gekommen sein, die außen begann und sich nach innen fort-

---

[22] 1908

[23] Kohlenwasserstoffe

setzte. Nun weiß man, dass sich Flüssigkeiten beim Gefrieren ausdehnen, und kann sich vorstellen, was passieren muss, wenn sich ein solcher Prozess in einer kugelförmigen dichten Hülle aus Eis vollzieht: geht man vom Wasser aus, entwickeln sich etwa 30 Atmosphären Druck in diesem geschlossenen frostigen Kessel, und nimmt man andere Flüssigkeiten an mit niedrigerem Gefrierpunkt als Wasser, Kohlenwasserstoffe zum Beispiel, erhöht sich dieser Druck deutlich – in jedem Fall brechen Spalten und Löcher auf der Oberfläche des Kometen auf, gewaltig klaffende Ventile, woraus mit hohem Druck flüchtige Teile nach außen schießen und ins All puffen. Man stelle sich zusätzlich die Gravitationskräfte der Planeten vor, die einen Kometen in eine den Erdorbit kreuzende Bahn schleudern – mit den ersten Umläufen in dieser neuen Bahn käme es immer neu zur Verdampfung dieser flüchtigen Materie, was zur allmählichen Auflösung von Trümmerstücken und zur Emission ihrer Materie führen dürfte, in die mit der Zeit der ursprüngliche Kometenkörper zerfallen ist; bei solchen hohen Drücken werden sich die geschilderten Emissionen in einer Kette von Eruptionen abspielen, die, wie am Beispiel Halley Ende März 1991, oft spektakulär ausfallen.

Kometen sind die ältesten und ursprünglichsten Himmelskörper. Ihre Untersuchung vor Ort brächte unschätzbare Einblicke in die Entstehungsgeschichte des Sonnensystems. Deshalb hat die europäische Weltraumorganisation[24] die komplizierte Landung[25] auf dem Kometen *67P/Churyomov-Gerasimenko* zu Stande gebracht. Das gelang mit dem Trägersystem *Rosetta* und dem Lander *Philae*. Man warf den Lander auf den Kometen ab, weil das ESA-Team diesem hochkomplizierten Forschungsgerät keinen eigenen Antrieb gegeben und sich auf die minimale Schwerkraft des Kometen verlassen hatte. Für die Landung hatte man einen sonnigen Ort auf dem Kometenkopf ausgesucht, gelegen in einer abwechslungsreichen und wenig zerklüfteten Ebene, einen Ort, der den Akkumulatoren des Landers ausreichend Sonnenstunden zum Aufladen bieten sollte. Die Landung gelang, aber dann ging es doch schief. Das Gerät setzte dreimal auf, kam beim letzten Kontakt außerhalb der Zielregion zum Stehen, die Verbindung riss schließlich ab. Trotz solcher Friktionen: Rosetta versorgt die Erde mit Fotos aus greifbarer Nähe. Faszinierend - ein Komet zum Anfassen. Man hofft, dass Philae Sonnenlicht bekommt, man hat die Kollektoren drehen können. Auch wenn es nicht gelingt, die Akkumulatoren zu laden, ist die Aktion ein großer Wurf. Kein Zweifel.

---

[24] ESA

[25] 12. November 2014

Krater auf dem Merkur (NASA-Foto)

HIROSHIMA-BOMBEN

Amerikanische Astronomen haben einen Asteroiden ausgemacht, der in dreißig Jahren der Erde gefährlich nahe kommen könnte. *Die Möglichkeit einer Kollision ist gering, aber gegeben*, schreibt die Internationale Astronomische Union. Nach derzeitigen Berechnungen wird der Asteroid mit der Bezeichnung *1997 XF11* im Oktober 2028 unserem Planeten am nächsten kommen. 1997 XF11 hat etwa einen Durchmesser von 1,6 Kilometern. Der amerikanische Asteroiden-Spezialist *Jacke Hills* von der Sternwarte Los Alamos sagte, dass erstmals ein Objekt dieser Größe der Erde so nahe käme. *Das ist der gefährlichste, den wir je gefunden haben. Es macht mir Angst. Ein Objekt dieser Größe kann viele, viele Menschen umbringen. Am 26. Oktober 2028 schlägt der Asteroid bei uns ein.* Sein Kollege *Steven Maran* von der Astronomischen Gesellschaft stimmte der Einschätzung des Gefahrenpotentials zu, wies aber darauf hin, dass noch Jahre nötig seien, bis die Flugbahn des Asteroiden genau berechnet werden könne. Auch die NASA konterte: Erst 2002 käme XF11 der Erde nahe genug, um seine Flugbahn exakt zu berechnen. Nach den Berechnungen von Hills würde 1997 XF11 mit einer Geschwindigkeit von mehr als siebenundzwanzigtausend Kilometern pro Stunde auf der Erde einschlagen, und damit eine Energie von 320.000.000 Tonnen Dynamit freisetzen – das entspricht fast zwei Millionen Hiroshima-Atombomben. Sollte der Asteroid im Atlantischen Ozean einschlagen, würden die Küsten von einer zig Meter hohen Flutwelle verschlungen. *Wo Städte stehen, werden nur noch Schlammwüsten sein*, erklärte Hills. Sollte XF11 auf dem Festland aufschlagen, entstünde ein Krater mit einem Durchmesser von zweiunddreißig Kilometern. Der Himmel wäre *möglicherweise für Monate von Staub verdunkelt*[26]. Eine apokalyptische Vision: Der Asteroid 1997 XF 11 als Luzifers Hammer, als fallender Engel, der das Höllenfeuer der Neuzeit auf der Erde anzünden wird - wenn Jacke Hills recht hat.

Die Furcht vor Kollisionen zwischen Erde und Himmelskörpern sitzt tief. Im Zeitalter der Raumfahrt und Satelliten sammelt der Mensch alle Daten über solche Gefahren – es könnte ja sein, dass man das Wissen um verdächtige Kometen oder Asteroiden einmal brauchen kann, um diesen im All zuvorzukommen, bevor es zu spät ist und sie auf unseren Globus krachen. Eine beispiellose Mission ist der Start von *Deep Space 1* am 25. Oktober 1998: dieser unbemannten NASA-Raumsonde, die erste übrigens mit dem futuristischen Ionen-Triebwerk, war unter anderem bestimmt, den 193 Millionen Kilometer entfernten Asteroiden *9969 Braille*[27] unter die Lupe zu

---

[26] eine Meldung der amerikanischen Nachrichtenagentur AP, Anfang 1998

[27] Louis Braille, 1809-1853, Erfinder der Blindenschrift

nehmen. Braille ist ein imponierender Klotz, dem Deep Space 1 am 29. Juli 1999 bis auf sechsundzwanzig Kilometer nahekam. Am 23. September 2001 sah sich Deep Space 1 dann den Kometen *Borelly* an, bevor die Sonde abgeschaltet wurde und auf Nimmerwiedersehen im All verschwand. Deep Space 1 ist die erste Sonde einer Serie: Deep Space 2 startete am 3. Januar 1999, ging aber am 3. Dezember 1999 verloren. Im April 2003 sollte Deep Space 4 ins All, um sich auf den Kometen Tempel 1 zu stürzen; nach einer weichen Landung auf diesem frostigen Vagabunden sollten Proben gesammelt und zur Erde zurückgebracht werden: dieses Unternehmen wurde aus Budget-Gründen gestrichen.

Die Wissenschaft setzt der Technik ehrgeizige Ziele, aber der Kosmos ist eisig und unwirtlich, und nicht immer ist ihm die ausgeklügelte Elektronik der Raumfahrt gewachsen: Deep Space 1 flog zwar dicht an Braille vorbei, aber die Fachleute im *Jet Propulsion Laboratory (JPL)*[28] der NASA sahen den Asteroiden nicht, weil die Kameras in den falschen Sektor geschaut und das schwarze All gefilmt hatten - dabei hatte man sich auf Nahaufnahmen zehn Meter kleiner Details auf 1992 Braille's Narbengesicht gefreut. Doch gab es dann doch guten Erfolg – aus der Rückschau, rund 14.500 Kilometer weiter, gelangen Bilder, die 1992 Braille als 2,2 Kilometer langen und knapp halb so breiten Brocken identifizierten, der vielleicht aus zwei Einzelteilen besteht. Es konnten auch Infrarotspektren von Brailles Oberfläche gewonnen werden, die ausgewertet wurden und einen ungewöhnlichen Reichtum an Pyroxen zeigten. Nun weiß man von Vesta, dem drittgrößten Kleinplaneten im Asteroidengürtel zwischen Mars und Jupiter, dass dort eben dieses Mineral auffallend häufig ist. Es liegt deshalb nahe, Braille als Splitter dieses 500 Kilometer großen Planetoiden zu interpretieren, oder beide als Trümmer eines noch größeren Himmelskörpers, der irgendwo und irgendwann auseinander geflogen ist. Vor wenigen Jahren fotografierte das Hubble-Weltraumteleskop auf Vesta einen mächtigen Krater – durch diesen Impact könnte Braille abgesprengt worden sein, ebenso die zirka 250 übrigen Brocken, die man in Vestas Umgebung orten konnte. Interessant: kleinere Splitter dürften damals weit fortgeschossen und auch auf der Erde aufgeschlagen sein, wo man sie schließlich fand – sie gehören zur Meteoritenklasse der *Eukriten*. Es liegt wohl an der Schwerkraft Jupiters, wenn Braille aus dem Asteroidengürtel katapultiert worden ist. In etwa sechstausend Jahren dürfte Braille zum Erdbahnkreuzer werden, dies hat *Gerhard J. Hahn* vom Deutschen Zentrum für Luft- und Raumfahrt[29] ausgerechnet - die Gefahr einer Kollision sei gegeben.

In der Tat, über unserer Erde hängt ein kosmisches Damokles-Schwert:

---

[28] Pasadena, Kalifornien

[29] Berlin

Der Planet rotiert durch einen Schwarm von Kometen und Asteroiden. Nicht immer sind solche Himmelskörper ferne kalte Lichter. Sie können hell werden wie die Sonne und am Tage leuchten wie sie, und sie können, das ist dann der schlimmste denkbare Fall, mit kosmischer Geschwindigkeit auf der Erde aufschlagen. Sie können das nicht nur, sie tun das auch – die nächste Apokalypse, ausgelöst durch den Treffer eines karambolierenden Boliden aus dem All, ist nur eine Frage der Zeit. In der Tat, durch das Sonnensystem reist eine riesige Flotte von Asteroiden und Kometen – ihr kosmischer Kurs ist zwar in Bahnen gelenkt, doch zerren die Massen der Sonne und ihrer Planeten an solche Himmelskörpern, verändern ihre Orbits, drängen die Kometen und Asteroiden aus sicheren Umläufen, zwingen sie auf Kollisionskurs. Gut 75 Jahre[30] ist es her, dass man als ersten Erdstreifer *Hermes* entdeckte, einen Asteroiden, dessen Umlaufbahn den Orbit der Erde schneidet. Die Entwicklungen in der astronomischen Beobachtungs-Technik sind so fortgeschritten, dass Fachleute inzwischen jährlich Dutzende weiterer Erdstreifer und kurzperiodischer Kometen identifizieren. Die Raumsonden des Zwanzigsten Jahrhunderts haben am Beispiel der inneren Planeten und aller Planeten-Satelliten den fotografischen Beweis erbracht, dass deren Oberflächen von Kratern durchlöchert sind. Ein verheerendes Trommelfeuer aus kosmischen Projektilen ist schuld an solchen globalen Pockennarben, ein Trommelfeuer, das schon länger als viereinhalb Milliarden Jahre lang anhält – die Tatsache, dass das Bombardement der Planeten in den ersten 500 Millionen Jahren nach ihrer Entstehung besonders intensiv war und dann kontinuierlich nachgelassen hat, mag zur Erleichterung der gegenwärtigen Generation beitragen, nicht aber zu ihrer Beruhigung. Es wundert nicht, wenn die Impact-Forschung heute eine große Rolle in der wissenschaftlichen Beurteilung der Erdgeschichte spielt, von der Geologie bis hin zur Entwicklung des irdischen Lebens.

Die wissenschaftliche Welt wurde 1980 wach, was kosmische Zufälle durch Kollisionen der Erde mit großen Himmelskörpern anging. Besonders die Amerikaner *Luis und Walter Alvarez* hatten dieses neue Kapitel des Katastrophismus aufgeschlagen, als sie die These veröffentlichten, solch ein Mega-Impact und der daraus resultierende globale Staubmantel hätten so manche Art auf der Erde ausgelöscht - ganz konkret seien es die Saurier gewesen, denen ein Asteroid-Impact vor 65 Millionen Jahren den Garaus gemacht habe. Diese These löste eine Welle wissenschaftlicher Publikationen aus, und das öffentliche Interesse an diesem kosmischen Stoff stieg nachhaltig. Mitte Juli 1981 kam es in *Snowmass*, Colorado, zu einem ersten interdisziplinären Workshop zum Impact-Thema[31], der einen breiten Kon-

---

[30] 1937

[31] Collision of Asteroids and Comets with the Earth: Physical und Human Consequences

sens in dieser Sache brachte. Unter dem Buchtitel *Cosmic Catastrophes* (Chapman und Morrison) erschien dann 1989 eine Zusammenfassung der wesentlichen Ergebnisse dieser Fachtagung, und dann, im gleichen Jahr von denselben Autoren, eine weitere Präsentation anlässlich eines neuen Impact-Kongresses[32].

Der Kosmos selbst gab solchem wissenschaftlichen Interesse Auftrieb, als im selben Jahr der Asteroid *1989FC* an der Erde vorbeischrammte. Das *AIAA*[33] nahm die unverhoffte Annäherung dieses Erdstreifer zum Anlass, neue Verfahren zu entwickeln, um die Früherkennungs-Rate bei Erdstreifern zu steigern; dem Institut ging es auch um die Klärung der Frage, wie man solche kosmischen Projektile daran hindern kann, die Erde zu treffen. Die Überlegungen und Vorschläge der AIAA wurden dann im Ausschuss für Wissenschaft, Weltraum und Technologie des Repräsentanten-Hauses[34] beraten, was dazu führte, die NASA offiziell mit solchen Forschungen und Projekten zu beauftragen. Parallel zu solchen politischen Maßnahmen steigerte eine kleine Gruppe von Wissenschaftlern die Früherkennungsrate bei Erdstreifern, und so manche dieser Entdeckungen lieferten Schlagzeilen. Und es gab neue Kongresse: Im Juni/Juli 1991 die internationale Konferenz über Erdstreifer[35], im Oktober 1991 dann das Treffen zum Thema Asteroiden-Gefahr[36]. Im August 1991 hatte eine Erklärung der International Astronomic Union breite Zustimmung gefunden, bei der Suche nach den tückischen Erdstreifern international zu kooperieren.

Auch wenn es scheint, als sei man sich der Asteroiden-Gefahr erst in unseren Tagen bewusst geworden, gab es schon vor fünfzig Jahren ein Insider-Wissen um diesen Hammer aus dem All. 1941 hatte der Amerikaner *Fletcher Watson* seine Schätzung über die irdische Impact-Rate veröffentlicht, wobei er sich auf die Entdeckung der ersten drei Erdstreifer stützte[37]. Nur ein paar Jahre später (1949) schrieb *Ralph Baldwin* in seinem Buch *Das Gesicht des Mondes* die folgenden Sätze: *Da der Mond ja seit jeher der Begleiter der Erde ist, ist die Geschichte des Vorgenannten nur die Paraphrase der Geschichte der Letztgenannten. (Sein Spiegelbild Erde) enthält einen zerstörerischen Faktor. Es gibt keine Gewissheit, dass sich alle dortigen Meteoriten-Impact-Fälle auf die Vergangenheit beschränken.*

---

[32] American Geophysical Union Natural Hazards Symposium

[33] American Institute of Aeronautics and Astronautics

[34] House Committee of Science, Space and Technology

[35] (International Conference on Near-Earth Asteroids) in San Juan Capistrano, Kalifornien,

[36] The Asteroid Hazard, St. Petersburg

[37] Apollo, Adonis, Hermes

Wir haben, in der Tat, sichere Belege dafür, dass es zahlreiche Meteoriten und Asteroiden im All gibt, und dass diese gelegentlich auch der Erde nahe kommen. Die Detonation, die den Mondkrater Tycho gehämmert hat, wäre, wo auch immer auf der Erde, ein Desaster, unvorstellbar in seinem monströsen Ausmaß. Watson und Baldwin waren ihrer Zeit voraus – es gab damals kaum Fachleute, die ihre Gedanken und Arbeitskraft an irdischen Meteoriten-Impacts vergeudeten.

Heute ist es anders, der Umschwung der wissenschaftlichen und öffentlichen Meinung über die Impact-Gefahr ist nicht mehr umkehrbar. Es ist ebenso neu wie klar: Die Einschläge außerirdischer Himmelskörper auf unserem Planeten sind ein wesentlicher geologischer Prozess, ohne die der Globus nicht so wäre, wie er ist; es sieht danach aus, als ob die einstürzenden Asteroiden, Meteoriten und Kometen das Leben hierher gebracht haben. Ebenso neu wie klar ist auch, dass die Fachleute Fortschritte machen, solche Gefahren aus dem All zu lokalisieren, und dass sie eine Raum-Technologie entwickeln, die später einmal einen solchen Himmelkörper zerstören kann, bevor er auf die Erde kracht und diese zerstört. Wie gesagt - mit solchen Aufgaben ist ganz speziell die NASA beauftragt, die amerikanische Raumfahrtbehörde. Im Langfrist-Ermächtigungs-Erlass vom 26. September 1990[38] heißt es so: *Die Chancen der Erde, von einem großen Asteroiden getroffen zu werden, sind extrem gering, aber weil die Konsequenzen einer solchen Kollision extrem groß sind, glaubt der Ausschuss, dass es nur vernünftig ist, die Natur des Schreckens kennen zu lernen und sich darauf einzustellen, mit ihr umzugehen. Wir besitzen das technische Wissen, solche Asteroiden zu entdecken und zu verhindern, dass sie mit der Erde kollidieren.* Der Ausschuss ordnet deshalb an, dass die NASA zwei Arbeitsstudien anfertigt. Die erste Studie soll ein Programm definieren, dass der dramatischen Steigerung der Früherkennungs-Rate von Asteroiden, die den Erd-Orbit kreuzen, dient; die Studie soll die Kosten, den Umfänge, die Technologie und die Ausrüstung benennen, die benötigt werden, um die genauen Umlaufbahnen solcher Himmelskörper zu bestimmen. Die zweite Studie soll die Abwehrsysteme und -technologien definieren, womit die Orbits solcher Asteroiden verändert oder die Himmelskörper zerstört werden können, wenn es danach aussieht, dass sie das Leben auf der Erde gefährden. Der Ausschuss empfiehlt die internationale Beteiligung an diesen Studien und Vorschlägen.

Es sei dahingestellt, wie extrem gering die Gefahr einer Kollision der Erde mit einem großen Asteroiden wirklich ist. Auf alle Fälle muss sie vorhanden sein, wenn das US-Repräsentantenhaus bei der NASA konkrete Planungsstudien in Auftrag gibt. Es ist wohl so, dass der Hammer aus dem All nach dem Zufallsprinzip zuschlägt, vielleicht heute, vielleicht morgen. Es wäre politisch nicht klug, die Realität solcher kosmischen Gefahren unge-

---

[38] Multi Year Authorization Act

schminkt zu veröffentlichen – Massenhysterien sind schwer zu beherrschen und schon deshalb politisch unerwünscht. Wer bedenkt, dass der *Barringer* Krater in Arizona vor erst fünfzigtausend Jahren von einem Eisen-Meteoriten in die rote Wüste gehämmert worden ist, wird kaum Argumente finden, dass so etwas heute nicht passieren kann. Es ist anzunehmen, dass dies auch der Ausschuss so gesehen hat.

Die erste Internationale Arbeitsgruppe der NASA[39], einberufen, um Verfahren zur Entdeckung und Abwehr von Erdstreifern vorzuschlagen, wurde im Frühjahr 1991 eingesetzt. Ihr gehörten achtzehn Amerikaner, zwei Australier, ein Finne, ein Franzose und ein Russe an. Diese Gruppe hat dann das Gefahrenpotential von Erdstreifern analysiert und ein praktisches Programm erarbeitet, wie man sie verlässlich aufspüren und ausschalten kann. Ausgangspunkt für diese Fachleute war, dass sich die Bedrohung mit wachsender Größe der Erdstreifer potenziert – spätestens mit einem Durchmesser von einem Kilometer wäre das Desaster, käme es zum Impact auf der Erde, perfekt; solch ein Donnerschlag würde globale Konsequenzen haben und das Befinden des ganzen Planeten beeinflussen, er würde qualitativ und quantitativ jedes andere irdische Naturereignis weit in den Schatten stellen; statistisch dürfte ein solcher Mega-Impact nur ein bis drei Mal in einem Zeitraum von einer Million Jahre zu befürchten sein.

Die Analyse und daraus resultierende Vorschläge liegen auf dem Tisch, sie lassen sich wie folgt zusammenfassen: etwa neunzig Prozent aller Projektile, die für die Erde zur potentiellen Impact-Gefahr werden können, sind Erdstreifer-Asteroiden oder kurzperiodische Kometen – solche Himmelskörper bezeichnen die Fachleute mit dem Kürzel *NEO*[40]. Die übrigen zehn Prozent sind mittel- oder langfristige Kometen, deren Umlauf-Perioden länger als zwanzig Jahre dauern; solche Himmelskörper bilden eine eigene Kategorie, weil sie nur kurz den erdnahen Raum durchlaufen. Die NEO hingegen haben Orbits, die sie nahe an die Erdumlaufbahn heranbringen, oder die diese sogar schneiden; ihr Regel-Umlauf bringt sie der Erde in Zeiträumen von wenigen Jahren relativ nahe, was ihre Entdeckung erlaubt; bei solchen Gelegenheiten sollte es möglich sein, diese Objekte nicht nur verlässlich auszumachen, sondern auch ihre langfristigen Umlaufbahn-Verhältnisse zur Erde zu berechnen und so jeden Erdstreifer zu identifizieren, der in den nächsten Jahrzehnten auf die Erde stürzen könnte. Käme es zu einer solchen Früherkennung, so beurteilt man die Abwehr-Chance, hat man etliche Jahrzehnte Zeit zur Korrektur. Es wird betont, dass man weder eine Kurzfrist-Suche noch ein Abwehr-System der schnellen Antwort ins Auge fasst, denn die Chance, einen NEO wenige Jahre vor seinem Impact abzuwehren,

---

[39] NASA International Near Earth Object Detection Workshop

[40] Near Earth Objects

sei verschwindend gering. So, wie die Orbits der NEO beschaffen sind, brauche man ein dickes Zeitpolster für eine bedächtige, umfassende und präzise Beobachtung, ebenso für die Abwehr selbst, wenn ein bedrohliches NEO gefunden ist. Dem gegenüber dürfte die Warnzeit vor dem Impact eines lang-periodischen Kometen vergleichsweise kurz sein, was eine andere Art der Abwehr notwendig mache.

Für eine gründliche und vollständige Erfassung, so argumentieren die NASA-Fachleute, müssten jene Objekte mindestens zehn Jahre lang beobachtet werden, die besagten Schwellenwert von einem Kilometer Durchmesser haben oder überschreiten und nahe an der Erde vorbeifliegen. Dies mache die Überwachung eines Raumabschnittes erforderlich, der ungefähr von der Erdumlaufbahn bis zum inneren Rand des Asteroiden-Gürtels reicht, was einer Entfernung von rund zweihundert Millionen Kilometern entspricht. Am einfachsten fände man solche NEO, wenn man nach dem Sonnenlicht sucht, das sie reflektieren; auch mit Infrarot könne man an die Identifizierung herangehen, indem man die thermische Strahlung dieser Himmelskörper sichtbar macht. Andere exotische Technologien seien weniger geeignet; Radar zum Beispiel ist nur für Objekte einsetzbar, die der Erde schon nahe gekommen sind – für ein weiträumiges Suchkonzept reicht diese Technik nicht. Man braucht nicht unbedingt raumgestützte Beobachtungsmittel: Die Helligkeit eines solchen *Ein-Kilometer*-NEO in dieser Entfernung entspräche der Stern-Magnitude[41] von 22^m - obwohl dieser Wert recht schwach ist, können solche Objekte mit konventionellen Teleskopen von der Erde aus gefunden werden, zumal die Bewegungsmuster des NEO recht charakteristisch sind und sich deutlich von denen der Sterne im Hintergrund unterscheiden. Aus dieser Sicht seien weitere teure Raum-Teleskope nicht erforderlich – allerdings taugten nur erdgestützte Systeme mit einer Teleskop-Öffnung von mindestens zwei Metern für die raumdeckende Beobachtung solcher schwach leuchtenden Objekte. Die vorhandenen Kapazitäten reichten aus, so meinen die NASA-Experten, ein preiswertes Netzwerk von Überwachungs-Teleskopen zu organisieren, um alle NEO ab ein Kilometer Durchmesser zu finden. Ein solcher Verbund sei in der Lage, die meisten hereinkommenden mittel- oder langperiodischen Kometen zu entdecken und herauszufinden, ob ihr Impact heransteht und die Erde in Gefahr bringen kann. Allerdings dürfte die Warnzeit zwischen dem Fundzeitpunkt von langfristigen Kometen und ihrem erwarteten Auftreffen, dies wurde schon gesagt, vergleichsweise recht kurz sein, wohl kaum länger als zwei Jahre.

Diese Analysen und Vorschläge dürften die politischen und öffentlichen Meinungen in eine neue Richtung lenken. Bisher war nicht definiert, welche konkreten kosmischen Gefahren denkbar sind; jetzt hat man begriffen, dass

---

[41] Maßeinheit der Helligkeit

solche Impact-Ereignisse irgendwann geschehen müssen, dass sie unausweichlich sind mit der einzigen offenen Frage, welche Generation betroffen ist. Bisher wissen wir nicht, welche Himmelskörper in den kommenden Jahrzehnten auf Kollisionskurs geraten können – werden die NASA-Vorschläge realisiert, können wir diese existenzielle Frage beantworten. Ist ein solches Objekt zur rechten Zeit geortet, kann man sich mit den Gefahren beschäftigen, die zu erwarten sind, und diesen Boliden nach dem aktuellen Stand der Raumfahrttechnik abwehren. Die Erde hätte zum ersten Mal die Chance, der tödlichen Überraschung eines kosmischen Impacts zu entgehen. Es wäre eine Chance mit fünfundsiebzig prozentiger Sicherheit.

Der Uranusmond Ariel (NASA-Foto)

Asteroiden-Brocken Itokawa (NASA-Foto)

I

METEORITENJÄGER

Am 21. April 2012 schreckte ein gewaltiger Knall die Menschen in den US-Staaten Nevada und Kalifornien auf. Astronomen teilten mit, dass ein Meteor über der Erde südwestlich von *Reno* detoniert sei. Beobachter sagen, es hätte einen riesigen Feuerball gegeben und die Häuser hätten geschwankt. Im Dezember 1999 ging eine Meldung der Deutschen Presseagentur (DPA) durch die Zeitungen, die sich spektakulär liest: Ein Meteoritensplitter hätte in der australischen Millionenstadt Melbourne ein Schlafzimmerfenster durchschlagen und fast eine Frau getroffen. Kelly Johnson stand gerade am Fenster, als das daumennagelgroße Stückchen Fels aus dem Weltraum neben ihr mit einem ohrenbetäubenden Knall die Scheibe durchschlug. Fachleute bestätigten, dass es sich um den Teil eines Meteoriten handele.

Das moderne naturwissenschaftliche Studium der Meteoriten ist erst runde zweihundert Jahre alt. Dabei hatten diese Himmelsboten schon seit alter Zeit ihre besondere Bedeutung für den Menschen. Man hat schon sehr früh Meteorit-Eisen verwertet: Die Eskimo zum Beispiel stellten daraus Jahrhunderte lang Pfeil- und Speerspitzen oder Messer her. Auch wird in den klassischen Sprachen der ursächliche Bezug der Eisen-Meteoriten zum Himmel deutlich, wenn man das griechische Wort *sideros*[42] mit dem lateinischen *sidera*[43] vergleicht. Die alten Kulturvölker, ob Chinesen, Ägypter, Griechen oder Römer, waren fasziniert von den Meteoriten – besonders die Enzyklopädie des Chinesen *Mu Tuan Lin*[44] über Meteoritenfälle in fast zweitausend Jahren zeugt davon. In einem japanischen Shinto-Schrein wird ein heiliger Meteorit aufbewahrt, der am 19. Mai 861 mit Blitz und Donner auf ein Tempelgelände stürzte und als ältester Meteorit gilt, dessen Beobachtung überliefert ist. Nicht nur damals sah man solche fallenden Steine als Botschaften der Götter an: die Bildnisse der Göttin Diana in Ephesus und das Heiligtum im Venustempel von Zypern sollen meteoritisch gewesen sein, und auch dem *al-Hadschar al-Aswad* sagt man dies nach, dem Allerheiligsten der Kaaba in Mekka. Im Mittelalter hatten Meteoriten und Kometen einen schlechten Ruf, ihr Fall oder Erscheinen wurde mit Gottes Zorn gleichgesetzt und als böses Vorzeichen gewertet. *Ensisheim* im Elsass ist als ältester europäischer Treffpunkt eines Meteoriten bekannt: Am 16. November 1492 um 11.30 Uhr fuhr er dort mit Getöse in den Boden. Noch heute wird der größte Rest des Steins im Ensisheimer Rathaus aufbewahrt, immerhin ein Klotz von fast 56 Kilo. Als Zeitzeuge beschreibt *Sebastian*

---

[42] Eisen

[43] Stern

[44] 1245-1325

Brant[45] diesen Meteoritenfall in einem lateinischen Gedicht. Im Zeitalter der Aufklärung leugnete man dann nachdrücklich, dass solche Steine vom Himmel fallen könnten. Dem deutschen Physiker *Ernst Chladni*[46] musste erst der Meteoritenfall im französischen *L'Aigle*[47] zu Hilfe kommen, dass man ihm seine Thesen abnahm; für dieses Spektakel gab es glaubwürdige Zeugenberichte, was schließlich zur naturwissenschaftlichen Anerkennung der meteoritischen Phänomene führte und ein reges Sammeln und Untersuchen allen kosmischen Materials in Gang setzte.

Die Blaueis-Felder der Antarktis sind ein ergiebiges Revier für Meteoritenjäger: Seit dem Ende der 1960er Jahre hat man dort mehr als zehntausend Meteoriten geborgen – in solchen schneefreien Regionen staut sich das unruhige Eis tief unten an den sperrigen Bergmassiven, drückt sich hoch und wird vom frostigen Wind abgetragen; so verwandeln sich die schrägen Gletscher in gläserne Rutschen, worauf das kosmische Gestein, das einst über ein weites Gebiet gefallen war, frei wird und nach und nach in etliche Sammelbecken gleitet. Die Fachleute schätzen die antarktischen Meteoriten besonders wegen ihres Alters – die Masse von ihnen hat mehrere hunderttausend Jahre im Eis verbracht; ihre Materie lässt Rückschlüsse auf die Entwicklung der solaren Galaxis zu, wie sie bei den jungen nichtantarktischen Meteoritenfunden nicht möglich sind; diese sind vorwiegend nur rund zweihundert Jahre alt. Seit im Zuge der amerikanische Apollo-Programme meteoririsches Material vom Mond zur Erde gebracht und dort analysiert werden konnte, ergaben sich überraschende Fakten: Sieben der antarktischen Meteoriten dürften durch Impacts auf dem Mond in den Raum geblasen worden und dann auf die Erde gefallen sein. Unabhängig davon: es gibt Meteoritengruppen[48], die sich auf diese Weise von Mars zur Erde verirrt haben dürften. Solche Himmelsboten von Mars und Mond schlagen der Erde jedoch keine Krater – das schaffen erst Projektile in der Größenordnung von zehn bis mehrere Zehnerkilometer Durchmesser, wie sie nur durch Zertrümmerung von Asteroiden entstehen können.

Was jene Meteoriten betrifft, die sich vom Mars auf die Erde verirrt haben, gibt es einen spektakulären Meteoriten-Fall; sogar Präsident Bill Clinton war so fasziniert von dieser Sensation, dass er am 7. August 1996 eine diesbezügliche NASA-Pressekonferenz persönlich ankündigte: wenig später, bei dieser Pressekonferenz, machten David McKay vom Johnson Space Center der NASA und andere namhafte Wissenschaftler den Meteoriten

---

[45] 1457-1521

[46] 1756-1827

[47] 26. April 1803

[48] Shergottite, Nakhlite, Chassignite

ALH84001 publik, der 1,9 Kilogramm schwer und angeblich mit Lebensspuren vom Mars behaftet ist; vor rund 15 Millionen Jahren war *ALH84001* von der Kruste unseres Nachbarplaneten Mars abgeschlagen, ins All geschleudert, und vor etwa dreizehntausend Jahren zufällig von der Erde eingefangen worden. Nun ist das so eine Sache mit den Lebensspuren auf diesem kosmischen Stein: die Carbonat-Ablagerungen in *ALH84001* sind mit Magnethit und Eisensulfiden durchsetzt; es könnte sein, dass Mikroben mitgeholfen haben, diese Stoffe entstehen zu lassen – schließlich deuten die Fachleute solche organischen Verbindungen[49] traditionell als Abbauprodukte von Mikroorganismen. Später wurden dann in der Substanz von *ALH84001* mikroskopische kugel- und stabförmige Strukturen geortet, die fossilen Kleinstlebewesen ähnlich sind. Inzwischen sind *ALH84001* und etliche andere der insgesamt vierzehn Mars-Meteoriten weiter untersucht worden. Im Ergebnis kann niemand schlüssig belegen oder widerlegen, dass es sich tatsächlich um Lebensspuren vom roten Planeten handelt. Fest steht nur, dass solche Spekulationen das Weltinteresse belebt haben, mehr in die Mars-Forschung zu investieren.

Es ist von wissenschaftlichem Wert, die Herkunft von Meteoriten exakt zu bestimmen, die auf die Erde treffen. Tatsächlich ist es gelungen, in Nordamerika und Europa Kameranetze einzurichten, die beispielsweise die Bahnen der Meteoriten *Innisfree, Pribram und Lost City* verfolgen und dokumentieren konnten. Es hat sich gezeigt, dass ihr kosmisches Gestein aus dem Asteroidengürtel kam, woraus es durch Kollision katapultiert worden und auf Kollisionskurs zur Erde geraten war. Im Asteroidengürtel vermutet man ein Reservoir von rund fünfzigtausend Kleinplaneten, von denen etwa zweitausendfünfhundert einen Durchmesser von einigen Kilometern bis zu knapp achthundert Kilometern haben. Immerhin gelang es, die bisher identifizierten Meteoriten ungefähr fünfzig namenlosen Mutterkörpern zuzuordnen – eine wahrscheinliche Zuordnung zum Kleinplaneten *Vesta* gelang nur im Fall etlicher basaltischer Steinmeteoriten.

An sich sind Meteoritenfälle globaler Alltag. Die Gesamtmasse an meteoririschem Material, die jährlich auf die Erde rieselt, mag etwa fünfzigtausend Tonnen wiegen. Es enthält fast ausschließlich Mikrometeoriten, winzige Partikel, deren Einzelgewicht zwei Milligramm unterschreitet. Etwas größer und vergleichsweise selten sind jene Meteoriten, die wir als Sternschnuppen[50] am Nachthimmel sehen: Die stärksten von ihnen wiegen rund zwei Gramm und sind nicht größer als ein Zentimeter – man macht sich in der Regel andere Vorstellungen von der Größe der Sternschnuppen, weil die chemischen Prozesse beim Sturz das sogenannte *Rekombinationsleuchten* er-

---

[49] polyzyklische aromatische Kohlenwasserstoffe

[50] Meteore

zeugen, ein Lichtphänomen, das das Volumen der Meteoriten weit überschreitet. Ganz selten sieht man die hellen, größeren Feuerkugeln und massereicheren Meteoriten: Nur wenige große Körper[51] erreichen eine Impact-Geschwindigkeit von vierzigtausend bis zweihundertfünfzigtausend Stundenkilometern, die für das Ausschlagen eines Kraters reichen – neunundneunzig Prozent der einfallenden Projektile verglühen in der Atmosphäre oder werden auf Fallgeschwindigkeit abgebremst[52]. Solche Zahlen zeigen zunächst, dass der Fall von Meteoriten Routine ist für die Erde; dann, dass solch kleine Partikel in der großen Regel ionisieren und somit den Planeten gar nicht erst erreichen. Aber es gibt eben doch Ausnahmen. Die Kollision der Erde mit einem massereichen Boliden aus dem All ist nur statistisch gesehen selten, ansonsten aber ein Fall, mit dem wir rechnen müssen, ganz unverhofft und aus heiterem Himmel. Ein solches Ereignis ist ein optisches und akustisches Spektakel, dessen Eigenart die Völker durch tausend Generationen in Erinnerung halten, wenn die Größenordnung und Katastrophenwirkung entsprechend war. Schon der Fall von kleineren, hellen Meteoriten ist mit Getöse verbunden: In Höhen von zehn bis fünfzig Kilometern, am sogenannten Hemmungspunkt, werden sie abgebremst und gehen dann im freien Fall nieder – eine Phase, die mit Donner, Geknatter und Rumpeln einhergeht.

In der Regel fallen Meteoriten dem Fachmann sofort ins Auge, und es macht wenig Mühe, sie zu identifizieren. Auch ist es viele Male vorgekommen, dass Meteoriteneinschläge gehört oder beobachtet werden. Die Beweisstücke für Meteoritenfälle sind weltweit verbreitet und zu Hunderten zu finden – zum Beispiel in Deutschland:

Beverbruch bei Cloppenburg und
Bissel bei Oldenburg, 10.9.1930, 11,7 und 4,8 Kilogramm;
Bitburg, Eifel, 1805, etwa 1,6 Tonnen;
Brahe an der Ems, 1940, 19 Kilogramm;
Bremervörde, 13.5.1855, fünf Teile, 7,3 Kilogramm;
Hainholz bei Minden, 1856, 16,5 Kilogramm;
Menow, Mecklenburg-V., 7.10.1862, 10,5 Kilogramm;
Nenntmannsdorf bei Pirna, 1872, 12,5 Kilogramm;
Obernkirchen bei Bückeburg, 1863, 41 Kilogramm;

---

[51] über zehn Tonnen Gewicht

[52] Meteoriten

Ortenau bei Offenburg, 27.2.1671, 4,5 Kilogramm;

Ramsdorf bei Borken, 26.7.1958, 4,68 Kilogramm;

Rittersgrün, Erzgebirge, 1833, 86,5 Kilogramm;

Schönenberg, Bayern, 25.12.1846, 8 Kilogramm;

Seeläsgen, Schwiebus, vor 1847, 102 Kilogramm;

Treysa, Hessen, 3.4.1916, 63 Kilogramm;

Untermässing, Bayern, 1920, 80 Kilogramm;

Krähenberg bei Zweibrücken, 5.5.1869, 16,5 Kilogramm.

Der *Bitburger* Meteorit mit seinen 1,6 Tonnen gehört zu den größeren Boliden aus dem All, deren Reste man hier unten gefunden hat. *Weltweit* gesehen sind etliche Schwergewichte darunter:

Hobafarm, Südwestafrika, 1920, 60 Tonnen;

Cape York, Grönland, 1895, knapp 60 Tonnen;

Bacubirico, Mexiko, 1871, 27 Tonnen;

Mbosi, Ostafrika, 1930, etwa 26 Tonnen;

Willamette, Oregon in den USA, 1902, über 14 Tonnen;

Chupaderos, Mexiko, 1852, 14 Tonnen;

Otumpa, Argentinien, 1783, knapp 14 Tonnen;

Morito, Mexiko, 1600, 11 Tonnen;

Bendego, Brasilien, 1784, über fünf Tonnen;

Cranbourne, Australien, 1854, über drei Tonnen;

Sichote Alin, Russland, 12.12.1947, knapp zwei Tonnen.

Das Meteoriteisen aus *Hobafarm* von sechzig Tonnen wiegt so viel wie ein Kampfpanzer. *1997 XF11* mit seinem Durchmesser von 1,6 Kilometern mag über eine Billion Tonnen wiegen, tausend Milliarden Tonnen, eine Eins mit zwölf Nullen. Wenn *1997 XF11* wirklich kollidiert, dürfte das die Stunde null sein auf der Erde, das Inferno schlechthin, das Artensterben in Potenz, Satans biblische Apokalypse.

Die Vorstellung, dass der Erde solch höllische Szenarien weder fremd sind noch zukünftig erspart bleiben, macht Angst. Es wundert nicht, wenn Fachleute alle Möglichkeiten untersuchen, auf Kollisionskurs befindliche Asteroiden wie *1997 XF11* abzufangen, zu zertrümmern und abzulenken. Aber das ist schwer: Ein Super-Rechner der NASA mit vielen hundert Prozessoren hat den Abschuss des 1,6 Kilometer langen Asteroiden *Castalia* simuliert, ein fiktiver Bolide, worauf man einen ebenso fiktiven 16-Meter-Gesteinsbrocken hatte knallen lassen. Dieser Impact, so berechnete der Computer, setzte die Energie einer Hiroshima-Bombe frei, ließ die Schockwelle durch den Fels rasen, die von der Rückseite des Asteroiden reflektiert wurde und den 1,6 Kilometer langen Himmelskörper schon nach 0,3 Sekunden spaltete. Dieses NASA-Experiment fand im Juni 1998 statt - *Erik Asphaug*, kalifornischer Astronom, und *Willy Benz*, Schweizer Physiker, hatten es geleitet. Die Wissenschaftler betrachteten den Monitor und sahen die roten Risse und Bruchstellen, die der Rechner in die blaue Oberfläche von *Castalia* gemalt hatte. Sie zählten die Trümmerstücke und vermaßen sie. Am Ende sahen sie sich an und schüttelten die Köpfe: Im Ernstfall hätten die verbleibenden Brocken *Castalias* ihre bedrohliche Richtung fast unbeeindruckt beibehalten, trotz des Impacts und der Spaltung, und ihre Hammerschläge die Erde getroffen: es sieht so aus, als sei gegen fallende Boliden trotz moderner Technik und Raumfahrt kein rechtes Kraut gewachsen.

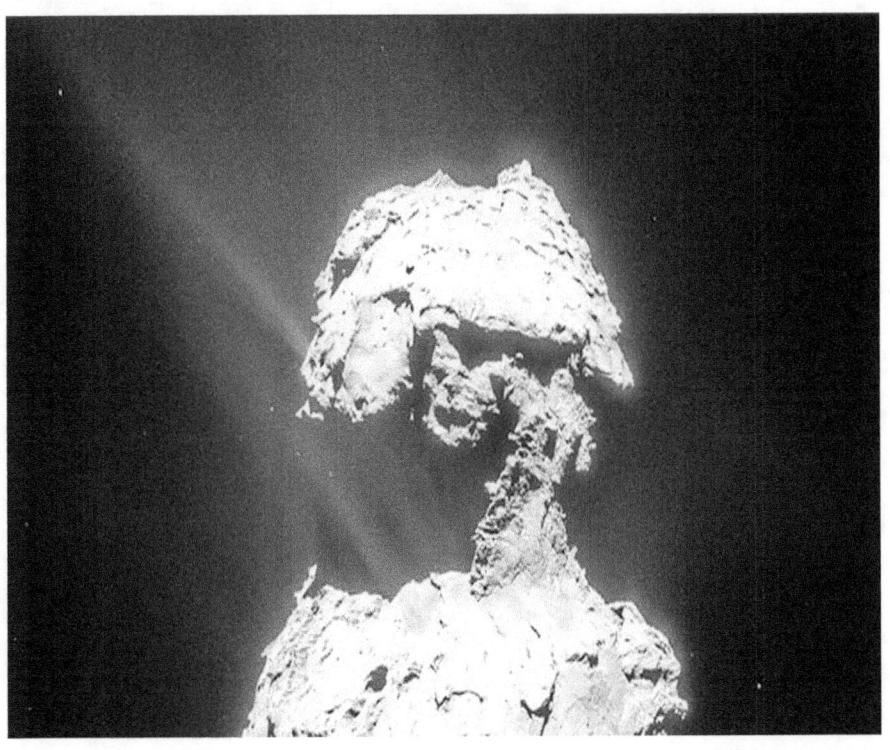

Der Komet Churyomov-Gerasimenko (ESA-Foto)

Meteoritenbruch in der libyschen Wüste (Foto: R. Pelisson, SaharaMet)

Zweiter Teil

Planetennarben

Proteus, Mond des Neptun (NASA-Foto)

VAGABUNDIERENDE STEINE

Die Entstehung der Planeten ist ohne kosmische Kollisionen und die daraus folgende Ballung von Gestein zu globaler Größe nicht zu erklären. Es macht deshalb Sinn, sich das Werden des Sonnensystems ins Gedächtnis zu rufen: Am Anfang stand eine *Supernova*, die kosmische Detonation eines riesigen Sonnengestirns – das war vor rund 4,5 Milliarden Jahren. Diese Detonation war so gewaltig, dass allein der Lichtwert dieses hochgegangenen Himmelskörpers das Hundertmillionenfache des Ausgangswertes erreicht haben dürfte. Die immense Detonation löste gewaltige Stoßwellen aus, ihre kosmischen Kräfte prallten gegen eine Dunkelwolke aus Gas und Staub, ließen diese zusammenstürzen, komprimierten sie zu einer flachen Scheibe – ihr Inneres nahm immer größere Mengen Materie auf. Die extremen Druckverhältnisse dort ließen einen dichten heißen Zentralkörper entstehen, der zur Sonne mutierte. Das junge Gestirn war unmäßig heiß – im Umkreis von 650 Millionen Kilometern verdampfte so gut wie alles bis auf die vielen Quadrillionen Gesteinspartikel. Und weil sich auch in der Peripherie der Dunkelwolke Gas und Gestein verdichtet hatten, entstanden dort, zeitgleich mit der jungen Sonne, die Planeten und Monde ihres Gravitationssystems – die Kräfte der Physik trennten in diesem Prozess die Substanzen, insoweit, als sich die Steinpartikel vornehmlich in der heißen sonnennahen Zone zu Rohlingen der inneren Planeten verdichteten, und sich Wasserdampf, Methan oder Ammoniak insbesondere in der sonnenfernen kühlen Zone zur Urform der äußeren Planeten zusammenklumpten. Diese äußeren Planeten kondensierten ihre Gas-Substanzen zu blankem Eis, und die Rotation dieser Frostriesen band, mit den Äonen, weitere gewaltige Gasmassen an sich. Das Wachsen der Planeten, besonders der inneren, war eine lange Evolution, deren Glieder eine Endlos-Serie von katastrophalen Kollisionen war: Die Partikel prallten zusammen, verschmolzen, ballten sich[53]; die Schwerkraft trieb Billionen solcher Klumpen durch die Äquatorialebene der heranwachsenden Sonne; immer neue Karambolagen ließen die Klumpen wachsen, es bildeten sich die sogenannten *Planetesimale* von mehreren Kilometern Durchmesser; Diese wuchsen und wuchsen, und je reicher ihre Massen wurden, desto höher wurde die Schwerkraft – dies wiederum führte zu immer heftigeren Zusammenstößen. Dieser Prozess aus Kollisionen und Masse-Zuwachs formte die Planeten im Sonnensystem, ebenso die Monde und die Asteroiden.

Es ist gar nicht lange her, dass kaum jemand so recht der Hypothese folgen wollte, es seien die Meteoriten gewesen, die das geophysikalische Bild unse-

---

[53] Akkretion

rer Erde so maßgeblich prägen. O. J. Schmidt[54], seinerzeit Mitglied der Sowjetischen Akademie, war mit unter den Vordenkern, die das Größenwachstum unserer Planeten einer endlosen Serie gigantischer Impact-Katastrophen zuschrieben und sich deshalb anfeinden lassen mussten. Der Kern seiner Hypothese: Die Entstehung der Planeten verstünde sich als Akkumulation fester Materie, aus einer Wolke von Teilchen und Körpern unterschiedlicher Größe; das Nährgebiet der sich auf kaltem Wege herausbildenden Erde hätte sich etwa von der Venus- bis zur Marsbahn hingezogen; allmählich hätten sich kleinste Teilchen und verschiedene große Meteoriten zu umfangreicheren Körpern vereinigt, den *Asteroiden* – solche Asteroiden seien dann auf die Erde gestürzt, als diese im Entstehen begriffen war. V. S. *Safranow*[55], russischer Astronom und Anhänger der Schmidtschen Hypothese, machte sich daran, die denkbaren Größen und Massen der Himmelskörper zu berechnen, die auf die Erde gefallen sind – er fand heraus, dass unser Planet seine Entstehung zu einem bedeutenden Teil den großen Himmelskörpern verdankt. Safranow schätzte deren Massen nach der gegenwärtig zu beobachtenden Rotationsachsneigung der Erde; Fachleute sprechen von zwei unterschiedlichen Komponenten, die die Rotation des Planeten bestimmen: Zum einen sei das eine *reguläre* Komponente, die Bindung nämlich an die Rotation des Gesamtsystems, zum zweiten eine *irreguläre zufällige*, die ihre Ursache in den Impacts großer Himmelskörper hat – es sei die zweite Komponente, die die Neigung der Rotationsachse bestimme. Nun hat Safranow den derzeitigen Neigungswinkel der Achse von 23,5 Grad zu Grunde gelegt und ausgerechnet, dass die Massen der größten Körper, die auf die entstehende Erde krachten, rund ein Tausendstel der damaligen Erdmasse erreichten – nach Safranow hätten diese Boliden Durchmesser von bis zu tausend Kilometern gehabt. Was solch gewaltige Asteroiden mit ihrem Sturz auf die Erde dort anrichten würden, ist kaum zu ermessen – immerhin wäre ihr Gewicht etwa mit einer Milliarde Milliarden Tonnen anzusetzen, die mit einer Geschwindigkeit von rund elf Kilometern pro Sekunde oder mehr aufprallten. Immerhin kann man die Mondkrater und –meere zum Vergleich heranziehen, um sich in etwa die Vorstellung von solchen Impact-Wirkungen zu machen: Sie dürften von stürzenden Asteroiden stammen, die nur einige Dutzend Kilometer durchmaßen – also in der Masse zigtausend mal geringer als jene kapitalen Asteroiden, die nach Safranow auf die entstehende Erde gefallen sind. Jene so viel kleineren Himmelskörper, die die Mondflächen für ewig gezeichnet haben, dürften beim Impact so viel Energie freigesetzt haben, dass eine Schicht, stärker als der Durchmesser des gestürzten Körpers, auf mehrere

---

[54] 1891-1956

[55] * 1919

hundert Grad erhitzt worden ist. Die Energie jener kapitalen Asteroiden, die nach Safranow die wachsende Erde trafen, dürfte dort eine Gluthölle von mehr als tausend Kilometern Tiefe gezündet haben; der Russe nimmt an, dass ein bedeutender Teil dieser Impact-Energie in der Erde verblieb und deren obere Schichten auf über tausend Grad erhitzen konnte. Nach solchen Hypothesen ist die Neigung der Erdachse eine recht zufällige: hätten jene gewaltigen Asteroiden einen anderen Einfallswinkel gehabt, eine andere Masse oder Geschwindigkeit, hätte die Erde heute eine andere Achsneigung – die Polarregionen lägen dann anderswo, ebenso die Tropen oder die gemäßigten Breiten. Nicht nur das: Wie man weiß, wichen die chemischen Zusammensetzungen solcher Asteroiden von den irdischen ab – wie man an den Asymmetrien der Ozeane, besonders im pazifischen Raum, sehen kann, haben solche gigantischen Sturzkolosse auch bis heute sichtbare und messbare geophysikalische Spuren hinterlassen.

4,5 Milliarden Jahre Sonnen- und Planetengeschichte – das ist eine ereignisreiche Zeit. Das kosmische Jugendchaos aus verzehrender Glut und einer Milliardenzahl vagabundierender Steinklumpen hat sich in einen stabilen, wenig spektakulären Erwachsenenstatus verwandelt. Die Fachleute wissen aus Mond-Studien, dass die Zeit der Mega-Impacts und der Impact-Schütte seit mindestens einer Milliarde Jahren vorbei ist: diverse Apollo- und Luna-Missionen machten es der Wissenschaft möglich, das Alter von neun Gebieten auf dem Erdmond zu bestimmen; deshalb kann man heute die unterschiedlichen Kraterdichten der jeweiligen Mondzeitalter ermitteln. Es sieht danach aus, als habe der kosmische Steinhagel sein unerschöpfliches Reservoir eingebüßt – der Vergangenheit der permanenten Super-Crashs ist die Gegenwart des harmlosen täglichen Dauerrieselns gefolgt, das sich im Schutz der irdischen Atmosphäre gut aushalten lässt. Wären da nicht die lautlosen Stoßtrupps solcher Himmelskörper wie *1997 XF11* oder *1992 KD*, Asteroiden mit beängstigenden Massen wie man weiß, deren Kollisionen mit der Erde keineswegs ausgeschlossen sind.

Das typische Narbengesicht eines Asteroiden (NASA-Foto)

DURCH DEN GLOBUS GEHÄMMERT

Die Gesteinskrusten von Merkur, Venus, Erdmond und Mars sind von unzähligen Kratern durchlöchert – sie sind Narben eines kosmischen Bombardements, das seit über vier Milliarden Jahren, mit nachlassender Tendenz, anhält. Krater sind ungewöhnlich ringförmige geologische Strukturen, die man mit dem beziehungsreichen Namen *Sternwunden*[56] belegt hat. Die Meteoriten prallen ungebremst auf die vier Himmelskörper und schlagen große und kleine Impact-Krater, denn bei dreien von ihnen gibt es keine nennenswerten Atmosphären, die auf Erde und Venus kleinere Meteoriten verglühen lassen.

Bis zur Raumflug-Mission *Mariner 10* war vom *Merkur* wenig bekannt, weil er sich von der Erde aus schwierig beobachten lässt. Dreimal passierte die Sonde den Planeten[57] und machte insgesamt zweitausendsiebenhundert Fotos – immerhin reichten sie aus, vierzig Prozent der Merkur-Oberfläche zu kartieren. Schon die ersten Funkbilder zeigten, dass die Oberfläche des sonnennächsten Planet dem Narbengesicht unseres Erdmondes zum Verwechseln ähnlich sieht: Die jungen Krater zum Beispiel weisen auf Merkur und Mond die gleichen hellen Strahlensysteme auf, und hier wie dort sind die kleinen Krater bis zu rund neun Kilometer Durchmesser schüsselförmig – wie auf dem Erdmond haben die etwas größeren Krater die gleichen ebenen Böden, und die nächstgrößere Kategorie die gleichen Zentralberge. Die Kraterdurchmesser reichen von 100 Meter bis 1.300 Kilometer – es mag dort auch kleinere Sternwunden geben, aber *Mariner 10*'s fotografisches Auflösungsvermögen hatte mit hundert Metern ein Ende, denn näher als siebenhundertfünf Kilometer[58] ist die Sonde dem Planeten nicht gekommen. Der Erhaltungszustand der Krater ist unterschiedlich: Etliche sind jung und haben scharfe Umrisse, helle Strahlen gehen von ihnen aus; andere sind alt und total entstellt - sie haben ausgefranste Konturen, weil die Wälle vom Bombardement vieler späterer Impacts gepflügt sind. Auch auf dem Merkur haben die Krater ihren Ursprung in einem kosmischen Dauerfeuer, das Impact auf Impact geschossen hat. Diese Parallele beweist, welche entscheidende Rolle Impact-Prozesse in der Geschichte der festen planetaren Körper des Sonnensystems spielen. Die lunaren *Mare Imbrium* (Regenmeer) oder *Mare Australe* (Südmeer) haben auf Merkur ihre Spiegelbilder: Dort ist das *Caloris-Ringbecken* (Wärme-Ringbecken) mit einem Durchmesser von tausenddreihundert Kilometern das größte Kraterbecken – es

---

[56] Astrobleme

[57] 29.3./21.9.1974, 16.3.1975

[58] 29. März 1974

ist zum Teil mit Lava gefüllt, und seine Kruste zeigt sich verworfen, konzentrische Ringe umgeben es, ebenso radiale Risslinien. Um das *Caloris-Ringbecken* auszustanzen, bedurfte es eines Asteroiden mit einem Durchmesser von mehr als hundert Kilometern – sein Höllen-Impact erzeugte konzentrische Ring-Riesen von drei Kilometern Höhe und warf das Gestein bis zu achthundert Kilometer weit über den Planeten; seine seismischen Erschütterung schlug durch bis auf die antipodale Seite des Merkur, zertrümmerte dort die Kruste und hinterließ einen wüsten Steinbruch von rund hundert Kilometer Ausdehnung. Ähnlich imponierend wie das *Caloris-Ringbecken* ist das sechshundert Kilometer weite *Beethoven-Becken*. Die Masse der Planetenoberfläche besteht aus Ebenen. Viele davon sind alt und mit Kratern zugepflastert, andere dürften jünger sein und haben auffallend weniger Krater, die alle unter fünfzehn Kilometer Durchmesser liegen - diese heißen Zwischenkrater-Ebenen. Die letztgenannten Regionen sind eine wichtige geologische Einheit des Merkur, sie füllen die Flächen zwischen den großen Becken – man nimmt an, dass die kleineren vor den großen Kratern existierten, weil die Auswurfmassen der großen Becken in den kleineren Kratern Sekundärkrater schlugen. Die Entwicklungsgeschichte Merkurs muss man sich wie folgt vorstellen: Vor 4,5 Milliarden Jahren stürzten kosmische Trümmer in sich zusammen und bildeten neben der Sonne und anderen Planeten auch den Urplaneten Merkur; es waren Äonen intensivsten Meteoriten-Beschusses, in denen sich auch Merkurs dichter metallischer Kern und seine Gesteinskruste ausgebildet haben dürften. Diesem Zeitalter des Trommelfeuers folgte ein vulkanisches, worin die alte Kruste von Lava überschwemmt wurde; die dichten Schwärme kosmischer Trümmer hatten ihren Platz in den jungen Himmelskörpern gefunden, der Beschuss ließ mangels Masse nach und die Impact-Rate ging zurück – das war die Zeit, als sich die Zwischenkrater-Ebenen bildeten; Merkur kühlte ab, sein Kern zog sich zusammen, dies ließ die Kruste des Planeten brechen und gewaltige Risse entstehen – vielleicht hat irgendwann danach ein massiger Meteorit das spektakuläre Caloris-Ringbecken geschlagen. In einer dritten nächsten Phase kam es erneut zu heftigen Vulkanausbrüchen, die wieder Massen von Lava fließen und die Ebenen oder Krater zudecken ließen. Die vierte jüngste Phase brachte den unendlichen Regen von Mikrometeoriten, der den Planeten in einen dicken Staubmantel hüllte. Immer wieder trafen einzelne größere Meteoriten den Merkur und ließen jene Krater zurück, deren Umrisse scharf gezeichnet sind, und von denen helle Strahlen ausgehen. Solche Zufalls-Impacts und das dauernde Rieseln von Mikrometeoriten sind seit etlichen Millionen Jahren das einzige, was den Merkur verändert; ansonsten zeigt er uns immer das gleiche narbige, staubige Runzeln- und Blatterngesicht.

VERHÜLLTE KRATER

Geheimnisvoll verschleiert präsentiert sich die Venus. Der Morgenstern, der ja mythologisch vom höllischen Satan nicht zu trennen ist, hüllt sich bezeichnenderweise in giftige Schwefelwolken, die gut zu einer an sich schon ungenießbaren Atmosphäre aus Kohlendioxid (über sechsundneunzig Prozent), Stickstoff (rund zwei Prozent), Wasserdampf (rund ein Prozent) und Sauerstoff (unter einem Prozent) passen – die Oberflächentemperatur dieses stinkenden Treibhauses liegt bei 475° Celsius. Die Venus ist ein eigenwilliger Planet: Sie kommt der Erde in ihrer Bahn unter allen Planeten am nächsten, und sie dreht, das ist besonders merkwürdig, rückläufig (retrograd), was sie von allen übrigen Planeten unterscheidet. Welch ein geheimnisvolles kosmisches Abenteuer Venus und Erde verbindet, wird noch an anderer Stelle zu erörtern sein. Wie beim Merkur ist das aktuelle Fachwissen über den Morgenstern fast ausschließlich zeitgenössischen radioastronomischen Beobachtungsweisen und zahlreichen russischen oder amerikanischen Raumfahrt-Missionen zu danken. Die erste vernünftige Venus-Karte konnte aus Radar-Fotos der amerikanischen Sonde *Pionier-Venus 1* gefertigt werden: sechzig Prozent der Oberfläche bestehen aus leichten Bodenwellen; auf der Nordhalbkugel gibt es dann aber das Hochland *Ischtar-Terra*, etwa so groß wie Australien, dessen höchste Berge 11.800 Meter erreichen[59]; nahe am Venus-Äquator liegt das zweite Berggebiet, *Aphrodite Terra* genannt, etwa so groß wie Nordafrika – dort sind die Berge bis zu 8.000 Meter hoch; weitere Massive sind die deutlich kleinere *Alpha*- beziehungsweise *Beta-Regio*, wobei sich Beta-Regio mit zwei fünf Kilometer hohen Schildvulkanen präsentiert. Spektroskopische Daten der russischen Sonden *Venera 9* und *10*[60] lassen auf dem Morgenstern die radioaktiven Elemente Kalium, Uran und Thorium vermuten, ähnlich wie sie in den irdischen Basalt-Gesteinen vorkommen – das lässt auf Vulkanismus schließen. Überhaupt scheint die Venus bis heute vulkanisch aktiv zu sein, wozu die Schwefelsäure-Wolken passen mögen. Natürlich hat man auch auf der Venus zahlreiche Ringstrukturen geortet, die da und dort vulkanisch zu deuten sind, in ihrer Masse aber meteoritischen Ursprungs sind. Die kosmischen Krater erreichen Durchmesser von sechshundert Kilometern, wobei die Tiefen siebenhundert Meter nicht überschreiten. Immerhin konnten von vier russischen Landungs-Sonden[61] Funk-Bilder der Venus-Oberfläche übermittelt und empfangen werden – die Tageshelligkeit dort entspricht

---

[59] Maxwell-Montes

[60] 1975

[61] *Venera 11* (1978) bis *14* (1982)

fünftausend Lux, das kommt der Beleuchtung an einem trüben und verregneten Erd-Nachmittag nahe: Auf den Venus-Oberflächen breiten sich ausgedörrte Wüsten mit zerhämmerten Böden, die voller Risse sind; einzelne größere, flache Steine sind braun oder grün grau, teilweise deckt feinkörnige Asche dieses höllische Chaos.

DIE IMPACT-WÜSTE

Kein Himmelskörper steht uns so nahe und zeigt das Bombardement aus dem Kosmos ungeschminkter als die steinerne Kugel des kleinen bleichen Erdmondes: Seine Topographie, das sehen wir schon durch ein Opernglas, ist von Narben verwüstet. Die Hochebenen und Gebirgsketten sind mit Kratern gepflastert, kaum weniger die schroffen Senken. Es ist keine lange Suche, auf der Mond-Oberfläche Krater ausfindig zu machen, deren Strukturen von späteren Impacts stark zerstört sind. Auch gibt es Krater, die im Untergrund ihrer Umgebung versunken beziehungsweise mit Magma vollgelaufen sind, das längst erkaltet ist – Beispiele sind die großen Krater *Archimedes* oder *Plato*. Unter den Kleinstkratern – ihre Durchmesser liegen unter einem Kilometer – unterscheidet man solche ohne Zentralkegel und ohne Umwallung, auch Lochkrater genannt; Krater der nächsthöheren Kategorie, etwa von einem bis zehn Kilometer Durchmesser, zeigen meist einen geschlossenen Wall und in seiner Mitte einen Zentralberg oder Bergkegel; die mittleren Krater, von rund zehn bis hundert Kilometern Durchmesser, haben einen in der Regel recht ausgeprägten Wall und einen flachen Boden – sie heißen Ring-Gebirge, ihr flacher Boden und ihre Ränder sind oft von wesentlich kleineren Kratern gesäumt; dann sind da noch die Wallebenen auf dem Mond – sie durchmessen mehr als hundert Kilometer, und unterscheiden sich nur durch ihre größere Ausdehnung von den Ring-Gebirgen. Die lunare Palette reicht also von den Kleinstkratern bis hin zu den Ring-Gebirgen, die zweihundertsiebzig Kilometer Durchmesser erreichen können. *Bailly* ist dieser Spitzenreiter, gefolgt von *Clavius*, 240 Kilometer, *Grimaldi*, 200 Kilometer, oder *Newton*, 110 Kilometer. Auch das riesige basaltische *Mare Imbrium* (Durchmesser tausenddreihundert Kilometer) dürfte auf den Einschlag eines kapitalen Asteroiden zurückgehen, dies nehmen die Fachleute heute an - ein infernalischer Impact, der hart an der Grenze jener kosmischen Übermacht gelegen hat, die den Erdmond hätte zertrümmern können; fast kann man die Urgewalt dieses Giga-Einschlags an den radialen und konzentrischen Bruchlinien messen, die sich vom *Mare Imbrium* kommend fast über das ganze Nachtgestirn ziehen; auch im Mondinneren muss diese geballte Impact-Wirkung katastrophal gewesen sein, kann man doch davon ausgehen, dass der seinerzeit gesprengte Primär-Krater ein paar hundert Kilometer tief gewesen ist; die Imbrium-Katastrophe, dies fand man nach Analysen von *Apollo-15*-Gesteinen heraus, mag vor knapp vier Milliarden Jahren stattgefunden haben; erst später hat sich dann, über einen längeren Zeitraum, das Mare Imbrium mit Lava gefüllt. Es fällt auf, dass auf der Rückseite des Mondes große *Maria* und Becken fehlen, hier bestimmen die Hochländer (Terrae) das Bild: Sie entstanden durch ein andauerndes Flächenbombardement von Meteoriten, wobei die vorhandenen Krater immer neu von den folgenden bedeckt und ausradiert wurden. Die Fotos von diesen Terrae zeigen alle Zustands-Phasen der Krater: Man findet unversehrte, frische Wälle mit klar definierten Rändern, Krater mit abgeschliffenen Wällen und einzelnen Ringgebilden, die sie da und dort überdecken, aber auch älteste Krater, von deren Wällen nur noch Bruchteile aus dem Wirrwarr der überdeckenden jüngeren schauen.

Nun ist die Masse der lunaren Kraterlandschaften in der Zeit vor 4,5 bis 3,5 Milliarden Jahren entstanden. Heute deckt eine bis zu fünfzehn Kilometer dicke Schicht aus feinsandigen Gesteinstrümmern die Mondkruste, Sedimente, die man mit dem Kunstwort *Regolith* belegt hat – wegen des kosmischen Bombardements mit Mikrometeoriten enthält diese Schicht bis zu sechzig Prozent Glas. Sie ist locker und staubig, nach der Landung der *Apollo-11*-Mannschaft auf dem Mond sah das Fernseh-Publikum der Welt die Astronauten zehn Zentimeter und mehr in den Mondstaub einsinken. Die *Regolith*-Schicht ist das Produkt einer speziellen lunaren Erosion: Seit Äonen weben die Partikelstrahlung des Sonnenwindes, die kosmische Strahlung, und die unendlich vielen Meteoriten-Impacts an diesem glasigen Leichentuch des Mondes – es ist übersät mit Mini-Kratern von wenigen Zentimetern bis zu Kratern von zehn und mehr Metern, aber auch mit Mini-Kratern im mikroskopischen Bereich.

Das Mondgestein, das von amerikanischen Expeditionen heimgebracht wurde, zeigt mineralogische und chemische Zusammensetzungen, die es als Auswurfprodukt identifiziert, was heißt, dass es durch Abkühlung einer auf der Mondoberfläche breitgeflossenen Lavafläche entstanden ist. Nun hat man argumentiert, dass solch ein Gesteinstyp einen vulkanischen Ursprung der Mondkrater nahe legt. Doch vieles spricht dafür, dass das Mondrelief durch eine Unzahl von Meteoriten ausgeworfen worden ist: Direkte Beobachtungen mit der Fernsehkamera von *Lunochod 1* zeigen, so schildert es der russische Wissenschaftler *Igor Alexandrowitsch Rezanow*, dass die Mondoberfläche mit Kratern übersät ist, deren Durchmesser zwischen einigen Zentimetern und Dutzenden Metern schwankt. Der größte Krater, der vom Landeplatz von *Apollo 11* zu sehen ist, hat eine Tiefe von dreißig Metern bei einem Durchmesser von 180 Metern. Er ist von einem fast symmetrischen Feld von Steinauswürflingen umgeben, die von der Böschungskante des Kraters etwa zweihundertfünfzig Meter nach außen reichen. Am Rand und im Innern des Kraters sind Blöcke bis zu fünf Metern Durchmesser anzutreffen. Strahlen von Steinauswürflingen mit zahlreichen Trümmern von einem halben bis zwei Meter Größe erstrecken sich bis hinter die Grenze des Steinfeldes westlich des Landeplatzes von *Apollo 11*. Die Herkunft dieses Kraters aus einem Meteoriteneinschlag steht außer Zweifel. Viele interessante Einzelheiten über den Aufbau der Mondoberfläche wurden mit Hilfe von *Lunochod 1* entdeckt. Das Regenmeer (Mare Imbrium) ist mit

Kratern unterschiedlicher Größe übersät. Einige von ihnen haben derartig steile Hänge und sind mit so viel feinklastischem Material bedeckt, dass das erste automatische Mondauto ins Rutschen kam. Die vorherrschende Formation auf dem Mond, das muss man so sagen, sind Impact-Krater, fast alle annähernd kreisförmig, im Gegensatz zu länglich gestreckten Formen bei Vulkankratern. In der Regel umgeben sanft abfallende, hügelige Wellen diese Krater, die sich nach außen in radial gerichtete, unregelmäßige Rücken fortsetzen. Das Material außerhalb setzt sich aus Auswürfen zusammen, die den Kratern entstammen – in seiner Mächtigkeit nimmt es radial nach außen ab. Überall fallen sekundäre Krater ins Auge, die ihr Entstehen den gewichtigen Brocken aus dem Hauptkrater (Primärkrater) verdanken. Oft bilden solche Sekundärkrater Haufen oder Ketten, gelegentlich durchgehende Einschlag-Rillen. Wie man durch Hochgeschwindigkeits-Simulationen ermitteln konnte, rutschen Kraterwälle wieder in Stufenterrassen zusammen, wenn die Krater-Durchmesser größer als rund 10 Kilometer sind – im Kraterzentrum baut sich dann ein Zentralberg auf. Kleinere Impacts zeigen keine Zentralberge, und weil sie nicht rutschen, auch keine Terrassen. Solche kleineren Krater sind bauchig tief wie Schüsseln und bedecken die ganze Mondoberfläche. Besonders häufig sind Krater mit hundert Kilometern Durchmesser. Auch hat man in den Mondgestein-Proben überall Aufschlag- und Umschmelzspuren gefunden, besonders im lockeren und feinkörnigen Material. Überzeugende Indizien gibt es in den *Brekzien*[62]), auch Beweise für wiederholte Einschläge: Sie enthalten kleine Glaskugeln, die beim Aufprall geformt und später dann mit geschmolzenem Glas bespritzt worden sind. So ist aus heutiger Sicht klar: Die Oberfläche des Mondes ist ein Zielglobus, der ständig von Meteoriten bombardiert wird – es sind kleinste Steine darunter, aber auch gewaltige Asteroiden. Was für den Mond gilt, gilt auch für die Erde: Wenn schon ein relativ kleiner Meteoriten-Impact das Mondgestein schmelzen lässt, dürfte ein großer Aufprall auch auf der Erde beachtliche Schmelzflüsse in Gang setzen. Wir wissen aus Berechnungen, dass die *Meere* des Mondes vor 2,5 bis 3,5 Milliarden Jahren mit Lava überflutet wurden; damit war das lunare Meeresstadium beendet. Danach setzte sich die kosmische Bombardierung unseres Trabanten zwar fort, aber mit geringerer Intensität; so etwas können wir aus der Beobachtung schließen, dass auf den Hochländern des Mondes rund fünfzehnmal mehr Krater zu zählen sind als in den Mondmeeren. Weil diese Hochländer eben älter als die Maria sind und deshalb einem stärkeren Bombardement kosmischer Körper ausgesetzt waren als diese, sind die Gesteine der Terrae viel stärker zertrümmert, verändert und aufgeschmolzen als die der Maria.

---

[62] ital.: Trümmer

Es ist richtig, dass der Mond auch Krater aufweist, die vulkanischen Ursprungs sind; es ist jedoch erwiesen, dass ihre große Masse von Meteoriten herrührt. Ob Mond, Erde, Mars oder Merkur: auf allen Körpern unseres Sonnensystems ist die Impact-Dichte durch Meteoriten etwa gleich. Gerade in den letzten Jahrzehnten hat die Erforschung des Erdmondes unser Wissen um die Konstanz und Menge von Meteoritenkatastrophen auf den Planeten und ihren Trabanten begründet. Die Fachleute sind sich einig, welch eine entscheidende Rolle Einschläge von großen Himmelskörpern in der Geschichte der Sonnen- und Planetenbegleiter gespielt haben; es ist sicher, dass der Aufprall kosmischer Boliden apokalyptische Katastrophen ausgelöst hat, Katastrophen, die den Punkt Null markierten. Die bedeutende Rolle solcher Impact-Ereignisse wurde bis in die jüngste Zeit unterschätzt, bis Raumfahrt, Satelliten und moderne Instrumenten- und Forschungstechnik die gigantischen Potentiale solcher kosmischen Kräfte offen legten. Auch hielt das Prinzip des *Aktualismus* im Unterbewusstsein den Fuß auf der Bremse: Wenn im Zeitraum der Menschheitsgeschichte solche kosmischen Desaster nicht offenkundig sind, dürfte es sie auch in den Epochen davor nicht gegeben haben. Heute ist klar: Solche kosmischen Desaster sind offenkundig, auf der Erde, auf den anderen Planeten, auf den Monden.

Das Blatterngesicht des Merkur (NASA-Foto)

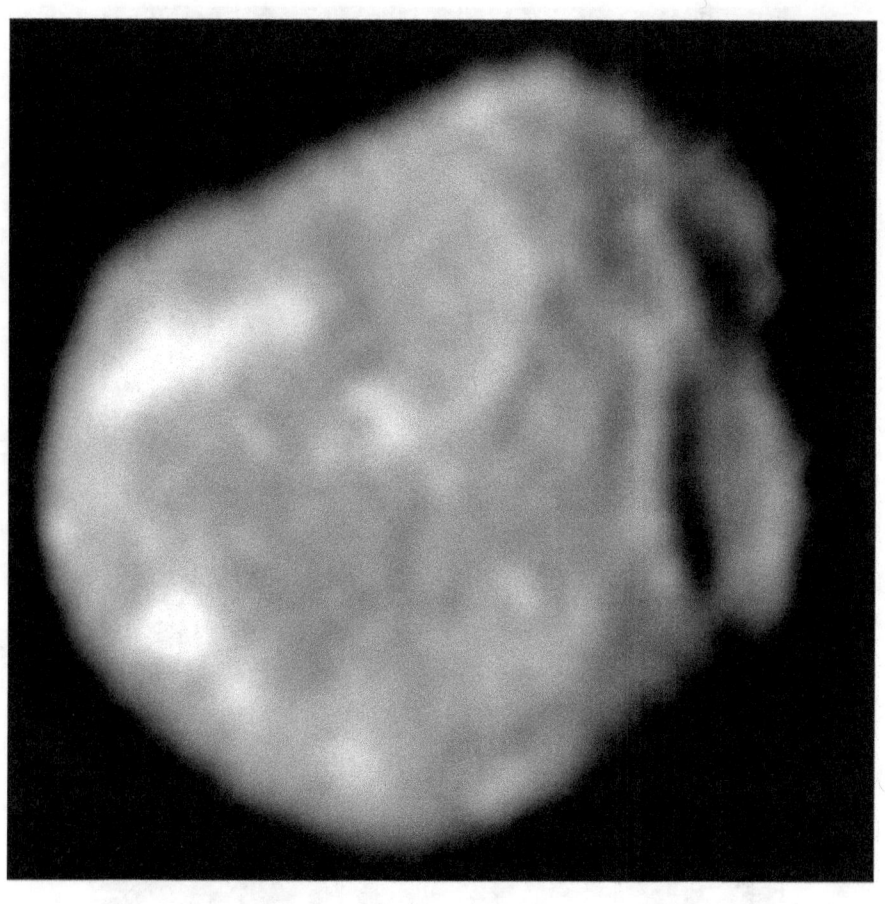

Jupitermond Amalthea (NASA-Foto)

EINGEFANGENE ASTEROIDEN

Ein faszinierendes Studienobjekt ist der Planet *Mars*. Auf den Fotos diverser Marssonden zeigen sich Krater, die den roten Planeten wie Blatternarben bedecken. Zum großen Teil sind es Impact-Krater, die oft über hundert Kilometer Durchmesser haben. Das war die Sensation der sechziger Jahre des neunzehnten Jahrhunderts, hatte man doch teleskopisch zuvor nicht derartiges beobachten können. Das liegt an den Lichtverhältnissen während den günstigen Beobachtungszeiten, weil dann das Sonnenlicht senkrecht auf den Planeten prallt ohne Schatten zu werfen. So kann man von der Erde aus solche Einzelheiten auch mit guten Teleskopen nicht erkennen, die ja immerhin in der Lage wären, Objekte ab dreißig Kilometer Ausdehnung zu orten. Insoweit brachte die Raumfahrt etliche Sensationen ans Licht: Nach einem Erde-Mars-Flug von rund 520 Millionen Kilometern flog die Raumsonde *Mariner 4*[63] dicht am roten Planeten vorbei und funkte einundzwanzig Bilder zur Erde. Es zeigte sich, dass die Oberfläche des *Mars*, ähnlich wie beim Erdmond, von Impact-Kratern bedeckt ist. Dann näherten sich *Mariner 6 und 7*[64] dem Planeten bis auf dreitausend Kilometer – die neuen Fotos zeigten, dass auch die Häufigkeits-Verteilung der Impact-Krater und die Durchmesser sehr an den Erdmond erinnern. Die Entdeckung des Mars-Vulkans *Nix Olympica* blieb der Sonde Mariner 9 [65] vorbehalten – Nix Olympica ist ein einzigartiger Vulkan-Gigant im Sonnensystem, er ist vierundzwanzig Kilometer hoch und hat einen Kraterdurchmesser von vierzig Kilometern. Darüber hinaus finden sich noch etliche andere große Vulkane auf dem Mars, deren Alter zwischen ein paar bis hundert Millionen Jahren schwankt – es gibt auch durch Erosion und zahlreiche Impact-Krater zerstörte Vulkane. Die größten Impact-Krater auf dem Mars sind die *Multi-Ring-Krater* mit bis zu dreitausend Kilometer Durchmesser. Kleine Krater sind eher selten auf dem roten Planeten, weil es dort trotz der dünnen Atmosphäre Oberflächenerosion gibt, und kosmische Geschosse geringer Größe abgebremst werden. Eine Spezialität des Mars sind die Auswurfbecken, deren Formen fließen. Man nimmt an, dass sich dort im Untergrund Wassereis[66] gesammelt hat, das seinerzeit durch einen Impact aufgeschmolzen wurde. Die Mars-Sonde *Mariner 9* war es auch, die eine auffallende Kraterdichte auf der südlichen Mars-Hemisphäre entdeckte, die in der nördlichen Hemisphäre keine Entsprechung findet – dort sind riesige Lava-

---

[63] 14. Juli 1965

[64] 1969

[65] 30.5.1971

[66] Permafrost

Flächen kennzeichnend, deren Kraterarmut auffällt. Diese Asymmetrie nahm man genauer unter die Lupe und setzte zwei *Viking-Lande-Sonden*[67] in ein Zielgebiet in der kraterarmen nördlichen Hemisphäre ab – zwei *Viking-Orbit-Sonden* brachte man in Umlaufbahnen: Die Lava-Flächen im Norden, fand man heraus, ähneln den Mond-Maria, sind vulkanischen Ursprungs und geologisch deutlich jünger als die kraterreichen Impact-Gebiete des Südens. Man entdeckte gewaltige Impact-Strukturen wie das *Hellas-* und das *Argyre-Becken*, die etwa an das *Orientale-Becken* des Erdmondes erinnern.

Interessant sind auch die beiden Mars-Monde *Deimos* (Schrecken) und *Phobos* (Angst) – ihre Erforschung kam erst mit den drei Mars-Sonden *Mariner 9* und den beiden Orbitern *Viking 1 und 2* voran. Besonders die Viking-Orbiter rückten den Mars-Monden extrem nahe: Der gesteuerte Vorbeiflug an *Deimos* hatte in einem Fall einen Abstand von nur dreiundzwanzig Kilometern. Dies führte zu vielen Oberflächen-Fotos, worauf Details im Zentimeterbereich gestochen scharf sichtbar sind. Beide Monde sind mit Kratern übersät und mit dunkelgrauem *Regolith* bedeckt. Kraterzählungen ergaben, dass die Oberflächen der Marsmonde ebenso alt sein müssen wie die Hochflächen unseres Erdmondes. *Stickney* mit zehn Kilometern Durchmesser markiert *Phobos* und ist der größte Krater der Mars-Monde. *Phobos* selbst hat nur einen mittleren Durchmesser von dreiundzwanzig Kilometern – der Impact, der *Stickney* erzeugte, schlug, wie die Viking-Fotos deutlich zeigen, ein tüchtiges Stück aus *Phobos* heraus. Die Viking-Vorbeiflüge waren so nah, dass die mittleren Dichten der Mars-Monde aus deren Gravitationswirkung errechnet werden konnten, die sie auf die vorbeiziehenden Sonden ausübten: Die beiden Marsbegleiter sind aus einem Material, das mit dem Typ der *kohligen Chondrite*[68] identisch sein dürfte. Fachleute sagen den Monden *Phobos* und *Deimos* nach, sie seien eingefangene Asteroiden, doch sind die Meinungen in diesem Punkt geteilt.

---

[67] Mitte 1976

[68] Stein-Meteoriten mit hohem Kohlenstoffgehalt

Asteroid 2012DA14 (NASA-Foto)

Impact-Serie auf dem Jupiter (NASA-Foto)

METHAN-GLOBUS

Die Struktur des *Pluto* ist weitgehend ungeklärt: Pluto ist kleiner als der Erdmond und bewegt sich auf einer elliptischen Bahn um die Sonne. Die Form der Bahn weicht deutlicher als die der meisten Planeten von einem Kreis ab. Von seiner Entdeckung am 18. Februar 1930 bis zur Neudefinition des Begriffs Planet am 24. August 2006 durch die Internationale Astronomische Union (IAU) galt er als der neunte und äußerste Planet unseres Sonnensystems. In Folge wurde Pluto von der IAU mit der Kleinplanetennummer 134340 versehen, so dass seine vollständige offizielle Bezeichnung nunmehr 134340 Pluto ist. Ferner wurden nach Pluto die neu definierten Klassen der Plutoiden und der Plutinos benannt[69]. 2003 wurde der Asteroid *Sedna* entdeckt, ein Kleinplanet jenseits des Pluto. Während seiner größten Sonnenentfernung ist er rund zwanzig Mal so weit draußen wie Pluto in vergleichbarer Position. Geht man von der gewaltigen Entfernung zwischen Erde und Sonne aus, folgt Edna einer Bahn, die dem tausendfachen dieser Entfernung entspricht. Man schätzt, dass Ednas Durchmesser etwa tausend Kilometer beträgt.

Jupiter, Saturn, Uranus und Neptun haben Umlaufbahnen im äußeren Sonnensystem und sind Gasplaneten. Diese äußeren Planeten haben keine feste Oberfläche, sondern einen Kern aus Metall und Gestein, der von gefrorenem Methan, Ammoniak und Wasser umgeben ist; darum ballen sich Wasserstoff- und Heliumschichten, die von einer flüssigen Übergangszone von der Atmosphäre getrennt sind. Ohne feste Oberfläche können sich Impact-Strukturen nicht lange erhalten: stürzt ein Bolide auf solch ein Gas-Ungetüm, federt ihn dessen flexible Hülle ab oder verschluckt ihn beim Eindringen.

Als die Bruchstücke des Kometen *Shoemaker-Levi 9*[70] auf Jupiter stürzten, konnte man verfolgen, wie sich die deutlichen Einschlagstrukturen mit der Zeit nivellierten. Nicht nur deshalb geriet dieses kosmische Kometen-Ereignis zur astronomischen Sternstunde: Erst hatte es wie ein Fehler auf der Fotoplatte ausgesehen – doch was das Team *Carolyn* und *Eugen Shoemaker* sowie *David Levy* mit dem 46-Zentimeter-Schmidt-Teleskop des *Palomar-Observatorium* in Kalifornien abgelichtet hatte, erwies sich als astronomischer Volltreffer; etliche lichtschwache Objekte waren wie Perlen an einer Kette von 164.000 Kilometern Länge aufgereiht, die um Jupiter kreisten; einige dieser Pünktchen zogen winzige Schweife aus Glitzerstaub hinter sich her, was den Schluss nahe legte, hier rasten die Bruchstücke eines geplatzten

---

[69] Zitat (kursiv gesetzt): http://de.wikipedia.org/wiki/Pluto

[70] 1994

Kometen um den Gasriesen. Bald wusste man, dass es der Komet *Shoemaker-Levy 9* war, den es im Schwerefeld Jupiters zerrissen hatte – zerrissen in Brocken von bis zu mehreren hundert Metern Durchmesser. Bei dieser Identifizierung blieb es nicht. Die Verblüffung, dass sich hier, vor den Augen der Teleskope und Kameras, über zwanzig Fragmente eines zerborstenen Kometen anschickten, in Jupiters Gasmäntel zu stürzen, löste das größte astronomische Beobachtungsprogramm unserer Zeit aus. Die Raumsonde *Galileo* mit ihren Spezialkameras, zufällig auf dem Weg zum *Jupiter*, geriet ganz unverhofft ins Zentrum aller astronomischen Medien. In der Woche vom 16. bis 22. Juli 1994 passierte es: im Abstand von jeweils rund sieben Stunden schossen die Trümmerstücke des Kometen in die Südhalbkugel des Gasplaneten, alle etwa 216.000 Stundenkilometer[71] schnell. Lodernd durchschlugen die Kometenbrocken ungefähr zweihundert Kilometer Gashülle, wobei sie eine Energie freisetzten, die die Sprengkraft der versammelten Kernwaffen aller Nuklearmächte der Erde um mehr als das Tausendfache übertroffen hat. Aus *Jupiters* Atmosphäre schossen gewaltige Gaswolken ins All, dreimal heißer als die Weißglut der Sonnenoberfläche. Ihnen folgten düstere Trümmerschwaden über den Impact-Stellen - sie bestanden aus Resten von Kometen- und Kohlenstoffverbindungen, die sich, nach chemischen Reaktionen in *Jupiters* Gashülle, in der Detonationshitze entwickelt hatten. Solche Trümmerschwaden waren umfänglicher als die Erde, und noch nach vielen Monaten konnte man sie von dort aus beobachten, sogar mit Amateur-Teleskopen.

Bisher kennt die Astronomie mehr als fünfzig Monde, die die äußeren Gasplaneten umkreisen. Um *Jupiter*, das weiß man so genau erst nach Auswertung der Daten von *Voyager 1 und 2*[72], ziehen sechzehn ihre Bahnen – Ganymed (Durchmesser 5.280 Kilometer), *Callisto* (4.840), *Io* (3.650) und *Europa* (3.120), die vier bei weitem größten von diesen sechzehn, wurden allerdings schon von *Galilei*[73] entdeckt. *Europa* steckt voller Rätsel: unter seiner Oberfläche hat die Sonde *Galileo* magnetische Ströme entdeckt - diese könnten, so argumentiert die NASA, durch einen ausgedehnten Salzwasser-Ozean entstehen. Ganymed und sein Nachbar Callisto bestehen je zur Hälfte aus Wassereis und Silikaten. Auf Ganymed wechseln die Oberflächenformen – es sind alte, dunkle Zonen, dicht mit Kratern belegt, und daneben helle, aufgebrochene und zerschnittene Ebenen. Callisto zeigt nur solch dunkle Zonen, worin Krater neben Krater klaffen - Callisto ist, so fasst der SF-Autor *Arthur C. Clarke* eine Vision in Worte, *ein gefrorenes Fossil, das immer noch die Spuren von Kollisionen* (trägt), *die sie vor Äonen beinahe zerschmettert haben*

---

[71] 60 km/sec

[72] 1979

[73] 1610

mussten. *Die eine Hemisphäre (ist) ein riesiges Bullauge, eine Reihe konzentrischer Ringe, wo massiver Fels sich wohl einst unter einem uralten Hammerschlag aus dem Weltraum in Kilometer hohen Kräuselwellen ausgebreitet hatte.* Dieses Bullauge ist ein Krater von 600 Kilometern Breite, dessen äußerster Ring 2.600 Kilometer durchmisst (*Walhalla Region*). Ein Phänomen ist Io: Sensationell waren die Funkbilder dieses Jupiternächsten der vier großen Monde, die *Voyager 1*[74] zur Erde funkte – gegen den dunklen Weltraum konnte man Aschewolken eines tätigen Vulkans sehen, die wie Fontänen herabregneten; an anderer Stelle war eine weitere Vulkan-Eruption auszumachen; die beiden Voyager-Sonden entdeckten insgesamt acht Vulkane auf Io; ihre Ausbrüche dauerten zwei Stunden und länger, wobei Auswurfshöhen bis zu zweihundertfünfzig Kilometern verzeichnet wurden; ausgespuckt wurde in erster Linie Schwefel, Sauerstoff und Natrium - Teilchen, die sich über die Mond-Umlaufbahn verteilten und selbst noch in entfernten Bereichen der Jupiter-Atmosphäre nachweisbar waren; Ios Oberfläche ist eine chemische Giftküche aus Natrium- und Kaliumsalzen sowie diversen Schwefelverbindungen; sicherlich wird es auf Io mehr als die acht lokalisierten aktiven Vulkane geben – immerhin orteten die beiden Voyager-Sonden über hundert Einbruchkessel erloschener Vulkane mit bis zu zweihundert Kilometern Durchmesser; Ios Oberfläche ist -138° Celsius kalt, doch es gibt lokale Wärmenester von Plus 20° Celsius; der Vulkanismus und die thermischen Schwankungen auf Io mögen Folge von Bahn-Schwingungen des Mondes sein, die von den Schwerkräften der benachbarten Monde Europa und Ganymed hervorgerufen werden; auf Io sind bisher keine meteoritischen Impact-Krater beobachtet worden - das wundert, weil sie für alle übrigen Planeten/Satelliten im Sonnensystem typisch sind; entweder ist Io viel jünger als die übrigen und erst zwischen zehn und hundert Millionen Jahre alt, oder aber die Krater sind durch extreme durch Erosion verwittert. Ein Schlusswort zu den kleinen Satelliten des gewaltigen Jupiter: *Methis* (Größe ungewiss), *Adrastea* (Durchmesser < 40 Kilometer) und *Thebe* (80) gehören zu den inneren Jupitermonden, die erst durch die Pioneer- und Voyager-Missionen bekannt geworden sind; sie präsentieren sich als irregulär geformte Himmelskörper, wobei die Strukturen ihrer Oberflächen nicht auszumachen sind. Von *Leda* (10), *Himalia* (170), *Lysithea* (24) und *Elara* (80) weiß man wenig mehr als dass sie um Jupiter rotieren, nur auf *Amalthea* (240) hat man zwei Krater ausmachen können. *Pasiphae* (36), *Carme* (30), *Sinope* (28) und *Ananke* (20) fallen aus der Reihe, weil sie rückläufig zur üblichen Planeten-Drehrichtung rotieren – diese merkwürdige Eigenschaft teilen sie mit der Venus; die Fachleute halten es für denkbar, dass diese kleinen Jupiter-Monde nichts anderes sind als eingefangene Asteroiden. Wie noch zu erörtern sein wird, ist ja auch der Morgenstern ein verirrter Him-

---

[74] 8. März 1979

melskörper, den es, so sagt es jedenfalls Immanuel Velikowsky[75], erst vor gut dreitausend Jahren in seine jetzige Bahn verschlagen habe.

---

[75] 1895-1979

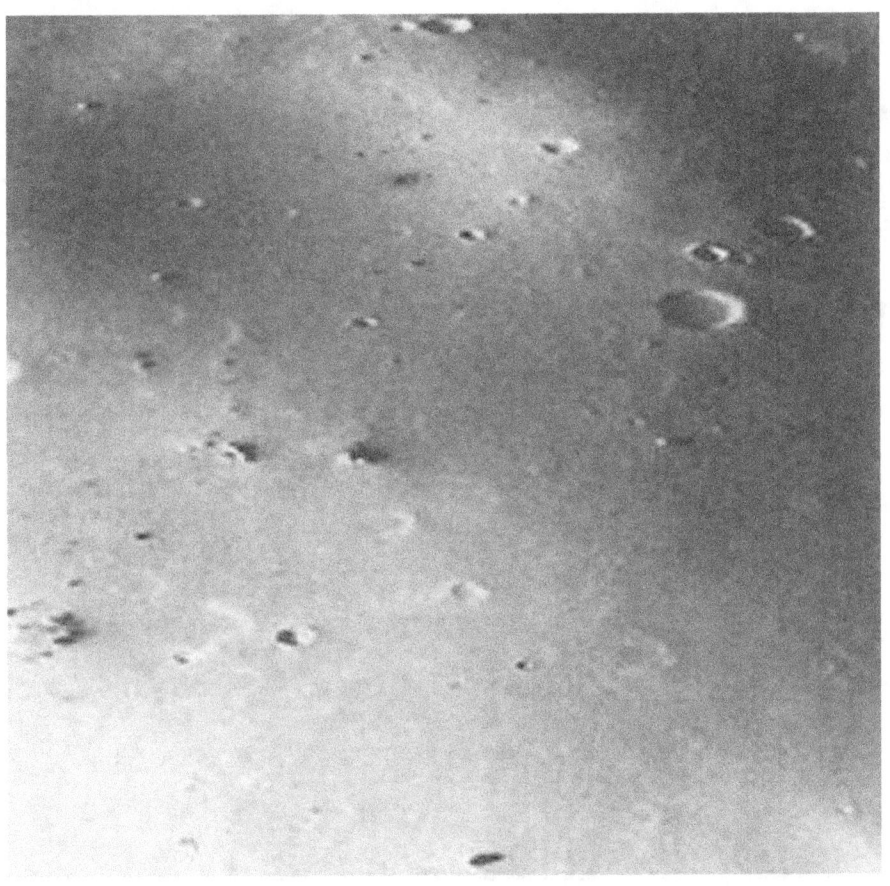

Oberflächendetail vom Mars-Mond Deimos (NASA-Foto)

Umbriel, Mond des Uranus (NASA-Foto)

GESTEINIGTE TRABANTEN

Vom Planeten *Saturn* weiß man, dass ihn etwa zwanzig Monde umkreisen. Der zweitgrößte von ihnen ist *Rhea*, minus 175 Grad kalt und 1.530 Kilometer Durchmesser groß: Rhea besteht aus Wassereis, und seine Oberfläche reagiert auf kosmischen Beschuss ähnlich wie die Gesteinskruste von Erde oder Erdmond. Im Frühjahr 2012 hat die NASA aktuelle Fotos von der Oberfläche Rheas veröffentlicht, gesendet von der Sonde *Cassini*. Sie war 41.000 Kilometer entfernt an Rhea vorbei geflogen und hat zwei gewaltige Impact-Krater abgelichtet. Auch *Mimas* besteht aus fast reinem Eis, und sein größter Krater, *Herschel*, nimmt ein ganzes Drittel der Oberfläche dieses Saturnmondes ein. Wäre der verursachende Bolide seinerzeit nur wenig größer gewesen, gäbe es *Mimas* nicht mehr. Um *Uranus* ziehen fünfzehn Monde ihre Bahnen, sie bestehen vermutlich aus Eis und Gestein. Ihre Durchmesser reichen von 480 Kilometern[76] bis 1.590 Kilometern[77]. *Mirandas* Eisfläche ist von bizarren Rillen zerfurcht, deren Ursache dunkel ist. Aber auch Impact-Krater sind dort sichtbar, und wo die herkommen, weiß man sehr wohl. Solche Impact-Diagnosen treffen auch auf die Monde des *Neptun* zu, die recht einmalig in ihrer Art sind. Spektakulär ist *Triton*, ein gewaltiger Satellit, dessen Durchmesser auf bis zu sechstausend Kilometer Durchmesser geschätzt wird. Er soll Kontinente aus Methan-Eis und Ozeane aus flüssigem Stickstoff haben. Seine Umlaufbahn ist kreisförmig und der Neptun-Rotation entgegengesetzt. Dies verursacht einen jahreszeitlichen Schmelz- und Gefrierzyklus, der das Volumen der Atmosphäre um das Tausendfache aufzublasen vermag. Das Problem der gegenläufigen Rotation zwingt *Triton* aber auch zu einem spiralförmigen, nach innen gerichteten Umlauf: die Fachleute rechnen damit, dass dieser Mond in höchstens hundert Millionen Jahren entweder zerbrechen oder auf Neptun stürzen wird – dies wäre dann ein gewaltiger Hammerschlag, der auch den Gasriesen verändern kann.

Den Gasriesen, wen wundert es, sieht man ihre vielen Sternwunden nicht an. Aber Merkur, Mars und rund hundert Planeten-Monde gleichen mit ihren fehlenden oder dünnen Atmosphären und ihren Unwirtlichkeiten, ihren öden Eis- oder Lavaflächen und Kraternarben kosmischen Leichnamen aus Frost, Stein und Staub, die stumm ihre Bahn ziehen und ein drohendes Beispiel geben, wie Planeten oder deren Trabanten in den Äonen unbarmherzig tot geschossen worden sind.

---

[76] Miranda

[77] Titania

Asteroid Dawn, Juli 2011 (NASA- Foto)

VERWITTERTE STERNWUNDEN

Natürlich haben Venus und Erde das gleiche kosmische Bombardement hinter sich wie der Erdmond, die Gasriesen oder Merkur und Mars. Auf der Erde fanden sich Krater, die von größeren Meteoriten geschlagen sind und überwiegend aus den jüngeren erdgeschichtlichen Epochen stammen. Global sind es rund hundertfünfzig, von denen man sicher weiß, dass sie Hammerschläge solcher Boliden sind. Die meisten davon sind jünger als fünfhundert Millionen Jahre. Bei der Suche nach den irdischen Sternwunden muss man kritisch sein: Die Frage, ob die jeweils gefundene ringförmige Struktur eine Laune der Natur, ein erloschener Vulkan oder ein Meteoriten-Impact ist, wird immer gründlich zu untersuchen sein.

Die Geheimnisse manches Kraters werden Jahrzehnte lang Gesprächsstoff bieten - so wie zur Zeit die These, dass der kanadische *Sankt-Lorenz-Golf* einem gigantischen Himmelskörper zu danken ist, der vor Dutzenden oder Hunderten von Millionen Jahren einen Krater mit einem Durchmesser von knapp dreihundert Kilometern und einer Tiefe von ungefähr sechs Kilometern geschlagen hat.

Ein zweites großes Geheimnis wird unter dem ewigen Eis der *Antarktis* vermutet: Im *Wilkesland*, sagen Fachleute, hält sich eine gigantische Sternwunde verborgen, die einen Durchmesser von zweihundertvierzig Kilometern hat; es begann 1959/1960 – damals maßen amerikanische und französische Expeditionen negative Schwerkraft-Anomalien in dieser Region; als man die Ergebnisse austauschte, ergab sich, dass solche Anomalien nur in einer Kreisfläche von zweihundertvierzig Kilometern Durchmesser aufgezeichnet worden waren; nun sind solche negativen Schwerkraft-Anomalien als Indiz für Meteoriten-Impacts zu werten, denn sie sind bei großen Kratern immer wieder gemessen worden – im Wilkesland gelang es festzustellen, dass solche Befunde zum einen durch eine Senke innerhalb des Kraters zu erklären sind, zu zweiten durch das beim Impact zertrümmerte Gestein;

dieser antarktische Krater passt auch gut zum bisher kaum schlüssig erklärbaren Phänomen, dass man so unendlich viele Tektite im Zentrum des *Australisch-Tasmanischen-Bogens* findet, obgleich dort bisher keine jungen Krater gefunden werden konnten, nun aber dieser gewaltige antarktische Krater zu vermuten ist – Tektite sind dunkelgrüne glasige Stein-Bruchstücke, von denen der amerikanische Wissenschaftler *V. E. Barnes* sagt, dass sie aus Gestein entstehen, das beim Einschlag eines großen Meteoriten geschmolzen und mit Titanenkraft aus dem Krater geschleudert und weit verbreitet wird.

Ein aktuelles Rätsel ist der kanadische *Manicouagan-Mushalagan-Ring*, insoweit, als der schlüssige Beweis noch aussteht, dass er ein Meteoritenkrater ist. Diese Ringstruktur durchmisst immerhin fünfundsechzig Kilometer. Wenn sie wirklich eine Sternwunde ist, gehörte sie mit zu den ganz großen der Erde.

Ansonsten gilt immer noch der *Popigai-Kessel* als größter Krater der Erde – er liegt im Norden der *Sibirischen Tafel* im Tal des *Popigai*, eines rechten Nebenflusses der *Chatanga*. Die Größe des inneren Kraters beträgt immerhin rund fünfundsiebzig Kilometer, der Durchmesser des äußeren erreicht hundert Kilometer. Dieser Rieseneinschlag datiert in die Zeit vor 38,9 Millionen Jahren. Als es damals dort krachte, wurden große Blöcke kristalliner Gesteine aus dem Fundament der Tafel gesprengt und runde vierzig Kilometer vom Kraterrand fortgeblasen. Die Detonation ließ das Gestein schmelzen und eine eigentümliche Lava entstehen, deren Gehalt an Kieselsäure[78] vergleichsweise hoch ist; diese Lava unterscheidet sich deutlich vom Gestein der übrigen *Sibirischen Tafel*.

Zu den großen und ältesten Impact-Großkratern der Erde gehören der *Vredefort-Dom* in Südafrika, zwei Milliarden Jahre alt, und die *Sudbury-Struktur* in Kanada, 1,8 Milliarden Jahre alt. Der Vredefort-Dom ist ein merkwürdige Ringstruktur: Sie wird von einer Granitkuppel gebildet, die etwa vierzig Kilometer durchmisst; um diese Kuppel läuft ein Kranz alter Sedimentgesteine, der ungefähr sechzehn Kilometer breit ist; so schwer es ist, die Größe des verursachenden Meteoriten abzuschätzen, gehen die Fachleute davon aus, daß er einen Durchmesser von rund 2,3 Kilometern und eine Masse von 3×10^{10} Tonnen gehabt haben muss; die Sprengkraft dieses Impacts dürfte einer Ladung herkömmlichen Sprengstoffs von $1,4 \times 10^6$ Millionen Tonnen entsprechen - die Wirkungen eines solchen Killer-Boliden auf das irdische Leben kann man sich kaum apokalyptischer vorstellen als es war.

Das kanadische Sudbury ist heute ein Erzrevier, die größte Nickelmagnetkies-Stätte der Welt – auch Kupfer, Platin, Gold, Silber, Selen und Tellur werden aus den dortigen Erzen gewonnen; der Krater ist oval und hat eine Fläche von 1.620 Quadratkilometern; der schuldige Meteorit wird sicherlich nicht kleiner gewesen sein als der vom Vredefort-Dom; der für Sudbury typische *Onaping*-Tuffstein ist eine Brekzie, ein erst zertrümmertes und dann wieder zusammengebackenes Gestein – die Trümmer von Sudbury setzen sich aus anstehendem Graniten und Glas zusammen, aufgeschmolzen und schnell erkaltet, ohne Mineralkalke ausbilden zu können – die Onaping Tuffs gleichen wie Zwillinge dem Schmelzgestein, das letztlich in allen Meteoritenkratern der Welt gefunden wird; auch wurden in Sudbury besondere Quarze geortet, deren Strukturen die Einwirkung von Stoßwellen verraten, wie sie bei Kerndetonationen oder beim Fall von großen Meteoriten entste-

---

[78] 65 Prozent

hen – es liegt auf der Hand, dass ein solcher Impact den irdischen Vulkanismus aktiviert, der dann eine metallreiche Schmelze aus der Tiefe nach oben wirft.

Bedeutend jünger ist ein Krater in Schwaben, *Nördlinger Ries* genannt, den *Eugene Shoemaker* aus Flagstaff in Arizona und *Edward T. C. Chao* aus Reston in Virginia auf rund 15 Millionen Jahre schätzen; der Meteorit, der dort aufgeschlagen ist, hat ein Loch von rund fünfundzwanzig Kilometern Durchmesser aus der *Schwäbischen Alb* gestanzt; das Nördlinger Ries ist der zweitgrößte und einer der am besten erhaltenen erforschten Großkrater der Welt, über ihn wird noch an anderer Stelle zu berichten sein.

Gosses Bluff, eine australische Sternwunde, ist besonders geheimnisvoll. Der Ring aus Gestein durchmisst rund vierzehn Kilometer, und sein Alter dürfte 130 Millionen Jahre betragen; um die Erdkruste um diesen Krater seismisch zu erkunden, hat man in flachen Bohrungen etliche Reihen von Detonationen ausgelöst – es wurden dabei verschiedene Gase freigesetzt und gemessen, darunter auch Methan; aus solchen Versuchen schloss der australische Geologe *K. A. W. Crook*, dass in Gosses Bluff seinerzeit der Eiskern eines Kometen eingeschlagen sei, der einen Durchmesser von ungefähr fünfhundert Metern gehabt haben muss – solche Kometenkerne enthalten Wasser, Ammoniak, Methan oder Zyanwasserstoff, und Crook ging davon aus, dass ein solch gewaltiger Impact so viel Energien freigesetzt habe, dass sich die Materie des Kometen mit dem Erdgestein vermischt hat und für viele Millionen Jahre begraben geblieben ist.

Ein besonderes Phänomen ist der Kraterring im Becken der *Sierra Madre* im südlichen Texas (USA); der Wall durchmisst rund zehn Kilometer, und aus seinem Zentrum ragt eine Kalksteinkuppel von etwa 450 Metern Höhe – dieser Kalkstein hat konische Spaltensysteme und gestörte Schichten, was auf eine gewaltige Stoßwelle zurückgeht; es gibt amerikanische Geologen, die diese Sternwunde mit dem Sturz eines Kometen-Kerns in ein altes Meer erklären, wobei es zu einer gewaltigen Detonation gekommen sei - gegen das Wasser hätte sich die Stoßwelle abgeschwächt und nur im Epizentrum den Meeresboden zerstört; gleichzeitig habe sie einen gigantischen Wassertrichter erzeugt, wobei Bodensedimente angesaugt und in Form des Ringwalls abgelagert worden seien – der vom Wasserdruck befreite Meeresboden habe sich in der Mitte gehoben und den Kalksteinsockel gebildet.

Unter den jungen Kratern - also jenen aus dem Quartär/Pliozän, die bis zu 15 Millionen Jahre alt sind – sind der *Bosumtwi-Krater* im westafrikanischen Ghana und der *Chubb-Krater* auf der kanadischen Halbinsel *Ungava* im Nordwesten der kanadischen Provinz Quebec zu nennen. Der Bosumtwi-Krater durchmisst knapp zehn Kilometer, vom Wallkamm bis zum Grund ist er 350 Meter tief; den Krater füllt ein weiter See. Der Chubb-Krater wurde 1950 entdeckt – er hat einen 3,6 Kilometer breiten Kessel von 180

Metern Tiefe, in dessen Grund ein ähnlicher See blinkt wie im Bosumtwi-Krater.

Ein weiterer großer Krater ist der sogenannte *Rote Kamm*. Ihn entdeckte man 1965 in Südwest-Afrika, knapp hundert Kilometer von der Mündung des *Oranje*; der Ringwall besteht aus Gneis-Trümmern, er hat den Durchmesser von rund 2,4 Kilometern und eine Wallhöhe von neunzig Metern - als größte Tiefe, bezogen auf die umliegende Ebene, wurden dreißig Meter gemessen. Dann kommt der *Lokar-Krater* in Indien mit einem Durchmesser von knapp zwei Kilometern und der Tiefe von 120 Metern.

Der nächste ist vielleicht am bekanntesten unter den Sternwunden, seine Erforschung begann am Ende des vergangenen Jahrhunderts – er zeigt sich so aufreizend spektakulär, dass es in indianischen Legenden heißt, dort sei der große Geist in seinem brennenden Wagen vom Himmel gefahren: Der *Arizona-Krater* im Bundesstaat Arizona, auch *Barringer-Krater* genannt, hat einen Durchmesser von knapp 1,3 Kilometern und ist 174 Meter tief – der Wall ragt etwa fünfzig Meter aus der umgebenden Ebene; in einem Radius von ungefähr fünfzehn Kilometern um den Krater wurde viel Impact-Substanz gefunden – es waren über zweitausend Bruchstücke eines Eisenmeteoriten, vom mikroskopischen Staubpartikel bis zum dicken Klumpen[79], die unter der Fundstück-Bezeichnung *Canyon Diabolo* in verschiedenen Meteoritensammlungen vorhanden sind – Materie aus dem All von insgesamt mehr als dreißig Tonnen Gesamtgewicht; ansonsten fand man jede Menge metallische Klein-Bruchstücke und viel Eisenschiefer[80] – dieses Schiefer-Gestein dürfte erst beim Impact des Meteoriten entstanden sein; es wird vermutet, dass dies alles nur ein kleiner Teil der Substanz des Himmelskörpers ist – Versuche, seine Hauptmasse im Krater freizulegen, waren erfolglos; wahrscheinlich wurde der Krater von einem Eisen-Nickel-Meteoriten geschlagen – das Gewicht jenes Brockens, der den dortigen Impact-Trichter entstehen ließ, schätzen die Fachleute auf immerhin 63.000 Tonnen, und seinen Durchmesser auf dreißig Meter; es wird eine Impact-Energie von 3,5 Millionen Tonnen herkömmlichen Sprengstoffs geschätzt; die Datierung dieses Einschlags macht Schwierigkeiten – es gibt Experten, die meinen, dass diese Kollision gerade erst tausend Jahre her ist, andere schütteln den Kopf und sprechen von 20 - 50.000 Jahren. In Texas fand man dann 1928 noch den Krater *Odessa*; er hat einen Durchmesser von hundertzweiundsechzig Metern und ist gute fünf Meter tief.

Nun ist es nicht die Regel, dass Asteroiden durch die Erdatmosphäre stürzen und die Erde heil erreichen. Es kommt zu gewaltigen Teilungen, denn

---

[79] 50 Gramm bis 639 Kilogramm

[80] iron shales

die kosmischen Fallgeschwindigkeit und die Dichte der Lufthülle setzen thermische Kräfte frei, deren Wirkungen enorm sind. Es gibt Erkenntnisse, dass es in der Erdgeschichte Meteoritenschauer außerordentlich hoher Dichte gegeben hat, die riesige Flächen verwüstet haben. Solche Bombardements haben den Charakter apokalyptischer Naturkatastrophen gehabt. Davon zeugt in spektakulärem Maß die Region nördlich der Halbinsel Florida an Nordamerikas Atlantikküste: Es gibt Luftaufnahmen von Gegenden der Bundesstaaten Nord- und Südcarolina, worauf eine Reihe runder und eiförmiger Trichter entdeckt wurden, die an Meteoritenkrater erinnern; es sind immerhin an die hundertvierzigtausend große Krater, von denen rund hundert mehr als 1,5 Kilometer durchmessen; die Zahl der kleineren Krater ist nicht zu ermitteln – man schätzt, dass es mehr als eine halbe Million sein müssen; die Kraterfläche deckt etwa die Größe von zweihunderttausend Quadratkilometern, wobei die Krater bogenförmig um die Hafenstadt *Charleston* angeordnet sind; der größte Teil der Asteroiden-Trümmer ist ohnedies im Atlantik zu vermuten. Einige Fachleute meinen sogar, dass diese Krater entstanden sind, nachdem ein gewaltiger Kometenkern in südöstlicher Richtung unter einem geringen Horizontalwinkel abgestürzt und vor dem Aufprall zerplatzt war. Auf alle Fälle beträgt der Trümmerradius mehr als tausend Kilometer – der kosmische Bolide mag einen Durchmesser von rund zehn Kilometern gehabt, und seine Masse etwa 1.500 Milliarden Tonnen betragen haben.

Auch anderswo hat man Felder mit mehreren Kratern gefunden: Ein gewaltiger Doppelkrater wurde in jüngerer Zeit in Kanada geortet; es sind der westliche und der östliche *Clearwater-See*, die eng beieinander liegen – der westliche *Clearwater-See* durchmisst etwa zweiunddreißig Kilometer, der östliche rund zwanzig Kilometer. Im zentralaustralischen *Henbury* gibt es ein Feld mit dreizehn Kratern; der größte von ihnen gleicht einer Ellipse, sein Maximaldurchmesser beträgt fast zweihundert Meter. Auf der baltischen Ostseeinsel *Ösel*[81] hat man 1937 ein Kraterfeld dem Fall von Meteoriten zugeschrieben; der größte Krater durchmisst hundertzehn Meter und hat eine Wallhöhe von sechzehn Metern – der Wall besteht aus angehobenen Dolomit-Schichten; es sind sechs weitere runde Krater, die sich in der Umgebung des großen über eine Fläche von 0,25 Quadratkilometern verteilen – sie durchmessen sechzehn bis dreißig Meter und sind vier bis fünf Meter tief. Ein weiteres Kraterfeld wurde 1932 in der arabischen Wüste *Rubal Khali* bei *Wabar* gefunden; der größte Kessel ist etwa hundert Meter breit und über zehn Meter tief.

Australien hat etliche Krater: Neben dem Kraterfeld Henbury gibt es in Zentralaustralien noch den 175-Meter-Einzelkrater *Boxhole Station* im *Plenty-*

---

[81] Saaremaa

River-Gebiet; im Westen des Südkontinents fand man 1910 bei *Dalgaranger* einen Krater von neunundsechzig Metern, 1947 bei *Wolf Creek* noch einen weiteren, der achthundertvierundfünfzig Meter groß und über fünfzig Meter tief ist. Die Sahara weist zwei Einschläge auf: Der eine bei *Talemzane* ist etwa 1,75 Kilometer breit und ungefähr vierhundert Kilometer südöstlich von *Algier* zu finden; der andere mit zweihundertfünfzig Metern wurde 1920 bei *Aouelloul* geortet, vierzig Kilometer südwestlich von *Chinguetti*. Etliche Krater in *Nordsibirien* und *Südrussland* sind ungefähr 65 Millionen Jahre alt – sie sind unterschiedlich groß, der ukrainische bei *Kamensk* hat einen Durchmesser von fünfundzwanzig Kilometern, ungleich größer ist der sibirische Krater *Kara*. Die Altersbestimmung gibt zu denken, denn man weiß, dass vor fünfundsechzig Millionen Jahren die Saurier ausgestorben sind. Eben dieses Alter soll ein weiterer Krater haben, der an die dreihundert Kilometer Durchmesser hat und 1985 im Indischen Ozean westlich der *Seychellen* geortet worden ist. Es ist schwer zu klären, wie dies alles zusammenpasst. Die Vermutung ist legitim, dass ein Meteorit von einer Trillion Tonnen Gewicht in den Ozean gekracht ist und diesen 300-Kilometer-Krater gerissen hat; der Bolide mag in einem Schwarm von Trümmern über die Erde gekommen sein, die alle zusammen ein Zeitalter auslöschten.

Überhaupt die Becken der Ozeane: Ihre besonderen geophysikalischen Beschaffenheit stellen sie unter Verdacht, die gewaltigsten Sternwunden der Erde überhaupt zu sein. Man weiß nämlich schon seit über hundert Jahren, dass es zwischen Kontinenten und Ozeanen grundsätzliche Unterschiede in der Mächtigkeit der Erdkruste gibt – im kontinentalen Bereich ist die Erdkruste dreißig bis vierzig Kilometer dick, unter den Ozeanen aber nur maximal fünfzehn. Ebenso deutlich weichen die Verhältnisse der kontinentalen und atlantischen Krusten voneinander ab – die Kontinentalkruste besteht zum großen Teil aus der sogenannten Granitschicht, die über der Basaltschicht und unter recht lockeren oberflächennahen Ablagerungen liegt; diese Granitschicht fehlt in den atlantischen Krusten, unter den oberflächennahen Ablagerungen beginnen sofort die Basaltschichten. Die Granitschicht fehlt mit Beginn der *Tiefseesenke*, es ist, als habe man sie mit einem abrupten Donnerschlag ab gehämmert und verschwinden lassen. Aber wohin? 1878 stellte der britische Astronom *George Howard Darwin*[82] die Hypothese von der größten Katastrophe der Erdgeschichte auf, insoweit, als sich besagte Granitschicht im Bereich des Pazifik von der Erde unter dem Einfluss von Flutkräften losgerissen habe und daraus der Mond entstanden sei; diese Abschleuderung habe zu einem Zeitpunkt stattgefunden, so *Darwin*, als die Erde noch glutflüssig gewesen sei und schneller rotiert

---

[82] 1845-1912

habe als heute. Ausgangspunkt dieser Hypothese ist die *Gezeitenreibung*[83] der Erde auf die Mondbahn, und die Tatsache, dass sich der Mond, erdgeschichtlich gesehen, allmählich von der Erde entfernt. Etliche Fachleute folgten Darwins Hypothese, und es war *Heinrich Quiring*[84], der diese Lostrennung der Granitschicht mit dem Impact eines kompakten Himmelskörpers erklärte, der um zwanzig Kilometer durchmaß – etliche Asteroiden dieser Größe wie *Apollo* oder *Adonis* sind ja auch wohlbekannt. *Quirings* Hypothese fand auch beim bekannten Geologen *Ernst Carl Kraus*[85] Anklang - dieser nahm an, das ein solcher Impact auf dem Globus meridiale und submeridiale Nähte geöffnet habe; auf diese Weise seien die Bruchzonen im Zentrum des Pazifiks entstanden, die Medianzone der mittelindischen Schwelle sowie die ostafrikanischen Bruchsysteme. Solche Thesen erhielten durch die Entdeckung weiterer Anomalien Nahrung: Nicht nur die Erdkrusten sind verschieden, wie man kürzlich festgestellt hat, sondern auch der tiefer liegende obere Erdmantel unter dem Pazifik und den ihn umgebenden Kontinenten – unter dem Ozean liegt eine Mantelschicht in Tiefen von bis zu vierhundert Kilometern, die eine geringere Ausbreitungsgeschwindigkeit seismischer Wellen kennzeichnet, eine Mantelschicht, die unter den Kontinenten in Tiefen von bis zu zweihundert Kilometern zu finden ist. Howard Darwins Hypothese vom von der Erde abgeschleuderten Mond hat man heute revidiert – man geht davon aus, dass Erde und Mond Geschwister sind, nicht Mutter und Sohn, und vor etwa 4,5 Milliarden Jahren aus derselben protoplanetaren Masse entstanden sind; niemals hat sich, das scheint sicher, der Mond in engster Annäherung an die Erde befunden. Die These vom Einschlag eines kompakten Asteroiden jedoch ist nicht vom Tisch: Über die geschilderten geophysischen Anomalien hinaus ist offensichtlich, dass sich die Faltensysteme, die den Pazifik umgeben, in den letzten 1,5 Milliarden Jahren deutlich anders entwickelt haben als die übrigen Teile unseres Planeten – dies mag daran liegen, dass sich ein Himmelskörper, der auf die Erde kracht, sich in seiner chemischen Zusammensetzung deutlich von dieser unterscheiden kann; in einem solchen Fall liegt es nahe, dass ein Impact, ein gewaltsamer plötzlicher Zwangsverbund also, im Aufbau der Erde horizontale Inhomogenität erzeugen muss. Fazit: Wir wissen heute, dass der Pazifik seit dem Paläozoikum als Meer existiert – das heißt, seit fast vierhundert Millionen Jahren; die angesprochenen geophysikalischen Besonderheiten heben den Ozean von den umgebenden Landmassen deutlich ab – diese Asymmetrie im geologischen Bau muss beson-

---

[83] Durch die Anziehungskraft des Mondes entsteht auf der Erde eine wandernde Flutwelle, die die Erdrotation bremst

[84] 1885-1964

[85] 1889-1970

dere Gründe haben; es ist möglich, dass es ein massereicher Meteorit war, der die Erdkruste und Teile des darunter liegenden Mantels ausgehämmert hat, damit der Pazifik eben jenen Platz finden konnte, der er heute hat.

Ähnlich, wenn auch auf eigenwillige Art und Weise, könnte dies alles für den Atlantischen Ozean zutreffen: Es sieht danach aus, als sei in der Vorkreide, vor zweihundert bis hundertfünfzig Millionen Jahren also, der damalige Zentralkontinent *Gondwana* mit kosmischer Gewalt gespalten worden. Dort, wo sich heute zwischen Nordamerika und Afrika der *Mittelatlantische Rücken* hinzieht, hat der Keil getroffen – in der Kamm- und Flankenregion dieser Zentralspalte wurden damals Gesteine von Kruste und Mantel zusammengebacken, sie heben sich seitdem krass von den intakten angrenzenden Schichten ab. Dieser Hammerschlag war das Ende weiter Teile des damaligen Festlandes. Über Millionen von Jahren setzte er eine andauernde Absenkung in Gang, insoweit, als dort gewaltige Teile der leichteren Erdkruste von der schwereren Materie des Erdmantels verschlungen wurden. In diese bauchige Schüssel sickerte, strömte, stürzte das Meer und füllte sie bis zum Rand. Wie ist es möglich, dass die spröde tragende Materie des Erdmantels glutflüssig wird und die starre Erdkruste darüber vertilgt? Es müssen apokalyptische Energien entfesselt worden sein, um eine solche großflächige Katastrophe auszulösen und über endlose Jahre zu vollenden. Der Nordatlantik ist in seinem Kern nichts anderes als die Folge einer gigantischen Sternwunde.

Die russischen Wissenschaftler, besonders in der sowjetischen Zeit, distanzierten sich gern vom Schöpfungsmythos - was die Entstehung des Lebens anbetrifft, hatten sie ihre eigenen Theorien. Faszinierend ist die These des Gelehrten *Wladimir Iwanowic Wernadskij*[86], insoweit, als er die Entstehung des Lebens der Wirkung einer grandiosen kosmischen Katastrophe zuschreibt, jener zum Beispiel, die das Pazifik-Becken aus der Erdkruste sprengte – besonders Phänomene wie jene geologische Krusten-Asymmetrie zwischen Festland und Meeresboden sind dabei Wernadskijs Hauptargumente. Nach seiner Hypothese ist das Leben auf der Erde nur unter Einhaltung der folgenden Grundvoraussetzungen entstanden: Bei der Entstehung der Biosphäre auf der Erdkruste herrschten physikalisch-chemische Erscheinungen und Prozesse, die heute auf ihr fehlen, für eine spontane Entstehung aber notwendig waren – dazu zählen keine gewöhnlichen physikalischen, chemischen und geochemischen Prozesse (1); die vorhandenen Daten geben Anlass zu der Vermutung, dass gleichzeitig oder fast gleichzeitig eine Gruppe einfachster Einzeller entstanden ist – aus ihnen entstanden nachher durch Evolution alle übrigen Organismen (2); in Übereinstimmung mit den Schlussfolgerungen *Pasteurs* und dem *Curieschen* Prinzip musste dieser Pro-

---

[86] 1863 bis 1945

zess, der nicht in den Rahmen gewöhnlicher physikalisch-chemischer Erscheinungen passt, asymmetrisch sein und über eine rechte Dissymmetrie[87] verfügen (3). Die Entstehung des Lebens ist für Wernadskij kein göttlicher Schöpfungsakt, wohl aber ein materieller. Der ungeheure Druck, die thermischen Extreme einer speziellen kosmischen Kollision verändern alles, was bis dato das Wesen der globalen Biosphäre bestimmte – sie, die vor dem Impact aus hundert Prozent unbelebter Materie bestand, mutiert zu einem Stoffpaket aus belebter und unbelebter Materie – mit einem Schlag. Auch Wernadskij fußte noch auf der *Quiringschen* These von der Loslösung des Mondes durch solch einen Impact – eine spektakuläre kosmische Geburt, von der man inzwischen weiß, dass sie nicht stattgefunden hat. Doch hat dieser Irrtum keine Bedeutung, was die erdgeschichtliche Rolle kollidierender Himmelskörper betrifft und ihre vielen Sternwunden. Auffällig betont der russische Gelehrte besagtes Curiesches Prinzip, wonach Dissymetrie nur unter dem Einfluss einer Ursache entstehen kann, die ebenfalls über Dissymetrie verfügt. Es ist bekannt, dass die chemische Zusammensetzung von Meteoriten oder Kometen sich vom Bau der Erde unterscheidet, was bedeutet, dass jeder Impact mehr oder minder deutliche Dissymmetrien im Gefüge unseres Planeten auslöst. Und wenn wir das Alter des irdischen Lebens mit dem der Aussprengung der atlantischen oder pazifischen Segmente vergleichen, stellen wir heute erstaunliche Übereinstimmungen fest. Ein gutes halbes Jahrhundert nach der Veröffentlichung der Hypothese Wernadskijs (1931) wird wahrscheinlicher, was der Russe geschrieben hat: *Der Anfang der Biosphäre (und das Auftreten des Lebens), die Entstehung der pazifischen Senke (und die Dissymmetrie der Erdkruste) ... fallen als geologisch gleichzeitige und möglicherweise genetisch gekoppelte Ereignisse zusammen.* Wernadskijs Glaubwürdigkeit steigt wenn man bedenkt, dass heute der überwältigende Einfluss eines kosmischen Bombenteppichs auf die Erde erwiesen ist, ihre Entstehung mit der Akkumulation von zigtausend massigen Asteroiden erklärt wird, oder die Neigung der Erdachse dem Volltreffer eines gigantischen Rammblocks angelastet wird.

Der Mond ist, das sieht man recht genau, überall mit den Narben gewaltiger Einschläge bedeckt. Auf der Erde müsste es genauso sein, doch fand man vergleichsweise wenig Meteoritenkrater. Wie kommt es? Nun, der Mond hat praktisch keine Atmosphäre, kein Wasser – es gibt auf dem Relief der Mondflächen also keine chemische Zerstörung des Gesteins, keinen Transport und keine Ablagerung von Sedimenten. Man kann gut von einem kosmischen Relief sprechen, insoweit, als sich diese uralten Mondlandschaf-

---

[87] Nach Louis Pasteur (1822–1895) fehlt der gesamten belebten Materie die Gleichheit der rechten und linken Seite – es dominiert die Ausprägung der rechten Seite; diese Besonderheit unterscheidet die belebte Materie von der unbelebten (kristalline Stoffe), deren Seitenstruktur symmetrisch ist

ten wie Konserven erhalten haben, nahezu unverändert über etliche Milliarden Jahre. Die einzig denkbaren Veränderungsfaktoren auf dem Mond sind die krassen Temperaturschwankungen von Tag zu Nacht: Im Sonnenschein heizt sich das Gestein auf plus 118° Celsius auf, um sich bei Dunkelheit rasch auf minus 153° Celsius abzukühlen – ein Phänomen, das Folge der fehlenden Atmosphäre ist. Solch eine lunare Frostverwitterung dürfte nicht spurlos an der Steinsubstanz vorübergehen, doch gibt es keine Kräfte – außer den elektrostatischen – die Verwitterungsreste über die Mondflächen transportieren könnten. Anders auf der Erde und Venus: Dort schaffen die dichten atmosphärischen Schutzschilde besondere Verhältnisse – Krater, die deutlich kleiner als hundert Meter im Durchmesser sind, gibt es auf der Erde wegen des bremsenden Luftwiderstandes nur im Ausnahmefall. Ansonsten beseitigen Atmosphäre und Hydrosphäre mit der Zeit gründlich jede Unebenheit auf unserem Planeten, wenn nicht erdinnere Kräfte für deren Wachstum sorgen; ganze Gebirge werden durch das Zusammenspiel von Temperatur, Wind, chemische Zersetzung, Bakterien, Wasser oder durch vom Wasser bewegte Teilchen plangeschliffen – umgedreht tragen Gesteinsfaltungen bei der Gebirgsbildung oder Aufschmelzungen im Innern zur Erosion von Impact-Kratern bei; in den nördlichen und südlichen Breiten spielt auch das Eis eine ganz entscheidende Rolle bei der Abtragung von Bodenerhebungen. Eis, Wasser und Wind transportieren gewaltige Steinfrachten in die Ozeane, füllen Täler und Rinnen auf dem Festland auf. Kurz: Die Kräfte der Abtragung sind unermüdlich. Überall auf der Erde sind sie dabei, Berge einzuebnen, Böden fortzuspülen, das frei liegende Gestein zu verwittern, und von den Höhen das Abgetragene in die Senken zu waschen und zu wehen. Dieses Geschehen lässt Krater vergehen, die niedergegangene Himmelskörper der Erdkruste geschlagen haben – einige hunderttausend Jahre mögen sie kenntlich bleiben, in etlichen Fällen einige Millionen Jahre und mehr. Gäbe es weder Luft noch Wasser auf der Erde, so schätzen Fachleute, könnte man hier rund 1,5 Millionen Meteoritenkrater ausmachen. Fazit: Sicherlich werden auf der Erde noch viele Hunderte Krater gefunden und erforscht werden, ein unendlich Vielfaches ist aber durch Erosion zerstört oder bleibt in den Ozeanen oder unter dem ewigen Eis verborgen – man kann den Schluss ziehen, dass sich an jedem Punkt der Erdfläche irgendwann einmal ein Meteoritenkrater befunden hat. Heute argumentiert die Wissenschaft, dass in den frühen Entwicklungsstadien der Erde dort bedeutend mehr Meteoriten eingeschlagen sind als in den folgenden – dieses Phänomen werde ja besonders in der vergleichsweise geringen Kraterzahl der lunaren Lavameere deutlich; der Rückgang habe an einer allmählichen Verarmung der erdnahen Trabantenschwärme gelegen.

Jupitermond Callisto (NASA-Foto)

Details aus dem Asteroidengürtel (NASA-Illustration)

Dritter Teil

Abwehrstrategien

Der Barringer Krater (NASA-Foto)

ERDSTREIFER

Der Asteroid *2004 BL86* sauste am Montag, 26. Januar 2015, gegen 17.00 Uhr unserer Zeit an der Erde vorbei. Seinen Durchmesser schätzte man auf maximal 900 Meter, er kam dem Blauen Planeten auf 1,2 Millionen Kilometer nahe, etwa die dreifache Distanz zwischen Erde und Mond. Deutlich näher dran der Asteroid *2012 DA14*: Am Freitagabend, 16. Februar 2013, kurz vor 20.30 Uhr deutscher Zeit passierte er die Erde nur knapp 28.000 Kilometer entfernt. Das ist fünfzehnmal näher als der Mond und deutlich dichter als unsere Fernseh- und Wetter-Satelliten. *2012 DA14* war halb so groß wie ein Fußballfeld, überall auf der Erde konnte man ihn mit einfachen Fernrohren sehen.

Die Erdgeschichte ist also, das wissen wir, mit Staub und Getöse der Impacts erfüllt – unzählige Asteroiden und Kometen sind auf die Erde gekracht, haben Zeitalter ausgelöscht und die irdische Astrometrie gebeutelt. Dauernd jagen kleinere Trümmer in die obere Erdatmosphäre, gestern wie heute, wo sie der Luftwiderstand flammend ionisiert. Meteore, in der Regel gerade erbsengroß und grammschwer, funken in jeder Nacht durch die Dunkelheit – wenn es finster und der Himmel klar ist, kann sie jedermann beobachten. Tausende von Meteoriten, in der großen Masse ein paar Kilogramm schwer, fallen jedes Jahr, schießen durch die Atmosphäre und schlagen irgendwo auf, im Meer, auf dem Land, im ewigen Eis – in der Regel harmlos und auf Nimmerwiedersehen. Es ist vorgekommen, dass solche kosmischen Irrbrocken Hausdächer zerschmettert haben – das sind Zufälle, die dann den Stoff zu Hysterie und lokalen Schlagzeilen liefern. Immerhin langt es dann und wann zu globalen Headlines, wie 2013, als über dem Ural ein Meteorit auf die Region *Tscheljabinsk* fiel, und 1908, als über der sibirischen *Tunguska* ein Kometenkern platzte und einen beachtlichen Impact auslöste, worüber an anderer Stelle zu berichten sein wird. Dies sind alles Peanuts im Prinzip und im Vergleich mit jenen massereiche Boliden, die es auch noch gibt im Kosmos, auch wenn sie seltener mit der Erde kollidieren als die Sternschnuppen oder Feuerkugeln. Auf jeden Fall wird man solche größeren Himmelskörper präzise und vorsorglich im Auge behalten müssen, jene Erdstreifer oder *NEO*[88] also, die sich dem Planeten mit kosmischer Geschwindigkeit nähern und den kritischen Durchmesser von einem Kilometer oder mehr haben. Solche Kolosse aus Stein sind Himmels-Raritäten, aber man muss wissen, dass ihr Impact das Ökosystem der Erde umstürzen und irdische Lebensformen, den Menschen inbegriffen, auslöschen kann. Dabei ist es unerheblich, ob es nun Asteroiden oder Kometen in dieser Größenordnung sind, die mit der Erde eine Karambolage hatten.

---

[88] Near Earth Objects

Alle paar Jahrhunderte ist es soweit, dann wird die Erde von einem NEO getroffen, das zwar unter der kritischen Masse bleibt, aber dennoch verhängnisvoll genug ist - schlüge es in eine Stadt, wären viele hunderttausend Menschen tot und der Ort eine unkenntliche Steinwüste. Einmal pro Jahrtausend kommt ein Donnerschlag vom Himmel, der über dieses Unmaß noch hinausgeht und ein Inferno auslöst, das nur mit den extremsten irdischen Naturkatastrophen vergleichbar ist, so schlimm, wie diese überhaupt nur denkbar sind. Immerhin – zu unseren Lebzeiten, so sagen *Eugene Shoemaker* und andere (1990), steht die Chance nur etwa 1:10.000 für einen Mega-Impact, der global die Ernten und wohl unsere Zivilisation vernichten würde, wie wir sie kennen.

Inzwischen kann man die Anzahl von NEO, die einen Durchmesser von einem Kilometer oder mehr haben und der Erde gefährlich werden können, ziemlich verlässlich schätzen. Ungewisser ist die Zahl der kleineren Objekte. Besonders große Fragezeichen sind die schwer zu entdeckenden langperiodischen oder neuen Kometen, die eine höhere Impactgeschwindigkeit entwickeln würden als die übrigen Erdstreifer. Auf alle Fälle dürften die *Asteroiden-NEO* (einschließlich der toten Kometen) das Heer der kosmischen Trümmer dominieren. Über die denkbaren Impact-Wirkungen solcher speziellen Objekte hat man vergleichsweise wenig klare Vorstellungen – die größte Unsicherheit im Vergleich solcher Gefahren mit denen von großen Naturkatastrophen liegt auf dem Gebiet der wirtschaftlichen und sozialen Folgen eines NEO-Impacts. Hier ist die Forschung erst im Aufbruch.

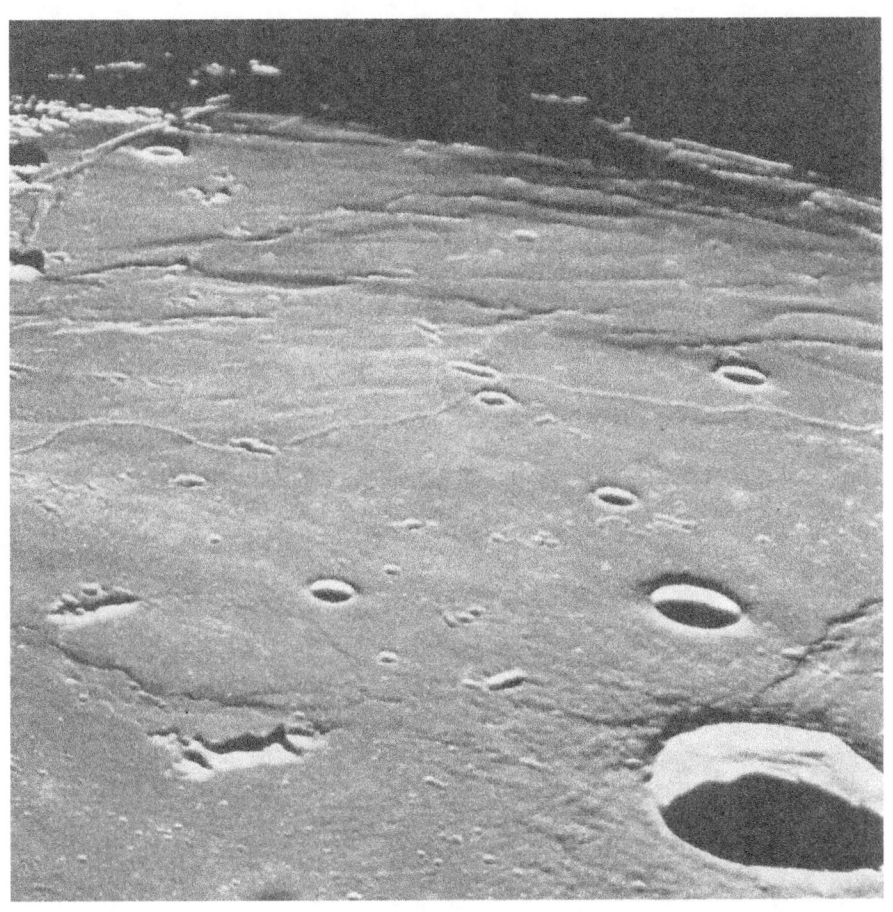

Oberfläche des Mondes (NASA-Foto)

Der Asteroid Gaspra (NASA-Foto)

DAS EIN-KILOMETER-KALIBER

Die täglichen Meteore und Feuerkugeln verzehren ihre Energie in der oberen Atmosphäre, auf der Erdoberfläche richten sie keinen direkten Schaden an. Kritisch wird es ab einer Größe von rund 10 Metern Durchmesser; stürzt ein solches Projektil auf die Erde, kann dies Menschenleben kosten. Am 10. August 1972 ging es noch einmal gut: Im *US-Grand-Teton-National-Park* fotografierte *James A. Baker* ein solches NEO, das auf rund zehn Meter Durchmesser und etliche tausend Tonnen Gewicht geschätzt wird; 101 Sekunden war das flammende Objekt zu sehen, während es 1.475 Kilometer durch die Atmosphäre stürzte, ungefähr 54.000 Stundenkilometer schnell – es schlug irgendwo in den Mountains ein, gar nicht so weit vom Fotografen entfernt.

Solche kosmischen Gefahren fassen die Fachleute in drei grobe Kategorien, die sich in der jeweiligen kinetischen Energie und in ihrer Wirkungsform unterscheiden.

- Der Impact-Körper ist zerbrochen, bevor er die Oberfläche erreicht - das meiste seiner kinetischen Energie ist in der Atmosphäre verbraucht, unten kommt es zu örtlich begrenzten Wirkungen **(1)**.

- Der Impact-Körper bleibt weitgehend heil, sodass er einen Krater in die Erdoberfläche schlagen kann, wobei die Wirkungen örtlich begrenzt sind, Salpeter-Oxid und Staub allerdings über große Entfernungen verbreitet werden - wenn der Impact den Ozean trifft, entsteht eine Flutwelle **(2)**.

- Der Impact erzeugt einen großen Krater und bläst solche Staubmassen in die globale Atmosphäre, dass zusätzlich zu den detonationsbedingten örtlichen Verwüstungen eine merkliche, befristete Klimaveränderung eintritt **(3)**.

Die Maße der Himmelskörper, deren Impact-Wirkungen zu solchen Kategorien passen, orientieren sich ebenso an der Dichte, Härte und Geschwindigkeit der Projektile wie an der Beschaffenheit der irdischen Treff-Flächen. So ist auch die Größe eines NEO, dessen Impact globale Wirkungen auslöst, nicht klar zu definieren.

Die Fachleute legen sich wie folgt fest:

- Zur **ersten Kategorie** zählen Impact-Körper mit Durchmessern von zehn bis hundert Metern. Die kleinen dieser NEO-Klasse erwischen die Erde jedes Jahrzehnt, die ganz großen von hundert Metern und mehr durchschnittlich nur einmal bis ein paar Mal pro Jahrtausend. Ein Zehn-Meter-Körper, wenn er mit der typischen kosmischen Geschwindigkeit von zwanzig Kilometern pro Sekunde in die Atmosphäre eingetreten ist, entwickelt beim Impact eine kinetische Energie, wie sie hunderttausend Tonnen herkömmlichen Sprengstoffs[89] freisetzen – das entspricht etwa vier Atombomben des Hiroshima-Typs. Der Hundert-Meter-Körper zündet die kinetische Energie von hundert Megatonnen TNT, was der Detonationswirkung der wirksamsten Kernwaffe unserer Zeit entspräche. Zu den 10-Meter-Projektilen: Nur die seltenen Eisen- oder Stein-Eisen-Körper schlagen mit einem ausreichend großen Bruchteil ihrer Ausgangsgeschwindigkeit in die Kruste, um Krater auszusprengen – wie 1947 in der sibirischen Landschaft *Sikhote-Alin* geschehen. Ansonsten zerlegen Stein-NEO auf ihrem Steilschuss durch die Atmosphäre, fliegen auseinander – die verbleibenden Trümmer werden rasch abgebremst und treffen die Erde mit der ungefährlichen Geschwindigkeit des freien Falls, wobei sich ihre kinetische Energie auf eine harmlose atmosphärische Druckwelle reduziert. Teile davon befreien sich in die besondere Form von Hitze und Glut[90], Teile davon wirken eher mechanisch. In der Regel entlädt sich diese Hundert-Kilotonnen-Energie so hoch oben in der Atmosphäre, dass unten nichts und niemand Schaden nimmt, obwohl solche Feuerkugeln noch aus sechshundert Kilometern Entfernung oder mehr zu bestaunen sind, und die mechanische Druckwirkung unten durchaus zu hören und zu spüren ist. Je größer die kollidierenden Meteoriten sind, desto tiefer und dichter sind die Schichten der Atmosphäre, die sie unbeschadet durchschlagen können. Offensichtlich gilt ein Schwellenwert, ab dem die freiwerdende Wärme und der Druck auf dem Boden Schaden anrichten: Das Jahrhundert-NEO über der sibirischen *Tunguska* (1908) hatte etwa einen sechzig-Meter-Durchmesser - ein massiges Objekt also, das in rund acht Kilometern Höhe zerlegte; die Zerstörungen am Boden waren großflächig und ganz erheblich, wie noch an anderer Stelle zu berichten sein wird; britische Meteorologie-Barographen maßen Luftdrücke, die auf eine kinetische Energie von vergleichsweise gut zehn Megatonnen TNT schließen lassen, betrachtet man die Zerstörungsradien, muss man sogar zwanzig Megatonnen unterstellen; wäre das Tunguska-NEO über einem Stadtgebiet heutiger Besiedlungsdichte detoniert, hätte niemand überlebt, und hätten alle Gebäude im Zwanzig-Kilometer-Radius keine Dächer und Mauern mehr gehabt. Man stelle sich vor, solch ein Tunguska-Debakel fiele in unsere Zeit – im ersten Schreck könnte man es als Kernwaffen-Detonation missdeuten, und passierte so etwas in Spannungszeiten, wären die politischen Folgen fatal; es ist also wichtig, das politische Bewusstsein und die öffentli-

---

[89] Trinitoluol = TNT

[90] meteoritische Feuerkugel

che Meinung auf die reale Möglichkeit einer folgenreichen kosmischen Karambolage vorzubereiten.

- Stein- oder Eisenmeteoriten von mehr als hundert Metern Durchmesser dürften den Erdboden in einem Stück erreichen und dort einen Krater schlagen – das wäre ein Impact der **Kategorie 2**. Dieser kritische Wert orientiert sich aber letztlich an der physikalischen Dichte des kollidierenden Himmelskörpers, an seiner kosmischen Geschwindigkeit und am Eintrittswinkel in die Erdatmosphäre. Geologische Impact-Forschungen und -Berechnungen führen zur Annahme, dass Stein-Meteoriten Krater schlagen, wenn ihre Durchmesser größer als hundertfünfzig Meter sind. Statistisch hämmern solche Boliden einmal in fünftausend Jahren auf unseren Planeten herunter. Schlagen sie auf festes Land, dürften sie einen Krater von etwa drei Kilometer Durchmesser stanzen. Die zusammenhängende Decke von ausgeworfenem Material zöge dann einen Radius von etwa fünf Kilometern um diesen Trichter. Die Zerstörungszone reichte aber weit über diesen Wert hinaus, jener Todesradius, worin Gebäude von der Druckwelle ruiniert oder fortgeblasen werden. Eine solche Zerstörungszone wäre dennoch nicht unbedingt größer als diejenige, welche durch die Druckwelle eines kleineren Meteoriten erzeugt wird – dies liegt daran, dass viel Energie des aufschlagenden Himmelskörpers schon bei der Kraterbildung absorbiert wird. Deshalb wären die Wirkungen kleinerer Impacts höchstens von lokaler Bedeutung.

Je mehr man sich dem Durchmesser-Oberwert von einem Kilometer nähert, desto maßloser würden die Impact-Energien im Megatonnenbereich auswuchern – dies hat man durch das ausgiebige Studium von Atomkriegs-Szenarien herausgefunden - es fällt deshalb schwer, ihre wahren Ausmaße sicher vorherzusagen. Man hält es für realistisch, dass der Impact eines Ein-Kilometer-Brockens ganze Staaten oder Länder eliminieren könnte, mit infernalischen Folgen für etliche Zehnmillionen Menschen in einer dicht besiedelten Region. Darüber hinaus muss auch mit etlichen globalen Folgen gerechnet werden, zum Beispiel mit Veränderungen in der Chemie der Luft oder mit Kaltzeiten wegen riesiger Staubwolken in der Atmosphäre – recht ähnlich vielleicht wie 1918, das Jahr ohne Sommer, das der Explosion des Vulkans *Tambora* gefolgt war.

Kometen setzen sich zu großen Teilen aus Wassereis und anderen flüchtigen Stoffen zusammen. Deshalb gehen Kometen leichter in Stücke als die massiven Stein- oder Eisen-Asteroiden. In der Größenordnung von hundert Metern bis einem Kilometer Durchmesser kann vermutlich kein Komet den kosmischen Sturz durch die Atmosphäre heil überstehen, sodass ein Impact nicht zu befürchten ist. Es dürften aber erdnahe Luft-Detonationen entstehen, die auf dem Festland empfindliche Zerstörungen zur Folge haben. Diese Angelegenheit muss noch näher erforscht werden, was besseres Wissen um die Physik der Kometen voraussetzt.

- Alle Meteoriten mit über einem bis zu fünf Kilometern Durchmesser gehören zur **3. Kategorie**. Die Fachleute sind sicher, dass das Ein-Kilometer-Kaliber den Schwellenwert für ernste globale Konsequenzen markiert, auch wenn noch viel zu tun ist, die physikalischen und chemischen Wirkungen von Materie zu erforschen, die aus dem Kosmos kommt und in die Atmosphäre rast. Allgemein kann man sagen, dass bei solchen Impacts die Krater einen zehn bis fünfzehn mal größeren Durchmesser haben als der der aufschlagenden Projektile, bei einem Kilometer Asteroiden-Durchmesser also zehn bis fünfzehn Kilometer Krater-Durchmesser. Im mathematischen Mittel wird solch ein Krater auf den Kontinenten alle 300.000 Jahre geschlagen. Das Gefährliche an solchen Schwergewichten ist die gigantische Staubwolke, die beim Impact in die Stratosphäre geblasen wird und weltweit das Sonnenlicht abschirmt. Das Unmaß solcher globalen Desaster steigt mit der Größe der stürzenden Asteroiden und der Staubmengen, die sein Impact in Bewegung zu setzen vermag. Ab einer Größenordnung X dürften solche Karambolagen zu globalen Missernten führen und das Überleben der Zivilisation gefährden. Bei Spitzenwerten in dieser dritten Kategorie kann davon ausgegangen werden, dass der Fortbestand der menschlichen Rasse zur Disposition steht.

Was passiert, wenn ein Objekt von mehreren Kilometern Durchmesser mit einer kosmischen Geschwindigkeit von zehn Sekunden-Kilometern[91] auf die Erdkruste kracht? Zunächst gibt es eine apokalyptische Detonation, ausreichend, den massigen Boliden und das getroffene Gestein im Treffgebiet zu zertrümmern oder zu verdampfen. Thermische Strahlung und Materiemassen schießen mit Höchstgeschwindigkeit in alle Richtungen und setzen Pflanzen und Tiere für etwa ein halbe Stunde einem Trommelfeuer und sengender Hitze aus, einer Frühphase, dem ein weltweiter Feuersturm folgen dürfte. Die Staubmassen, die aus einem solchen Großkrater in die Stratosphäre geschleudert würden, würde die gesamte Erde verdunkeln. Dies wäre eine bitterkalte Nacht, die etliche Monate dauern dürfte. Die Temperaturen würden um mehr als zehn Grad Celsius fallen. Salpetersäure, im Impact-Feuerball durch den Brand von Stickstoff freigeworden, würde Seen, Böden, Flüsse vergiften, vielleicht auch die oberen Wasserschichten der Weltmeere. Viele Monate später dann, wenn die Luft wieder rein ist, dürften Wasserdampf und Kohlendioxid in der Stratosphäre verblieben sein

---

[91] 36.000 Stundenkilometer

und einen grandiosen Treibhauseffekt in Gang halten, der die durchschnittlichen Temperaturen der Vor-Impact-Zeit um etwa zehn Grad Celsius in die Höhe treibt. Eine solche Erwärmung würde Jahrzehnte anhalten, weil sich daraus etliche positive Wechselwirkungen ergäben: Die Erwärmung der Erd-Oberfläche vermehrt die Luftfeuchte der Troposphäre, die Erwärmung der Meeresspiegel setzt Kohlendioxid frei - beides verstärkt den Treibhauseffekt. Es liegt auf der Hand: Beide Kollisions-Folgen - zu Beginn die vielen Monate der kalten Nacht, dann die Folgejahre mit drastischen Temperatur-Steigerungen, würden die Umwelt belasten und ein Artensterben einleiten, das die Fauna und Flora auf den Kontinenten wie im Meer gleich träfe.

Bei allen diesen Zahlenspielen weiß man nicht genau, ab welch einer Größe ein Meteoriten-Impact eine oder alle der geschilderten Wirkungen zeigt. Immerhin hat die geochemische und paläontologische Forschung herausgefunden, dass vor fünfundsechzig Millionen Jahren der Crash eines NEO von rund zehn Kilometern Durchmesser etwa fünfzig Prozent der damaligen Tier- und Pflanzenarten ausgelöscht hat – es könnten auch etliche zeitgleiche Impacts auf engem Raum gewesen sein. Dieser sogenannte *K-T-Impact*[92] dürfte eine Detonations-Energie von hundert Megatonnen herkömmlichen Sprengstoffs weit überschritten haben. Solch eine Massenauslöschung von Arten hat es etliche Male in den letzten hundert Millionen Jahren gegeben; es kann vermutet werden, dass Impacts die meisten solcher Artensterben verursacht haben - die Beweislage ist allerdings nicht immer zwingend. Aus astronomischen und geologischen Forschungen ist zu schließen, dass ein Asteroid mit dem Durchmesser von fünf Kilometern oder größer im Mittel alle zehn bis dreißig Millionen Jahre mit der Erde kollidieren dürfte.

Der Hungertod der Masse der Erdbevölkerung könnte Folge eines apokalyptischen Impacts sein – wir haben aber keine exakte Vorstellung davon, wie groß ein solches Genozid-NEO sein müsste. Bei diesen Überlegungen muss nicht nur nach der Größe des Objekts gefragt werden, sondern auch nach dem Ort des Impacts oder nach der Jahreszeit; weiter sind die physikalischen und ökologischen Konsequenzen ungewiss, auch stellen sich Fragen nach der Flexibilität der Landwirtschaft, des Handels, der Wirtschaft und aller sozialen Gefüge angesichts solch einer unerhörten Katastrophe.

Auf der erwähnten Konferenz über Erdstreifer im kalifornischen *San Juan Capistrano*[93] wurde die These diskutiert, dass der Schwellenwert für globale Katastrophen bei Himmelskörpern mit Durchmessern von ungefähr zwei Kilometern anzusetzen sei. Der NASA-Fachmann *Brian Toom* nahm noch

---

[92] Kreide-Tertiär

[93] 1991

im gleichen Jahr zu den Umweltschäden Stellung, die ein solcher kosmischer Fallklotz auf der Erde anrichten würde: Das größte Desaster nach einem solchen Impact seien die Unmassen von *Sub-Mikrometer-Staub*, die in die Stratosphäre geblasen werden; dort oben habe dieser superfeine Staub eine hohe Verweilzeit, was für die Landwirtschaft den globalen K.o.-Schlag bedeuten kann; um solche Klimaveränderungen auszulösen, sei eine kritische Menge von etwa zehntausend Teragramm[94] Sub-Mikrometer-Staub anzusetzen; um solche Mengen in die oberen Luftschichten zu jagen, genüge ein Impact-Objekt mit einem Durchmesser zwischen einem und anderthalb Kilometern.

Brian Tooms Schätzung liegt niedrig, aber im Trend: Die NASA-Fachleute sagen, dass der Schwellenwert für eine globale Impact-Katastrophe mit hohen Todesraten und Zivilisationsbrüchen bei einem NEO mit dem Durchmesser zwischen 0,5 und fünf Kilometern liegt, möglicherweise bei etwa zwei Kilometern. Statistisch liegt die Wahrscheinlichkeit solcher Crashs bei einem bis mehreren Impacts in einer Million Jahren.

Wenn diese Frequenz realistisch ist, ist die Chance einer Asteroiden-Kollision in der näheren Zukunft – obgleich mathematisch sehr gering – größer als die Chance, dass andere Erdkatastrophen das menschliche Leben und die menschlichen Lebensordnungen in vergleichbarem Umfang vernichten. Man darf annehmen, dass der globale Killer-Impact einmal im Zeitraum von 500.000 Jahren zuschlägt; man vergesse nicht, dass der Zeitraum länger sein kann, aber wohl nicht länger als das Doppelte; die Wartezeit kann auch ebenso gut kürzer sein, vielleicht nur 50.000 Jahre. Dennoch: Es scheint immer eine respektable Zeitspanne zu bleiben, ehe das Unfassbare geschieht – zehnmal, hundertmal mehr Zeit, als die Geschichtschroniken der Menschheit alt sind. So ist der Killer-Impact ein einzigartiger Katastrophentyp: Tornados, Weltkriege, Vulkanausbrüche, Bürgerkriege, Kernkraft-GAU's, Flutwellen - abertausend Menschen sind ihre Opfer, ganze Regionen betroffen – solche Berichte sind erlebte Wirklichkeit, wir sind sie aus den Medien gewohnt; über den Impact eines Super-NEO aber hören wir nichts, er scheint irgendwie nicht existent und gilt in der öffentlichen Meinung als Science Fiction, für viele nur ein Kassenknüller. Solange man denken kann, hat das Unerhörte nicht stattgefunden. Aber die Wahrheit ist anders: Die Gefahr ist real, der Mega-Impact gewiss, nur sein Zeitpunkt fraglich. Ein solcher Hammer aus dem All dürfte die globale Biosphäre kippen, viele Milliarden Menschenleben auslöschen und die Zivilisationen zerschmettern – die Todesraten während der europäischen Pest im 14. Jahrhundert oder während der Weltkriege im 20. Jahrhundert könnten nicht bestehen im Vergleich. Kein Wunder bei solchen ebenso realistischen wie

---

[94] 1 TG = 10^{12} Gramm

fatalen Aussichten, wenn die Fachleute die kosmische Bedrohung durch kollidierende NEO und die Möglichkeiten ihrer Abwehr kontrovers diskutieren.

Bleiben wir bei den Berechnungen der Fachleute. Die NASA vergleicht zwei NEO-Typen, den Global-Killer mit etwa zwei Kilometern Durchmesser (Typ G), und den Regio-Killer (*Tunguska*) mit etwa hundert Metern Durchmesser (Typ R). Die dortigen Berechnungen zeigen, dass eine amerikanische Stadt doppelt so häufig vom Impact eines global wirksamen Zwei-Kilometer-NEO bedroht ist als vom Volltreffer eines Himmelskörpers, der nur Hundert-Meter-Größe erreicht; es wird deutlich, dass die großen kosmischen Kaliber das Risiko der Menschheit dominieren. Erwartungsgemäß gehen die Meinungen der Fachleute auseinander, wie groß ein kollidierender Asteroid sein muss, um ein globales Genozid zu importieren: Nicht kleiner als ein Kilometer Durchmesser, so mag es stimmen, sicherlich nicht größer als zwei Kilometer.

Ein erster Abwehrschritt: alle potentiell gefährlichen Himmelskörper dieser Größenordnung wären frühzeitig zu identifizieren; man wird dabei auch die kleineren Boliden im Auge behalten müssen, jene Hundert-Meter-Geschosse etwa. Sind gefährliche Asteroiden oder Kometen auf Kollisionskurs, wird ihrer Identifizierung die Abwehr folgen müssen.

Halbmond (Foto: Michael Khan, Darmstadt)

FALLKLÖTZE IN GEFÄHRLICHER NÄHE

Wie wir wissen, gibt es zwei Kategorien von Himmelskörpern, deren Orbits in die Nähe der Erde führen - Asteroiden und Kometen. Die Astronomen unterscheiden diese beiden Typen nach ihrem unterschiedlichen Erscheinungsbild, das sie durch die Teleskope beobachten: Sieht das Objekt wie ein Stern aus, wird es *Asteroid* genannt; ist aber so eine Art Atmosphäre zu sehen, oder der charakteristische funkelnde Schweif, dann nennt man es *Komet*. Asteroiden und Kometen haben recht unterschiedliche Strukturen: Asteroiden sind in der Regel aus Stein oder Eisen und haben keine Lufthülle, während Kometen zum Teil aus flüchtigen Stoffen bestehen – solche Stoffe verdampfen und bilden einen dünnen unsteten Gasmantel; ein alter Komet aber, der die Masse dieser Stoffe eingebüßt hat, wird durchaus wie ein Asteroid aussehen. Im Grunde ist der Unterschied zwischen Asteroiden und Kometen nicht besonders relevant – was allein zählt ist, ob ein solches NEO sich auf Kollisionskurs zur Erde befindet oder nicht.

Die erdnahen Asteroiden werden in drei Kategorien eingeteilt: Zur Kategorie *Amor* zählt, wer außerhalb der Erdbahn umläuft, zur Kategorie *Apollo* wird gerechnet, wer die Erdbahn in Perioden von über einem Jahr kreuzt, der Kategorie *Athene* gehört an, wer den Erd-Orbit in Perioden kreuzt, die kürzer als ein Jahr sind. Kometen werden anders unterschieden: *Kurzperiodische* Kometen erscheinen nach weniger als zwanzig Jahren wieder, *mittelperiodische* brauchen zwischen zwanzig und zweihundert Jahre für einen Sonnenumlauf, *langperiodische* länger als zweihundert Jahre.

Wichtig ist die aktuelle NASA-Definition der sogenannten *Erdkreuzer (ECA)*[95] - darunter versteht man jene Himmelskörper aus Stein oder Eisen[96], die objektiv das Potential haben, mit der Erde zu kollidieren. Die Fachleute definieren das ECA wie folgt: Ein Objekt auf einer Bahn, die wegen dauernder langfristiger Gravitationsstörungen, hervorgerufen durch Erde und andere Planeten, die Erdbahn schneiden kann. Unter langfristig sind Zeiträume von zehn bis tausend Jahre zu verstehen.

1989 waren neunzig solcher Objekte bekannt[97], als man sich im Juni 1991 in *San Juan Capistrano* zum Workshop traf, kannte man schon 128. Elf von ihnen zählen zum Typ Athene (9 Prozent), 85 zum Typ Apollo (66 Prozent), und 32 zum erdkreuzenden Typ Amor (25 Prozent); 61 von ihnen haben feste Katalognummern bekommen, weil ihre Umlaufbahnen stetig

---

[95] earth-crossing asteroid = ECA

[96] Asteroiden

[97] Shoemaker 1990

sind; 51 dieser Objekte hat man vorläufige Nummern geben, weil die Umlaufdaten weniger klar sind; die übrigen 16 hält man für verschollen - ihre Umlaufbahnen sind rätselhaft, weil man die laufenden Positionen nicht bestimmen kann – man will solche ECA allerdings weiter beobachten, sollte man sie wider Erwarten wiederfinden. Keiner von diesen 128 ECA kann uns zurzeit erschrecken, weil sich keiner auf Kollisionskurs zur Erde befindet – aber allen ist zuzutrauen, dass sie irgendwann in den nächsten tausend Jahren in eine verhängnisvolle Impact-Bahn Richtung Erde geraten. So ist es realistisch anzunehmen, das 20 bis 40 Prozent dieser erdkreuzenden Asteroiden einmal die Erde treffen werden, dies meinen jedenfalls *Wetherhill* (1979), *Shoemaker* und andere (1990) – das wären dann etwa 25 bis 50 Impacts, deren potentielle Verursacher man heute schon vor das Teleskop bekommen hat. Der Prozentsatz an ECA, deren Impact der Erde erspart bleibt, dürfte entweder durch die Schwerkräfte anderer Planeten aus dem inneren Bereich des Sonnensystems herauskatapultiert werden, oder mit den anderen Sonnenbegleitern beziehungsweise ihren Trabanten zusammenstoßen.

Sicherlich hat man noch lange nicht alle unangenehm nahe umlaufenden Fallklötze entdeckt. Die Astronomen gehen davon aus, alle ECA über vierzehn Kilometer Größe gefunden zu haben, soweit sie zum Typus der dunklen, schwach reflektierenden Asteroiden der C-Klasse gehören; bei den besser reflektierenden Objekten, die man zur S-Klasse zählt, dürften alle erfasst sein, die sieben Kilometer Durchmesser überschreiten; ansonsten glaubt man, nur rund fünfunddreißig Prozent der 6-Kilometer-ECA (Typ C-Klasse) beziehungsweise Drei-Kilometer-ECA (Typ S-Klasse) gefunden zu haben; nach unten nimmt die Identifizierungsquote rapide ab - bei Vier-Kilometer-ECA (Typ C-Klasse) und 2-Kilometer-ECA (Typ S-Klasse) sind es nicht mehr als 15 Prozent, bei Zwei- und Ein-Kilometer-ECA nur noch 7 Prozent.

Zu den großen Objekten dieser Art zählen *1627 Ivar* und *1580 Betulia*, jedes mit einem Durchmesser von etwa acht Kilometern – beide sind sie kleiner als jenes kosmische Kraftpaket, dessen Impact die Rasse der Saurier auslöschte. Die Zwerg-Asteroiden unter den ECA, die man bisher vor die Teleskope bekam, sind *1991 BA* und *1991 TU* – ihre Durchmesser betragen nur rund zehn Meter. Niemand weiß exakt, wie viele Asteroiden zu den ECA zählen. Immerhin haben Fachleute alle Daten hochgerechnet, die zur Verfügung stehen; sie kommen auf 2.100 ECA, die einen Durchmesser von mehr als einem Kilometer haben – allerdings liegt die Ungewissheit beim Faktor Zwei.

Auch aktive Kometen können die Erdbahn kreuzen und auf Kollisionskurs geraten. Nach der *Everhartschen* Bestimmung der Kometenbahnen[98] kann man sagen, dass 10 bis 20 Prozent der kurzperiodischen Kometen Erdbahnkreuzer sind. Es dürften etwa 30 Objekte unter ihnen mit Durchmessern von mehr als einem Kilometer umlaufen, 125 Objekte mit mehr als einem halben Kilometer, und 3.000 Objekte mit Durchmessern von mehr als hundert Metern. So betrachtet ist der Zuwachs gering, den das Impact-Potential der ECA durch solche kurzperiodischen Kometen erfährt – er liegt zwischen ein und zwei Prozent. Es ist weiter sicher, dass eine unbekannte Zahl von Kometenkernen als Asteroiden angesprochen und in der Gesamtheit der ECA mitgezählt wird - erloschene Kometen von Asteroiden zu unterscheiden ist mit Teleskopen kaum möglich.

Wir kennen etwa siebenhundert extrem langperiodische (oder neue) Kometen, deren Durchgänge durch das Sonnensystem in geschichtlicher Zeit belegt sind; aber es ist schwer, Aussagen über die gesamte Population zu machen. Nur etwa die Hälfte dieser siebenhundert Kometen hat erdbahnkreuzende Orbits oder Perioden, die länger als zwanzig Jahre dauern – man kann sie ECC[99] nennen. Nicht mehr als eine Handvoll von ihnen hat Durchmesser von 3 bis 8 Kilometern. Die Fachleute nehmen an, dass die ECC etwa fünfmal häufiger vorkommen als ihre kurzperiodischen Vettern. Man geht davon aus, dass auf gut zehn Asteroiden ein Impact-verdächtiger ECC kommt. Wegen ihrer höheren Impact-Geschwindigkeit wird geschätzt, dass die Gefahr durch solche Kometen 25 Prozent des ECA-Potentials erreicht; es ist bekannt, dass höhere Impact-Geschwindigkeiten die Wirkung kleinerer Objekte vergleichsweise erhöhen.

---

[98] 1967

[99] earth-crossing comet

Der Asteroid Vesta (NASA-Foto)

WOLKEN AUS NUKLEI

Spätestens in hundert Millionen Jahren verschwindet jedes NEO aus dem Sonnensystem; der heutige Bestand wird dann durch planetare Kollisionen oder Gravitationskräfte in Gänze eliminiert sein. Gleichwohl ergänzt sich die heutige NEO-Generation fortwährend, im gleichen Rhythmus, wie jede vorhergehende oder gar die allererste Generation längst auf den erdähnlichen Planeten aufgeschlagen oder im All verschwunden ist. Ein solches Trommelfeuer hat die geologischen Strukturen der Sonnenbegleiter geprägt, was man an den großen Impact-Becken und den übrigen Kratern sehen kann. Diese Paralyse der NEO durch Kollision dürfte ebenso nachhaltig die biologische Entwicklung auf der Erde beeinflusst haben.

Um zu verstehen, warum es die NEO überhaupt gibt, muss man die Quelle identifizieren, woraus sich ihr Bestand ergänzt. Das Ensemble der Kometen-Objekte dürften entweder aus dem sehr weit entfernten Reservoir der *Oortschen Wolke* bestückt werden, oder aus dem näher gelegenen *Kuiper-Gürtel*, worin sich ursprüngliche (nicht erhitzte) Materie erhalten hat, die aus der uralten Zeit stammt, als sich das Sonnensystem bildete. Zur Oortschen Wolke: Der niederländische Astronom *Jan Hendrik Oort* hatte die ihm zugänglichen Bahndaten langperiodischer Kometen verglichen und festgestellt, dass sie von überall her ins innere Sonnensystem hineinschießen, nicht nur in der Ebene der Planetenbahnen, und dass ähnlich viele im Uhrzeiger- wie im Gegenuhrzeigersinn ihre Bahn nehmen; die äußersten Punkte ihrer Orbits schätzte der Gelehrte auf 7 bis 22 Billionen Kilometer Entfernung von der Sonne - das sind immerhin 0,7 bis 2,2 Lichtjahre; Oort veröffentlichte schließlich[100] die Hypothese, das Sonnensystem werde in eben dieser Entfernung kugelschalenförmig von einem gigantischen Reservoir (Oort: 100 Milliarden) an Kometenkernen[101] umschwärmt, deren Umlaufperioden etliche Millionen Jahre dauern; die Fachleute haben diese Hypothese angenommen und die Wolke aus *Nuclei* nach dem Niederländer benannt – heute geht man allerdings von der zehn- bis hundertfachen Menge an Kometenkernen in der Oortschen Wolke aus; astronomische Beweise dieser These gibt es nicht – kein Teleskop ist stark genug, die schlafenden Nuclei, die ja dunkel und höchstens ein paar Kilometer groß sind, in dieser ungeheuren Weite aufzuspüren; allerdings gibt es Vergleichsdaten des Infrarotsatelliten *IRAS*, der gewaltige Materiewolken um die nahen Fixsterne *Epsilon Eridani* oder *Wega* ausgemacht hat – man vermutet, dass solche Wolken Überbleibsel aus der Entstehungszeit dieser Sonnensysteme sind,

---

[100] 1950

[101] Nuclei

worin gewaltige Mengen von Kometenkernen umherschwirren, was das Pendant zur Oortschen Wolke wäre.

Zum Kuiper-Gürtel: Die Oortsche Wolke wäre so etwas wie die galaktische Heimat der langperiodischen Kometen, die kurzperiodischen aber können dort nicht ihren Ursprung haben - deshalb hat *Gerard Kuiper* von der Universität in Chicago den Schluss gezogen, es gäbe ein weiteres Reservoir an Nuclei, das in der Ebene der Planetenbahnen zu suchen sei und jenseits des Neptuns beginnen dürfte[102]. Auch diese innere Wolke, welche die Fachleute Kuiper-Gürtel nennen, wäre dann ein recht unberührtes Überbleibsel der Genesis unseres Sonnensystems, womöglich noch dichter mit Kometenkernen gespickt als die Oortsche Wolke. Auch den Kuiper-Gürtel hat kein Teleskop und keine Sonde je gesehen – aber immerhin haben kanadische Forscher[103] mit rechnergestützten Simulationen schlüssig dargelegt (1988), ebenso der Amerikaner *George Wetherill* (Washington), dass die Bahneigenschaften der kurzperiodischen Kometen nur durch die Existenz eines interplanetaren Reservoirs, wie es der Kuiper-Gürtel wäre, erklärbar sind. Etliche astronomische Indizien gibt es aber doch. Da wäre zunächst das Objekt *2060 Chiron*, das man 1977 entdeckt hat und zunächst als Planetoiden ansprach; Chiron läuft fast vollständig zwischen den Bahnen von Saturn und Uranus, sein Durchmesser wird nach neuen Messungen mit 170 Kilometern angegeben; seit 1988 beobachtet man nun an Chiron einen kleinen Schweif, 1995 diagnostizierten die Fachleute eine Gas- und Staubhülle (Koma) von 20.000 Kilometern Durchmesser, später dann Anzeichen von Eruptionen flüchtiger Stoffe aus seinem Innern – Chiron, das ist merkwürdig genug, ist also kein Planetoid, sondern ein gigantischer, kurzperiodischer Komet[104]; Chirons Umlauf kann wegen der Massenkräfte von Jupiter, Saturn und Uranus höchsten ein paar hunderttausend Jahre stabil bleiben – der Riesenkomet wird also erst seit kurzer Zeit dem Kuiper-Gürtel entkommen und im Wandel vom schlummernden zum aktiven Kometenkern begriffen sein; es gibt auch noch *1994 TA*, dessen sonnenfernster Umlaufpunkt jenseits des Saturn liegt, *1991 DA* (fünf Kilometer groß), der in 41 Jahren aus der Nähe des Mars bis über die Uranus-Bahn hinaus rotiert, sowie *5145 Pholus (1992 AD)* und *1993 HA$_2$*, deren Umlauf über Neptun hinausreicht – solche Objekte werden, zusammen mit Chiron, *Centauren* genannt, und dürften schlummernde kurzperiodische Kometen sein; 1992 (30. August) wurde dann *Georgesmiley (1992 QB$_1$)* entdeckt, der eine Bahn über Pluto hinaus nimmt und 200 Kilometer groß ist; seit März 1993 kennt man *Karla* (ehemals *1993 FW*), ähnlich groß und weit wie Georgesmiley, und dann

---

[102] Entfernung gut 5 Milliarden Kilometer

[103] Martin Duncan, Thomas Quinn, Scott Tremaine

[104] Orbit: 49 Jahre

fand man immer mehr, bis man im Juni 1995 bereits siebenundzwanzig solcher fernen Objekte katalogisiert hatte; inzwischen spricht man auch Pluto und seinen Megamond *Charon* als Geschöpfe des Kuiper-Gürtels an und lässt sie nicht mehr als Planeten oder Trabanten gelten, sondern als fossile Riesenkometen; die Fachleute hatten seit jeher gerätselt, warum die Dichte dieser beiden Himmelskörper deutlich geringer ist als die der vier inneren Planeten im Sonnensystem; heute, da man Pluto und Charon als Kometengreise anspricht, hat man mit der aktuellen Schweifstern-Theorie eine plausible Antwort.

Schweifsterne haben ein hohes Alter und damit eine recht primitive Chemie; untersucht man also die Kometen, kommt man der Entwicklung und Chemie der Erde auf die Spur. Die galaktischen Gezeiten, auch die zufälligen Schwerkraft-Störungen beim Queren molekularer Wolken oder bei Sternenbegegnungen, können die Umlaufbahnen etlicher Objekte in der Oortschen Wolke so beeinflussen, dass sie abdriften und sich in die Bahnbereiche der sonnennahen Planeten verirren. Durch die Rotations- und Orbit-Einflüsse des Jupiter und anderer Himmelskörper passiert es dann, dass Kometen in kurzperiodische Bahnen abgesogen werden, obgleich sie alle, vom Ursprung her, langperiodisch umlaufen.

Was den Nachwuchs an Asteroiden-NEO betrifft, gibt es zwei Hypothesen – beide sind eng mit unserem aktuellen Verständnis der Evolution des Sonnensystems verknüpft: Nach der ersten Hypothese rekrutiert sich dieses Kontingent aus dem Haupt-Asteroidengürtel, dem man unterstellt, dass es dort zu Chaos-Szenarien in den zigtausend Orbits kommen kann. Wie wir wissen, können Objekte in eine fatale Bahn-Exzentrik geraten, wenn ihr Umlauf zu lange den des Jupiters begleitet – das kann so weit gehen, dass sie schließlich die Orbits der inneren Planeten kreuzen. Nicht nur Bahnberechnungen stützen diese Hypothese, sondern auch die astronomische Beobachtung, dass die NEO von den Objekten im Asteroidengürtel kaum zu unterscheiden sind. In vielerlei Hinsicht gleichen die NEO den kleineren Asteroiden im Hauptgürtel, und astronomische Berechnung plus Beobachtung stützen heute die Hypothese, dass beide Gruppen in erster Linie aus Trümmerstücken bestehen, die durch diverse zurückliegende Asteroid-Kollisionen im Hauptgürtel entstanden sind.

Die zweite Hypothese sagt, von diesem Phänomen haben wir schon gehört, dass auch aus untätigen oder erloschenen Kometenkernen NEO entstehen. Um die Kenntnisse von den letzten Phasen eines Kometenlebens ist es spärlich bestellt; es gibt eine These und sie mag stimmen, dass irgendwann die flüchtigen Stoffe nicht mehr aus der Kometen-Oberfläche austreten können, weil sich dort eine Kruste gebildet hat. Ohne Schwanz und Koma würde sich ein solcher Himmelskörper den Okularen und Kameras wie ein düsterer Asteroid präsentieren, der im diffusen Raumlicht seine gefährliche

Bahn zieht. Es gibt astronomische Entdeckungen, die diese zweite Hypothese stützen: Man kennt etliche asteroide NEO, deren Bahnen den Orbits erfasster kurzperiodischer Kometen ähnlich sind - solch ein kometenverdächtiger Asteroid ist *3200 Phaeton*, von dem man weiß, dass er von den *Geminiden* begleitet wird, einem Meteorschwarm. Solche Schwärme hatte man zuvor nur im Dunstkreis aktiver Kometen geortet. Auch scheinen die Bahnen einiger Asteroid-NEO in keiner Weise jenen Gravitations- und Fliehkräften zu folgen, wie man sie bei Asteroiden sonst kennt; sie bewegen sich vielmehr so, wie man das von den Kometen weiß.

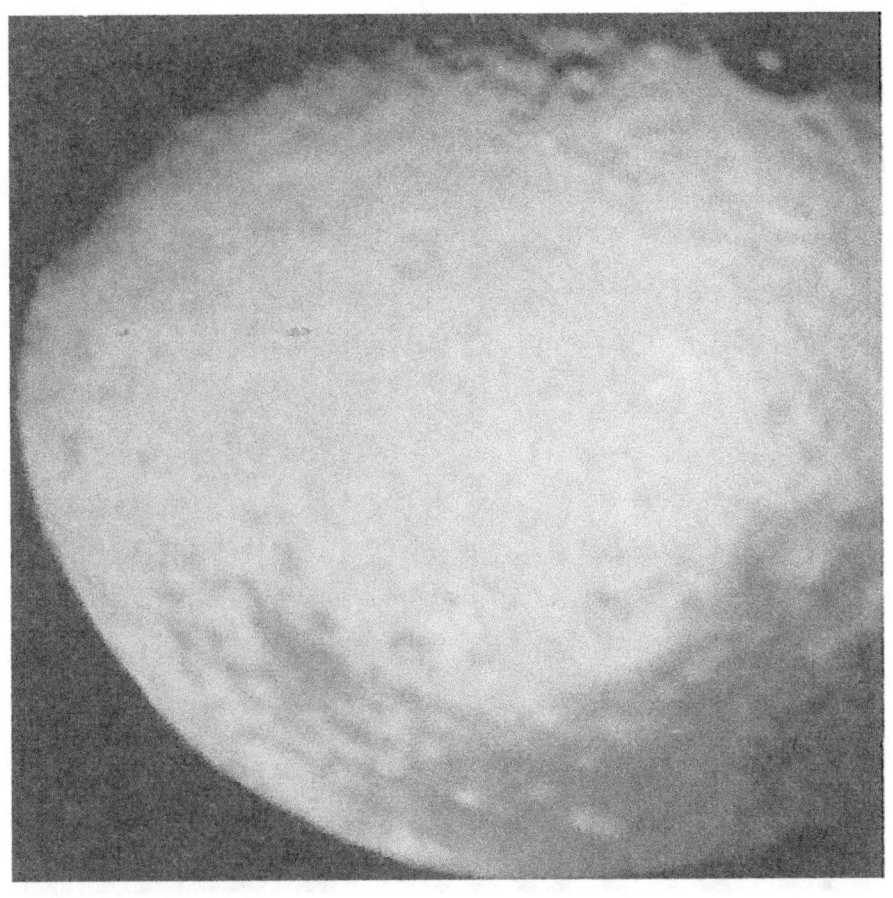

Narbengesicht des Saturnmondes Iapetus (NASA-Foto)

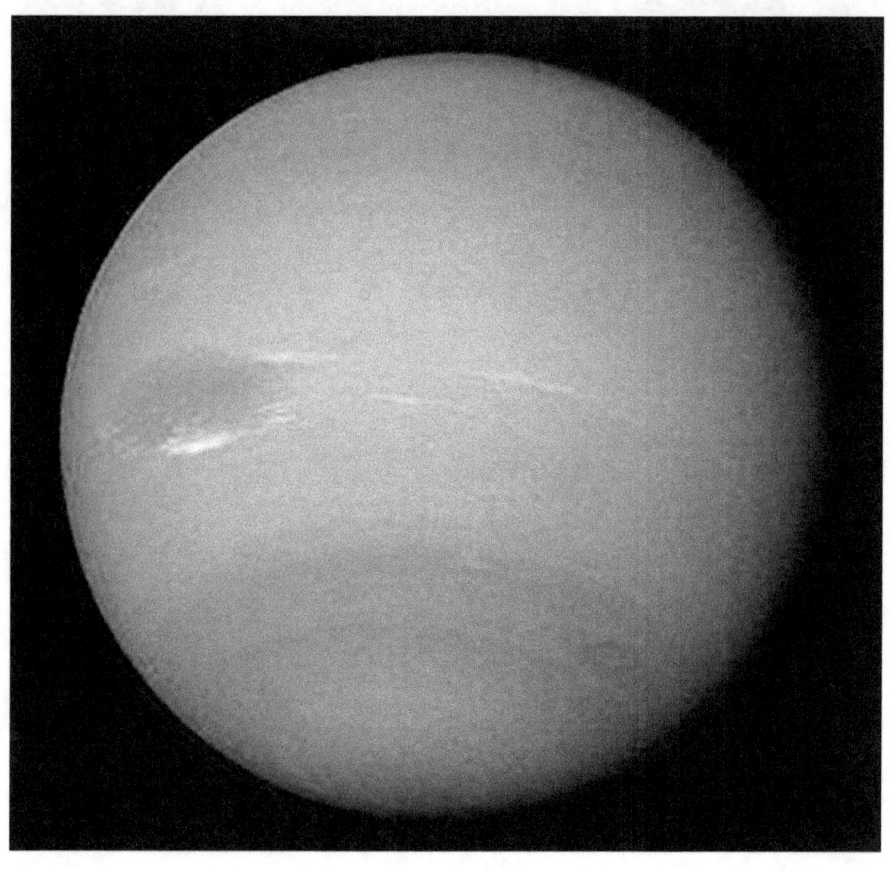

Neptun, der Eisplanet (NASA-Foto)

AUFKLÄRER IM ALL

Der physischen Beschaffenheit von Asteroiden und Kometen, auch ihrer Zusammensetzung, kommt man mit Hilfe teleskopischer Beobachtung auf die Spur, auch durch Analyse von Meteoriten. Die Masse solcher Meteoriten scheinen Trümmerstücke von Asteroiden zu sein, und in vielen Fällen ist es möglich, das Reflektionsspektrum ganz bestimmter Asteroiden zu messen und mit dem Spektrum von Meteoriten zu vergleichen, das man im Laboratorium analysiert hat. Was die kosmischen Brocken im Haupt-Asteroidengürtel betrifft, weiß man ziemlich gut Bescheid. Bei den NEO allerdings bleiben manche Fragen offen, weil das Beobachtungsfenster im Allgemeinen nur einen schmalen Spalt offen steht; so hatte man bisher bei den meisten NEO keine Gelegenheit, etwas über ihre physikalische Beschaffenheit herauszubekommen – und dort, wo dies gelungen ist, sind die Erkenntnisse spärlicher als bei den helleren Asteroiden des Hauptgürtels; dennoch kann man etwas über die NEO sagen: Im mineralogischen Erscheinungsbild, wie man es bei ihnen annehmen muss, heben sie sich in ihrer Vielfalt durchaus nicht von der restlichen Asteroiden-Population ab; die Masse der NEO, davon geht man heute aus, dürfte dem dunklen C-Typ-Asteroiden ähnlich sein – vermutlich von mäßiger Dichte, mit Impaktnarben bedeckt, von schwärzlich dumpfer Färbung; doch gibt es auch eine größere Zahl von S-Typ-Asteroiden unter ihnen – diese dürften entweder Chondrit-ähnliche Steinkörper sein, oder Stein-Eisen-Objekte, vielleicht auch eine Mischung aus beidem. Zusätzlich kennt man etliche Exemplare aus metallischer Substanz, vielleicht jenen Meteoriten ähnlich, die aus einer Nickel-Eisen-Legierung bestehen - auch vermutet man felsige, monomineralische Objekte unter den NEO.

Solche erdnahen Asteroiden sind nicht besonders groß und oft unregelmäßig geformt; auch neigen sie zur schnellen Rotation, aber insgesamt sind sie sehr unterschiedlich in solchen Eigenschaften. Ihre Massendichte konnte bisher nicht gemessen werden, dürfte aber der von Felsmaterial entsprechen (etwa 2-3 Gramm pro Kubikzentimeter). Nur in einem Fall konnte ein Objekt abgelichtet werden, das sich der Erde näherte – *4769 Castalia*. Bemerkenswert: Dieses Radarfoto[105] zeigt deutlich ein längliches Gebilde, das an zwei aneinander gewachsene Ohrläppchen erinnert und aus ineinander verkeilten kosmischen Brocken bestehen mag, die einst kollidiert sind und etwa gleich groß waren. Obgleich die Astronomen unterstellen, dass diese Brocken zusammenhängen und eine solide Felsmasse bilden, ist es doch nicht ausgeschlossen, dass 4769 Castalia aus etlichen oder gar vielen Steintrümmern besteht, die kaum oder überhaupt keine Verbindung haben; die-

---

[105] 22. August 1989

ser Erdstreifer rotiert in vier Stunden um seine Achse. Erst *ein* Asteroid konnte bisher durch eine Raumsonde untersucht werden: Am 29. Oktober 1991 flog Galileo auf seiner Reise zum Jupiter in rund 16.200 Kilometer Entfernung am Asteroiden *951 Gaspra* vorbei, einem unregelmäßig geformten S-Typ-Objekt im Hauptstrang des Asteroidengürtels; 951 Gaspra ist etwas massiger als die größten bekannten erdbahnkreuzenden Asteroiden[106].

Es liegt im Dunklen, wie Kometen beschaffen sind, egal, ob aktiv oder leergebrannt. Ganz allgemein müssen die Fachleute einräumen, dass man über die physikalische Beschaffenheit der Kometen weniger weiß als über die der kleineren Asteroiden. Bisher konnte erst ein Schweifstern im Detail erforscht werden – *Halley* ist es, der zum Zielobjekt diverser Passierflüge von Raumsonden[107] wurde, als er 1986 zuletzt in Sonnennähe war. Halleys Nukleus ist ebenso dunkel wie unregelmäßig und durchmisst durchschnittlich etwa zehn Kilometer. Wie andere Kometen auch setzt sich Halley aus Felsen zusammen, diversen Eismassen und Staub – in Sonnennähe verströmt er große Mengen von Gasstoffen. Ganz allgemein hat man bei Kometen beobachtet, dass sie sich schon bei recht moderaten Schwerkraft- und Wärmeverhältnissen zu teilen beginnen. Ihre Dichte hat man bisher noch nicht messen können. Unterstellt man, dass Komet im großen und ganzen gleich Komet ist, und sie alle in etwa die gleiche Substanz wie Halley haben, dann bestehen die Nuklei etwa zur Hälfte ihres Gewichtes aus festen Stoffen und aus Eis. Die festen Stoffe bestehen aus Silikaten und aus organischer Materie. Das Eis, nimmt man Halley als pars pro toto, setzt sich in erster Linie aus Wasser (80 Prozent) und Kohlenmonoxid (15 Prozent) zusammen, plus kleinere Mengen von Formaldehyd, Kohlendioxid, Methan, Ammoniak, und Hydrozyansäure. Die Wechselbeziehungen zwischen der Leuchtkraft eines Kometen, der Masse seines Nukleus, und seiner Entfernung zur Sonne sind vielschichtig und nicht immer zufriedenstellend geklärt: Die individuelle Leuchtkraft zweier Kometen mit bekannten und vergleichbaren Nukleus-Größen[108], Halley und *IRAS-Iraki-Alcock*, differieren um den Faktor 100, wenn sie rund 150 Millionen Kilometer von der Sonne entfernt sind. Noch jeder gut sichtbare mittel- oder langperiodische Schweifstern hat bisher ein recht individuelles Aktivitätsmuster gezeigt, während er durch den sonnennächsten Punkt seines Orbits[109] lief; in der Tat, es sind sogar die gleichen periodischen Kometen, die beim Wiederer-

---

[106] 18 x 11 x 10 Kilometer

[107] Giotto, ESA

[108] Durchmesser jeweils rund zehn Kilometer

[109] Perihel

scheinen im Perihel unterschiedlich agieren. Es ist schwierig, Schweifsterne zu beobachten, die weiter von der Sonne entfernt sind als fünf Astronomische Einheiten[110] - dennoch: Die meisten langperiodischen Kometen wachen irgendwo zwischen fünf und zehn astronomischen Einheiten Entfernung auf. Manchmal hat man schon in weiterer Sonne-Komet-Entfernung schwache erste Aktivitäten registriert.

Aber wer sich mit den Impacts von Himmelskörpern auf Planeten und ihren Trabanten befasst, braucht nicht unbedingt lückenlose Kenntnisse von der Physik von Kometen und Asteroiden zu haben. Die entscheidenden Faktoren sind einfach ihre Masse und ihre kosmische Geschwindigkeit, obwohl es schon etwas ausmacht, ob ein solcher Fallklotz allein über die Erde kommt, in Teilen, vertikal oder im flachen Winkel. Wie es immer geschehen mag: Jedes Zukunftsprogramm, das sicherstellen soll, solche bedrohlichen Objekte abzufangen und zu vernichten, setzt komplexe Kenntnisse voraus, wie Asteroiden und Kometen beschaffen sind, wie sie umlaufen und wie sie sich und was sie dabei verändern. Deshalb, und nicht zuletzt aus allgemeinem wissenschaftlichem Interesse, sind Raumfahrtprogramme zur Erforschung der Schweifsterne und Asteroiden unverzichtbar. Die NASA hatte ein erstes Unternehmen zum Detail-Studium eines Kometen ins Auge gefasst: *Comet Rendezvous and Asteroid Flyby (CRAF)*. Man wollte sich den Kometen *Kopf* vornehmen, der 2002 erwartet wurde[111]. Dann aber wurde bekannt, dass sich die NASA gezwungen sah, die Mission zu stornieren. Mittelfristig denkt man aber an eine andere Mission im Asteroidengürtel.

Faszinierende Nahaufnahmen der ESA-Sonde *Rosetta*: Schroffe Klippen, Staubfontänen und tiefe Löcher und Risse - der Komet *Churyomov-Gerasimenko* entpuppte sich als bizarre Welt voller Gegensätze. *Wir beobachten einen erwachenden Kometen* schreibt Holger Sierks vom Göttinger Max-Planck-Institut für Sonnensystemforschung im US-Fachjournal *Science*.

Rosettas *Osiris*-Kamera liefert exklusive Details vom Schweifstern, Details von 80 Zentimetern sind gestochen scharf zu erkennen. Der Komet hat einen kleinen Kopf (Durchmesser 2 km) und einen großen Körper (Durchmesser 4 Kilometer), verbunden durch einen schmalen Hals. Der Komet ist schwarz wie Kohle. Es gibt steile, bis zu 700 Meter hohe Klippen, Staubdünen, glatte Ebenen, Furchen, Geröllhalden mit Gruben und großflächige Senken. Bislang haben die Forscher neunzehn unterschiedliche Landschaften geortet und nach ägyptischen Göttern benannt. Am Hals zeigt sich ein langer Riss. In dessen Nähe und auf dem Kometenkern klaf-

---

[110] 1 AE ≈ 149,6 Millionen Kilometer

[111] Programmname CHECK

fen bis zu 200 Meter tiefe und bis zu 300 Meter breite zylinderförmige Löcher. Ihre Wände sind mit etwa drei Meter großen Klumpen gepflastert. Auch die Dichte des Kometen konnte bestimmt werden. Der Schweifstern ist mit 470 Gramm pro Liter etwa so schwer wie Kork, was darauf hin deutet, dass der Kometenkern porös und zu 70 bis 80 Prozent leer ist. *Wir verstehen ihn derzeit als eine Art lockere Ansammlung von Eis- und Staubteilchen mit vielen, vielen Zwischenräumen»*, sagt Holger Sierks. Der Komet ist überraschend aktiv und hat schon mehr Staubfontänen ausgestoßen als andere Kometen in Sonnennähe. Er hat so viel Staub ins All gespuckt wie Gas. Man weiß, dass ein Komet bei jedem Umlauf eine zirka drei Meter dicke Schicht der Oberfläche verliert. Nach seiner größten Annäherung an die Sonne müssen deshalb neue Karten erstellt werden.

Krater im Kurdengebiet der Türkei (http://www.almusafir.ch)

Detail auf dem Kometen Churyomov-Gerasimenko (ESA-Foto)

FOTOJAGD

Apollo ist der erste erdbahnkreuzende Asteroid, der auf fotografischem Weg entdeckt wurde[112]; 1973 verlor man ihn schließlich aus den Augen. Seitdem hat man nur eine Handvoll weiterer ECA orten können, und nicht wenige von ihnen entzogen sich bald wieder den astronomischen Okularen. Erst seit den 1970er Jahren sucht man systematisch nach solchen potentiellen kosmischen Bomben, wobei man *Schmidt-Spiegelteleskope* mit weitem Bildfeld und mäßiger Öffnung benutzt. Einige dieser fotografischen Überwachungsprogramme werden bis heute fortgesetzt und weisen steigende Entdeckungsraten auf. In den frühen 1980er Jahren ergänzte man solche fotografischen Methoden durch die neue Technik des *elektronischen Scannens*[113], die die Universität von Arizona beisteuerte. Mit den späten 1980ern brachte diese weitgehend automatisierte Methode viele neue Entdeckungen. Dennoch sind der NEO-Forschung Grenzen gesetzt: Es gibt nur wenige Fulltime-Kräfte weltweit, das damit beschäftigt sind, NEO aufzuspüren.

Um NEO zu orten und zu vermessen gibt es verschiedene Techniken – um einer raschen Verfolgung des Objekts willen muss der Suchprozess recht bald nach der ersten Belichtung einsetzen. In einigen Programmen werden die Filme deshalb paarweise belichtet, mit zeitlicher Verzögerung zwischen der Erst- und der Folgebelichtung, und dann mit einem speziell gefertigten *Stereo-Komparator* gescannt. So können erdnahe Objekte identifiziert werden, weil deren rasche Fortbewegung, die ja für die NEO typisch ist, zwischen der ersten und der folgenden Belichtung dokumentiert ist. Die Alternative zum Komparator ist das *binokulare Mikroskop*, worin man die beiden zeitversetzt geschossenen Bilder synchron betrachtet und nach Spuren sucht, die den vergleichsweise raschen Durchgang eines NEO belegen. Auch kann die Winkelgeschwindigkeit aus solchen Belichtungsfolgen errechnet werden, oder, bei Einzelbelichtung, aus der Länge der Bahnspur. Diese Berechnung macht die Ortung potentieller NEO möglich, und nur Objekte mit anomalen Bewegungen werden weiterverfolgt, um ihre präzisen Orbits zu bestimmen.

Bei der Fotojagd auf NEO sind die verschiedensten fotografischen Emulsionen ausprobiert worden. Am besten bewährt hatten sich die Glasplatten von *Kodak*, die mit Emulsionen vom Typ IIIa beschichtet sind. Seit 1982 gab es für diesen Zweck spezielle Kodak-Filme, die mit panchromatischen Emulsionen beschichtet sind – besonders nützlich war der *4415er Film*, der unter Astronomen zur ersten Wahl wurde. Heute, im digitalen Zeitalter,

---

[112] 1932 in Heidelberg

[113] CCD

wird vieles anders sein.

Die produktivsten Fotografen-Teams sind jene, die von *E. F. Helin* und *E. M. Shoemaker* geleitet werden. Beide benutzen das *0,46-Meter-Schmidt-Spiegelteleskop* des kalifornischen *Mount-Palomar-Observatoriums*. Schon 1973 hatten sie das Projekt *PCAS*[114] ins Leben gerufen, das sich bis heute der Beobachtung von Objekten widmet, die die Orbits der Erde und anderer Planeten kreuzen – PCAS wird heute von *Helin* allein geleitet, es ist das älteste laufende Projekt der fotografischen NEO-Astronomie. 1982 starteten *E. M.* und *C. S. Shoemaker* das parallele Projekt *PACS*[115], woran auch *H. E. Holt* und *D. H. Levy* mitarbeiten. PCAS und PACS ergänzen einander, in beiden Programmen ist man darauf bedacht, die Himmelsflächen, die man unabhängig voneinander fotografisch abdecken kann, kontinuierlich auszudehnen.

Weitere Beobachtungsprogramme werden mit großen Schmidt-Spiegelteleskopen gefahren, die in Frankreich, Chile und Australien stehen; ihre Forschungs-Beiträge sind jedoch eher sporadisch. Bekannt ist das Projekt *AANEAS*[116], das 1990 unter der Leitung von *D. I. Steel* und unter Mitarbeit von *R. H. McNaught* sowie *K. S. Russell* begonnen wurde - benutzt wird ein britisches *1,2-Meter-Schmidt-Spiegelteleskop*.

---

[114] Planet-Crossing Asteroid Survey

[115] Palomar Asteroid and Comet Survey

[116] Anglo-Australian Near-Earth Asteroid Survey

Der Uranusmond Oberon (NASA-Foto)

Oberfläche des Kometen Churyomov-Gerasimenko (ESA-Foto)

Vierter Teil

Endzeiten

Der Wolf-Creek-Krater in Australien (NASA-Foto)

IMPACT-INDIZIEN

Hauptindiz eines Impacts ist die Häufung von *Iridium-* oder *Osmium-*Isotopen in den Grenztonschichten des Bodens. Solche Anomalien haben ihre Ursachen in gewaltigen kosmischen Umwälzungen, in den *Novae* oder *Supernovae* etwa: Novae[117] sind Detonationen von Zwergsternen hoher Außentemperatur (Typ: Sonne). Novae sind astronomische Raritäten, die aber dennoch schon im Altertum beobachtet worden sind. Die gesamte Amplitude des Ausbruchs beträgt maximal dreizehn Größenklassen, was dem 150 Tausendfachen der Ausgangshelligkeit des explodierten Stern entspricht. Noch extremer und noch seltener sind Supernovae, in unserer Galaxis sind nur maximal zehn bekannt. Eine davon war die im *Sternbild Stier*[118], welche in chinesischen Annalen verzeichnet ist. Sie war so hell, dass sie 23 Tage lang mit bloßem Auge am Tageshimmel zu sehen war. Die Amplituden solcher Supernovae können zwanzig Größenklassen übertreffen, was dem Hundert millionenfachen der Ausgangshelligkeit entspricht. Es ist ein Geheimnis um diese gewaltigen Supernovae, denn eine solche galaktische Eruption scheint Zerstörung und Schöpfung zugleich zu sein: Unser Sonnensystem - zumindest gibt es namhafte Astronomen, die dies veröffentlichen - ist aus Trümmern entstanden, die sich seit Urzeiten nach etlichen Supernova-Explosionen angehäuft hatten – Zentralgestirn und Planeten haben sich aus solchem Eruptionsmaterial zusammengeballt und verdichtet. Eine Supernova kann so viel Energie ausstrahlen wie zehn Milliarden Sonnen: Das entspricht einer Milliarde Trillionen mal mehr Energie als der Komet Halley freisetzen könnte, schlüge er auf der Erde auf. Nun würde nur ein Bruchteil dieser Supernova-Energie die Erde erreichen, doch ist unstrittig, dass ein solches Ereignis in der Nähe der Erde apokalyptische Folgen für den dortigen Lebensraum haben müsste. Schon ab der Distanz von fünfzig Lichtjahren könnte es durchaus zu Verlusten an irdischem Leben kommen. Ginge die Supernova gar in etwa zehn Lichtjahren Entfernung und näher hoch, verursachte ein solcher GAU eine derart intensive Infrarot- und Wärmestrahlung, dass eine etwa vierwöchige Glutwelle und entsprechende Klimaschäden unausbleiblich wären. Auch würden ein Trommelfeuer von Gammastrahlblitzen sowie Röntgen- und ultravioletter Strahlung durch die Erdatmosphäre schießen – die Folgen wären fatal für Fauna und Flora. Die Frage ist nur, wie wahrscheinlich eine solche kosmische Katastrophe ist. Bei kritischer Betrachtung ist sie sehr gering: Die Chance, dass sich während der letzten hundert Millionen Jahre eine derart erdnahe Sternexplosion ereignet hat, steht eins zu einer Milliarde – mit an-

---

[117] Lateinisch: Neue

[118] 4. Juli 1054

deren Worten ist ein solches Sternereignis einmal in jeweils einer Million Milliarden Jahren wahrscheinlich. Beim Erdalter von 4,5 Milliarden Jahren ist diese Wahrscheinlichkeit nahe Null.

Und dennoch: *Otto Schindewolf*, bis 1972 Ordinarius für Paläontologie in Tübingen, hatte seinerzeit die Hypothese aufgestellt, dass die Massenauslöschung am Ende des *Perms*[119] Folge einer erdnahen Sternexplosion, einer Supernova, gewesen sei. Die amerikanischen Wissenschaftler Luis und Walter Alvarez, Vater und Sohn, griffen Schindewolfs These auf und wandten sie auf das Massensterben am Ende der Kreidezeit an. Als sie dem kosmischen Tod der Saurier vor 65 Millionen Jahren auf die Spur kommen wollten, das begann etwa 1970, und Grenzton-Schichten zwischen Kreide und Tertiär aus Italien (*Gubbio* in Umbrien) beziehungsweise dem US-Staat *Montana* analysiert hatten, zeigte sich aber, dass es keine Supernova-Katastrophe gewesen sein konnte, die damals die Saurier auslöschte. Zum Verbund der schweren Elemente, die bei Supernova-Explosionen frei werden, auf die Erde fallen und in den Grenzton-Schichten nachweisbar sind, müssen nach 65 Millionen Jahren radioaktive *Plutonium-244*-Atome in einem ganz bestimmten Verhältnis gehören, weil diese mit einer Halbwertzeit von 80,5 Millionen Jahren recht langsam zerfallen. Die beiden Alvarez und ihr Berkeley-University-Team fanden aber keine Spur von Plutonium 244. Damit ging die These von der Supernova als Saurier-Killer in die Knie. Nicht ein explodierender Stern hatte die Katastrophe am Ende der Kreidezeit ausgelöst - es mussten kollidierende Asteroiden oder Kometen gewesen sein. Dies konnten die Alvarez sagen, weil man in solchen Grenzton-Schichten eine Reihe anderer Elemente in charakteristischen Konzentrationen gefunden hatte - *Iridium*, *Osmium*, *Platin* oder *Gold* – die man als Platinmetalle oder *Siderophile*[120] bezeichnet; sie kommen in der äußeren Gesteinsschale der Erde recht selten vor, wie man schon länger wusste - in Stein-Meteoriten finden sie sich jedoch im Schnitt tausend mal häufiger, noch reichlicher in Eisen-Meteoriten: Steinerne Meteoriten haben, so nimmt man an, die gleiche Zusammensetzung wie die Erde in einem ganz frühen Stadium. Man sagt heute, dass sich der Erdball aus einer Vielzahl kleiner und kleinster Materie-Teile zusammengebacken hat, weil sich diese gegenseitig anzogen. Radioaktive Elemente erhitzten und verflüssigten das klumpende Steinmaterial der Ur-Erde, und Eisen und Nickel als schwerste Elemente sanken durch die Schmelze ins Zentrum des Planeten, bildeten schließlich den Eisen-Nickel-Kern. Auch die siderophilen Platin-Metalle gehorchten ihrer chemischen Affinität zum Eisen und zogen sich ebenfalls zum Erdkern hin – so kommt es, dass den oberen Erdschichten nach der Verfestigung des

---

[119] vor rund 250 Millionen Jahren

[120] wörtlich: Eisenliebende

Erdmantels und seiner Verkrustung Eisen, Nickel und siderophile Metalle entzogen sind. Anders bei den Steinmeteoriten: Sie bestehen aus dem gleichen Material wie die Ur-Erde, ihre chemischen Bestandteile wurden aber nie voneinander getrennt – sie tragen noch jene ursprünglichen siderophilen Metalle wie ein Kains-Zeichen auf der Stirn, wenn sie auf die Erde schlagen. Das Gleiche gilt für den kosmischen Staub, der unaufhörlich auf die Meere und Kontinente rieselt. Er sorgt für den geringen Anteil an siderophilen Metallen in der Erdkruste – die Menge dieses kosmischen Fallouts, es sind ja tausende von Tonnen täglich, ist im Vergleich zur irdischen Sedimentmasse aber viel zu gering, als dass er die versunkenen Platin-Metallelemente der Erdkruste ersetzen könnte. Solche Erkenntnisse gehen auf *V. M. Goldschmidt* zurück, ein Emigrationsopfer Hitlers und bahnbrechender Geo-Chemiker, der sich seit den dreißiger Jahren damit beschäftigt hatte, das Vorkommen jeden Elements in der Erdkruste und in Meteoriten auszuzählen und zu vergleichen. Goldschmidt stellte als Erster fest, dass die Platin-Metall-Elemente in Meteoriten deutlich häufiger vorkommen als im Gestein der Erdkruste. Heute ist Iridium zum Standard-Element der Analytiker geworden, wenn es darum geht, in den Schichten der Erdzeitalter Meteoritenschläge nachzuweisen. Solche Elemente lassen sich am leichtesten mit Hilfe der modernen Neutronenaktivierungs-Analyse orten: Man konzentriert den Fluss von Neutronen und beschießt damit die Gesteinsprobe; zwischen den Neutronen und den Grundelementen der Probe kommt es zu Kernreaktionen; es entstehen verschiedene radioaktive Isotope, sie zerfallen wieder – dabei setzt jedes Isotop nach einem charakteristischen Muster Partikel und Energie frei; solche Zerfallsmuster misst man mit Szintillations- beziehungsweise Halbleitermessern und erhält eine individuelle Signatur, die das Isotop und damit auch das Ausgangselement der Probe erkennen lässt, woraus das Isotop gebildet wurde; man kann die anteiligen Verhältnisse jedes Ausgangselementes aus der Anzahl der Zerfalls-Ereignisse ermitteln und Schlüsse ziehen, welche Elemente die Probe enthält, und wie groß die Anteile der Elemente sind. Über Messungen nach dieser neuen Methode wurde erstmalig 1968 berichtet – amerikanische Naturwissenschaftler hatten die Konzentration von Osmium und Iridium in Sedimenten des pazifischen Ozeans analysiert, um deren Infektion mit kosmischem Fallout zu ermitteln.

Diese neue Neutronenaktivierungs-Analyse eröffnete die Jagd auf Platinmetalle - es gab eine Menge Fachleute, die sich nun in der Lage sahen, den geheimnisvollen Meteoriten und den vielen kosmischen Rätseln näher auf die Spur zu kommen: Sie nahmen sich kugelige Objekte aus ozeanischen Sedimenten vor, die einen Durchmesser von nur Bruchteilen eines Millimeters hatten, und untersuchten sie nach dieser neuen Methode. Sie fanden heraus, dass die elementare Zusammensetzung dieser steinernen Kügelchen aufs Haar der von größeren Stein-Meteoriten glich, die man im sibirischen

Tunguska-Gebiet gefunden hatte. Raumfahrtexperten, Astronomen, Geo-Chemiker, Paläontologen zogen ihren Nutzen aus diesem Analyse-Verfahren, besonders Luis und Walter Alvarez. Walter Alvarez hatte in Italien gearbeitet und bei Gubbio im umbrischen Appenin ozeanische Sedimente aus dem Mesozoikum und Kanäozoikum untersucht. Dort gibt es eine Grenztonschicht von einem Zentimeter Dicke, die kaum Lebensspuren aufweist und den Übergang von der Kreidezeit zum Tertiär markiert. Ihre Neutronenaktivierungs-Analyse ergab eine abnorme Konzentration von Iridium. Dieser Ergebnis machte die Alvarez-Gruppe neugierig, und sie analysierte nun Proben des dänischen Fischtons von *Stevn's Klint*, dessen Alter dem des Grenztons aus Gubbio entspricht: Die dänische Iridium-Anomalie zeigte sich noch ausgeprägter als die italienische. So wurde 1979 der stichhaltige Beweis erbracht worden, dass die Erde am Ende der Kreidezeit von einem folgenreichen kosmischen Ereignis betroffen war, das ein Massensterben auslöste – die analysierten Iridium-Anomalien markieren nichts anderes als eine abnorme Zufuhr extraterrestrischer Trümmer am Ende der Kreidezeit. Auch in Montana fand man solche Anomalien in gleich alten Sedimenten, ebenso im weißlichen Grenzton des *Raton*-Beckens, das sich östlich der *Sangre-de-Christo*-Berge in Colorado und New Mexico hinzieht.

Durch den Impact müssen Unmengen von Staub in die Stratosphäre geblasen worden sein. Er war reich an Iridium und anderen Platinmetallen, die in der Erdkruste praktisch nicht vorkommen, aber zur Substanz des zerplatzten Impact-Asteroiden gehört hatten. Solche schweren Wolken zogen wie ein Leichentuch um den Globus, hüllten ihn ein, lösten sich in schmutzigem Dauerregen auf. So geriet vor 65 Millionen Jahren ein Übermaß an Iridium in die Grenzschichten, die den Übergang von der Kreide- zur Tertiärzeit markieren. Wie wir gesehen haben, ist dieses Phänomen in Europa oder in Amerika nachgewiesen, was nicht nur einen Asteroiden-Impact belegt, sondern auch die globalen Konsequenzen eines solchen Desasters.

Meteoritenkrater von 2007 in Carancas, Peru (Foto: BBC News)

Oberfläche des Kometen Churyomov-Gerasimenko (ESA-Foto)

ATLANTIS

Wie Aristoteles kennt Platon keinen absoluten Anfang der Menschengeschichte, wohl aber einen relativen. In der Mitte des Weltganzen ruht die Erde, sie ist Bezugspunkt des seit Ewigkeit in unvergänglicher Dauer bestehenden Alls. Aber es gibt große, periodisch sich wiederholende kosmische Katastrophen. In langen Zeitläuften zerstören sie die Erdoberfläche mit all ihren Geschöpfen, immer wieder, auch die Menschengeschlechter. Zwar werden die Kulturen nicht vollständig vernichtet, aber doch bis auf kleinste Reste zertrümmert und gewissermaßen auf den Anfang zurückgeworfen, von dem aus sich das neue Geschlecht zu einem langsamen und mühseligen Aufstieg erheben muss und seinen gesamten Entwicklungsgang wiederholt. Platons Philosophie über die Staatsgesetze gründet im festen Glauben an den Pendelschlag zwischen *deukalionischer Flut* und *goldenem Zeitalter*. Der Hammer aus dem All und das Desaster danach waren historische Fakten in Platons Menschengeschichte – ihm ebenso wahr wie uns die Dorische Wanderung[121] oder Solons Gesetzgebung[122]. Der antike Philosoph schildert die Verhältnisse nach der Stunde null, akribisch, detailliert und sachkundig, als sei er selbst dabei gewesen:

Fahrzeuge aber zur Vermittlung des Verkehrs zwischen (den Menschen) *zu Lande und zu Wasser gab es damals nicht, da sie so gut wie ganz mitsamt den Künsten verloren gegangen waren ... Eisen, Erz und alle Metallgruben waren verschüttet und verschwunden ... denn mochte auch hier und da auf den Bergen ein Werkzeug erhalten geblieben sein, so war es doch durch den Gebrauch bald abgenutzt und verschwunden, neue aber konnten nicht hergestellt werden.*

Besagte deukalionische Flut ist keine beliebige Überschwemmung, wie sie zu allen Zeiten ihre Opfer fordert. Vielmehr ist die apokalyptische Folge einer Erdkatastrophe gemeint, wie sie alle zigtausend Jahre zum Schicksal wird, ausgelöst durch die von Platon im *Kritias-Dialog* angesprochene Abweichung der die Erde umkreisenden Himmelskörper. Natürlich wissen wir um die Veraltung dieses Himmelsbildes: In Wahrheit ist die Sonne das Zentralgestirn, nicht die Erde – alle Planeten umrunden die Sonne, eine kosmische Schicksalsgemeinschaft, zu der auch unsere Erde zählt.

Zum Glück bewegen sich diese Planeten, so würde es der Evolutionstheoretiker sehen, in wohltuend geordneten und sicheren Umlaufbahnen: Merkur ist der Sonne am nächsten, dann Venus, Erde, Mars – diese vier inneren Planeten sind der Erde ähnlich, insoweit, als sie verhältnismäßig klein sind und schwache Atmosphären, geringe Rotationsgeschwindigkeiten und feste

---

[121] -1.200 bis -1.000

[122] -594

Oberflächen aus Stein beziehungsweise Metall haben. Die inneren Planeten teilen sich das Sonnenlicht mit Jupiter, Saturn, Uranus, Neptun und Pluto, den äußeren Planeten. Abgesehen von Pluto, der als finsterer Sonderling und heute nicht mehr als Planet gilt, sind die äußeren Planeten dem Jupiter ähnlich: Alle vier sind verhältnismäßig groß und haben riesige Atmosphären, rotieren recht schnell und unterscheiden sich auch im Aufbau von den inneren Planeten. Insgesamt zeigt sich also eine merkwürdige Zweiteilung im Planetensystem der Sonne. Wie wir wissen, werden die beiden Planetengruppen vom Asteroidengürtel zwischen Mars und Jupiter getrennt; hinzu kommen zigtausend Kometen, deren Kerne aus der geheimnisvollen sonnenfernen Oortschen Wolke stammen mögen und auf ihren Parabel-, Hyperbel- oder Ellipsenbahnen durch das Planetensystem ziehen. In der Tat, die Planeten laufen in riesigen Abständen um die Sonne, ebenso riesig sind die Abstände untereinander – die großen Halbachsen ihrer Bahnen nehmen nach außen sogar noch zu und betragen 57,9 Millionen Kilometer (Merkur), 108,2 (Venus), 149,6 (Erde), 227,9 (Mars), 778 (Jupiter), 1.427 (Saturn), 2.870 (Uranus), 4.496 (Neptun) und 5.946 (Pluto). Solche kosmischen Pufferzonen trügen zur Beruhigung auch der fanatischsten Katastrophisten bei, wären da nicht mächtige Störenfriede im All, deren unberechenbares Kommen und Gehen die Planeten auf den Kopf stellen und sie aus der Bahn werfen können: Die von Platon unterstellte Abweichung der die Erde umkreisenden Himmelkörper nimmt im Asteroidengürtel oder im Kometen-Feuerwerk ihren Anfang; dort starten die Boliden, die Platon als schicksalhafte periodische Vernichter seiner Menschengeschlechter schuldig spricht.

Das Prinzip des Fernrohrs geht auf Galileo Galilei (1609) beziehungsweise Johannes Kepler (1611) zurück, diese Erfindung war der Startpunkt der neuzeitlichen Himmelsforschung. Nun erst fielen die tausend Krater deutlich ins Auge, die Mond oder Mars bedecken. Erst hielt man sie für die Narben vulkanischer Eruptionen, die unzählig sind wie die vielen Jahre, die sie erkalten ließen. Mit der Zeit fand man sie dann auch auf der Erde und lernte, Vulkankrater und Meteoriten-Impacts zu unterscheiden. Heute setzt sich die Erkenntnis durch, dass unsere Erde ebenso wie die inneren Planeten und ihre Trabanten am Himmel von solchen Einschlägen zernarbt ist – bröckelnde und verwehte Krater, klein oder riesig, verborgen unter den Meeresspiegeln und den grünen Wogen der Vegetation. Wie viele Menschengenerationen gab es vor der unsrigen, stimmt unser Bild von der Entwicklung des Menschen über den *Homo Pekinensis* zum *Homo Erectus*? Wie viele Menschengenerationen und wie viel Kulturen mögen unter Bergen von Basalt oder Eis begraben liegen, zermahlen und zerdrückt von kosmischen Gewalten, die in den Milliarden Jahren ihrer Geschichte über die Erde gekommen sind? Wir wissen es nicht, schon gar nicht, wann das Menschengeschlecht wirklich die Herrschaft übernahm, und welche intelligente Art vor ihm auf der Erde war. Haben die Menschengenerationen, deren Ahnen der Hammer aus dem All irgendwann ausgelöscht hat, um die Schrecken und die beliebige Wiederholbarkeit solche Apokalypsen gewusst? Dies ist anzunehmen und auch, dass archaische irdische Intelligenzkulturen vernichtet sind, deren Stand noch nicht wieder erreicht worden sein mag.

Nun fasst der Philosoph nur die Menschengeschichte ins Auge, wenn er uns solche kosmischen Zäsuren überliefert. Doch hat es kosmische Kollisionen viereinhalb Milliarden Jahre lang gegeben, eine Spanne, woran Homo Sapiens keinen nennenswerten Anteil hat. Die Apokalypse wird zum Regelfall in dieser langen Erdgeschichte, zur periodischen Götterdämmerung hochentwickelter Arten. Fachleute können es aus den Sedimenten lesen, aus dem Muschelkalk, aus Computeranalysen, aus Funkbildern der Satelliten. Dort, wo heute die Achttausender in den Himmel ragen, war einmal Ozean; wo heute kilometerdicke Gletscher Kontinente decken, glühte die Sonne über Kokospalmen; wo heute Nord ist war einmal Süd, und unabhängig davon gibt es etliche weitere Erdkoordinaten, von denen man weiß, dass dort einst die Pole zu finden waren; auch die Richtung der Feldlinien des Erdmagnetismus haben sich in erdgeschichtlicher Zeit vertauscht; mit dem Ausklang der erforschbaren Erdzeitalter kam es zur Massenauslöschung der Arten. Die Evolutiostheoretiker gaben nichts auf den Schauer des Abrupten, woraus die Katastrophisten Schlüsse zogen. Lyell oder Darwin sahen die erdgeschichtlichen Umbrüche als Zuchtauswahl oder das gemächliche Werk einer unendlich strömenden Zeit, die sanft und gründlich ein altes Sein zu Staub reibt und über dem Unkenntlichen ein neues Sein hochschichtet. Wie schon Platon wusste, und wir heute wieder zu wissen lernen, schaffen die kosmischen Katastrophen vollendete Tatsachen, ebenso, wie es die Schöpferkraft der ewigen Zeit vermag.

Weiterhin aber brach dann eine Zeit gewaltiger Erdbeben und Überschwemmungen herein, lässt der Philosoph den ägyptischen Priester dem Solon sagen, *und es kam ein Tag und eine Nacht voll entsetzlicher Schrecken, wo die ganze Masse eurer Krieger von der Erde verschlungen ward ... und ebenso tauchte die Insel Atlantis in die Tiefe des Meeres hinab und verschwand.*

Atlantis! – diese Insel war nicht irgendwas:

Denn vor der Meerenge, die in eurer Sprache ‚die Säulen des Herakles' [123] *heißt, lag eine Insel. Diese Insel war größer als Libyen* [124] *und Asien zusammen, und von ihr war damals der Übergang nach den anderen Inseln, von diesen Inseln aber wieder der Übergang nach dem ganzen gegenüberliegenden Festland* [125]*, welches jenes Meer* [126] *umschließt,*

---

[123] Meerenge von Gibraltar

[124] Afrika

[125] Neue Welt

das eigentlich allein den Namen Meer verdient. Denn dieses unser Meer[127]... erweist sich nur als eine Bucht mit schmalem Eingang; dagegen kann jenes Meer in Wahrheit so, und das es umschließende Festland, mit vollem Recht Festland genannt werden.

Die Naturgeschichte der Erde selbst liefert den dringenden Verdacht, dass die dunkle Überlieferung großer Erdrevolutionen diesem Platonischen Horrorszenario vom Untergang des Inselreiches *Atlantis* zu Grunde liegt. Auch wenn man Platons Atlantis-Bericht als Erfindung interpretiert, als dichterischen Kunstgriff – es gibt Stimmen, die diesen erschütternden Stoff als Geistesblitz und Vorstufe einer groß angelegten epischen Dichtung deuten – kommt man nicht darum herum, sie in ihrer globalen Realität zu sehen: Die Legenden vom Zyklus der Weltuntergänge und Welterneuerungen finden im Atlantis-Mythos ihre exemplarische Bestätigung, und dies in faszinierenden Details und historischen Bezügen. Ohne die apokalyptischen Realitäten solcher Legenden keine Atlantis-Saga, wir erinnern: Es sind zehn Weltalter[128] nach der alten chinesischen Enzyklopädie *Sing-li-ta-tsiuen-chou* überliefert, neun Weltalter der Polynesier und Hawaiianer, neun Weltalter der altnordischen Sagas (Edda), sieben Weltalter der Etrusker, sieben Weltalter im alten Persien, vier *Kalpas* beziehungsweise sieben Weltalter im alten Indien, fünf Weltalter der nordamerikanischen Navajo und Hopi, vier Weltalter der Maya, Inka oder Azteken, vier Weltalter des Hesiod und periodische Feuersbrünste der Stoiker, Heraklits Weltuntergangperioden von 10.800 Jahren, die mythische Gleichsetzung der neuen Zeitalter mit einer neuen Sonne – hier knüpft Platon an, schreibt fort, komprimiert zum Atlantis-Bericht. Der Untergang dieses mythischen Reiches, gelegen zwischen der Alten und der Neuen Welt, ist die Beschreibung des Undenkbaren, das Gemälde der Apokalypse – eine komprimierte Legende, die die Stelle aller jener kosmischen Katastrophen der Erdgeschichte vertritt, deren Ursachen so viele Rätsel aufgeben: Die quartären Eiszeiten, in ihnen die Vernichtung der Riesensäuger; das Massensterben im oberen Eozän; das Auslöschen der Saurier an der Kreide/Trias-Grenze; Brochwicz-Lewinskis Jura-Katastrophe; der Tod im oberen Trias; das Auslöschen von 96 Prozent der Spezies im oberen Perm; die Frasne-Fanemennes-Katastrophe im oberen Devon; das große Sterben im oberen Ordovizium; die Vernichtung im untersten Kambrium. Die kosmischen Katastrophen davor – das sind rund vier Milliarden Erdjahre ohne jeden apokalyptischen Befund – ahnen wir nur. Das mangelnde Wissen wundert nicht: Die fortschreitende Erosion, die Nichtexistenz fossilen tierischen Lebens oder die aktuellen Strukturen der Erde ließen bisher ihre Erforschung über die –600.000.000-Jahr-Grenze

---

[126] Atlantik

[127] Mittelmeer

[128] Kis

hinaus nicht zu.

So lässt Platons These von den Verheerungen der Erde durch abweichende Himmelskörper die tiefste Lage klingen und düstere Töne hören, die im Saitenspiel menschlicher Ängste die unfassbarsten und erschütterndsten sind. Der Philosoph zeigt in den funkelnden Nachthimmel und weist auf den fallenden Morgenstern, dessen Sturz die Erde wanken und brüllen lässt, der erst das verzehrende Feuer bringt, um dann Finsternis herabzusenken und die Meere über die Kontinente zu treiben. Platons apokalyptisches Weltbild ist geheimnisvoll mit den apokalyptischen Verkündungen des biblischen Propheten Jesaja verknüpft, mit der Apokalypse des Johannes, mit den apokryphen Berichten Henochs über die gefallenen Engel, deren Fürst Luzifer war, der Schönste der Engel, der zum abgründig bösen und hässlichen Satan mutierte. Luzifer, der Lichtbringer, das lateinische Synonym für die Venus – er wurde zum schrecklichen Sinnbild des Hammers aus dem All, zum Bösen an sich – er fiel vom Himmel und regierte seitdem als Fürst dieser Welt, nahm Sitz in der brennenden Hölle, wozu er die Erde gemacht hatte, und erschien ihr leibhaftig als Herr der Finsternis, als nach Schwefel stinkender Zerstörer der Welt.

Platon weiß um das kollektive Vergessen, das dem Inferno gilt:

Die Abfolge der Geschlechter ... entscheidet sich kaum von einer Kindergeschichte. Denn erstens erinnert ihr euch nur einer einzigen Überschwemmung der Erde, während es doch schon so viele vorher gegeben hat ... aber das entzieht sich eurer Kenntnis, weil die Übriggebliebenen und ihre Nachkommen viele Generationen hindurch hinstarben, ohne irgendwelche schriftliche Kunde von sich zu geben.

Der Meteorit über Tscheljabinsk (Foto: dpa/AFP)

TSCHELJABINSK 2013

Der spektakulärste Meteoritensturz der vergangenen Jahrhunderte ereignete sich am Freitag, 15. Februar 2013 um 9.23 Ortszeit (4.23 Uhr MEZ) über dem russischen Ural. Eine massive Druckwelle traf die Region *Tscheljabinsk* (1500 Kilometer östlich von Moskau) und verletzte rund 1.200 Menschen, darunter etwa 200 Kinder. Mehr als 40 Menschen mussten ins Krankenhaus, darunter zwei Schwerverletzte. Die meisten Opfer wurden von den Scherben zersplitterter Scheiben getroffen, in rund sechs Städten wurden die Dächer und Fenster von mehr als 3.000 Häusern beschädigt. Die Augenzeugen berichten von einem großen Feuerball, dann von Lichtblitzen, Explosionen und Rauchwolken am Himmel. In der Atmosphäre muss das kosmische Geschoss mit einer gewaltigen Druckwelle zerlegt haben, der Detonationsknall war ohrenbetäubend. Am Ufer des *Tschebarkul-Sees* wurde ein sechs Meter breiter Krater geortet, in seiner Umgebung fand man zahlreiche zentimetergroße Splitter. *Wladimir Putschkow*, russischer Katastrophenminister, kommentierte, der Meteorit sei in *Dutzende Bruchstücke* zerfallen. *Die meisten Splitter sind verdampft*, erläuterte *Valeri Schuwalow* von der Wissenschaftsakademie, *einige schafften es aber bis zur Erdoberfläche*; er vermutet, dass es sich um einen *Nickel-Eisen-Meteoriten* gehandelt habe, nur ein solcher Brocken sei fest genug, um die inneren Schichten der Atmosphäre zu erreichen. Der Astronom Sergej Smirnow meint, vor dem Verglühen sei der Meteorit *mehrere Tonnen schwer* gewesen, Splitter könnten jeweils *bis zu einem Kilogramm* wiegen.

Waldschäden nach dem Tunguska-Desaster 1908 in Russland
(www.ikerjimenez.com)

TUNGUSKA 1908

Es sei eine Feuerkugel von der Größe der Sonne gewesen, ein blendend blaues Licht, das man tausende Kilometer weit sehen konnte - so die Augenzeugen. Eine von ihnen war Miss K. *Stephen* im englischen *Godmanchester*, rund dreitausend Kilometer entfernt, wo es gerade dämmerte. Es sei von Südost nach Nordwest über den wolkenlosen Himmel gerast, sagten diejenigen, die näher dran waren, und mit einem Donnerschlag in großer Höhe zerplatzt. Das geschah am 30. Juni 1908 um sieben Uhr morgens an einem der Zuflüsse der zentralsibirischen *Steinigen Tunguska*, einem Nebenfluss des Jenissej. Der Knall war lauter als jeder andere, den Seismographen zuvor aufgezeichnet hatten – noch tausende Kilometer entfernt hatte man den Donner gehört; man berechnete die Energie aufgrund der Messungen und kam auf einen Stärkegrad von zehn Megatonnen des herkömmlichen Sprengstoffs TNT[129] – mit anderen Worten: Sie war rund siebenhundert mal so stark wie die Atombombe von Hiroshima. Die kosmische Geschwindigkeit des sibirischen Boliden wird auf dreißig bis vierzig Kilometer in der Sekunde berechnet – im Moment der Detonation war sie auf vielleicht sechzehn bis zwanzig Kilometer in der Sekunde gesunken. Die Masse des zerplatzenden Himmelskörpers, so schätzen die Fachleute, betrug einige zehntausend Tonnen, wobei unzählige Tonnen zuvor im Sturz durch die Lufthülle ionisiert worden waren – in dieser Phase herrschten an der Front der Kopfwelle Wärmegrade von bis zu 100.000 Grad Celsius, was die Temperatur der Sonnenoberfläche um rund das Achtzehnfache übersteigt. Fachleute schätzen die Höhe dieser mysteriösen Detonation auf rund fünf bis zehn Kilometer über Grund. Druckwellen rasten über den Erdboden, so gewaltig, dass man sie noch in England aufgezeichnet hat. Der Hitzepuls im zentralen Bereich dieser Detonation verbrannte eine dort befindliche Nomadenfamilie mit ihren 1.500 Rentieren. Einen sibirischen Siedler, immerhin sechzig Kilometer vom Zentrum entfernt, riss es auf der Haustreppe von den Beinen, trug ihn durch die Luft und schmetterte ihn auf den bebenden Boden – von der nachfolgenden Hitzewelle trug er Brandwunden davon; noch hundert Kilometer vom Epizentrum entfernt gab es Augenzeugen mit Brandwunden. Hunderte von Kilometern im Umkreis schien der Himmel zu brennen, Häuser stürzten zusammen, die Steppe war geschwärzt und ein rauchendes Lager für verendende Tiere. Es gab eine gewaltige Wolke aus Feuer und Qualm, schließlich einen riesigen Rauchpilz, der sich runde zwanzig Kilometer hoch türmte – später drohte dann ein düsterer Staubschweif von sechshundert Kilometern Länge am Himmel, und in den folgenden Nächten sah man in Europa den hochgeworfenen

---

[129] Trinitrotoluol

Staub in den Wolken glühend reflektieren. Seltsam war das Himmelsleuchten, das einige Tage nach der Katastrophe zu beobachten war und sich wie ein Nordlichtstreifen von der Detonationsstelle bis zu den britischen Inseln breitete – Fachleute erklären dieses Phänomen mit dem Eintauchen eines Kometenschweifs in die Atmosphäre. Dem folgte eine allgemeine Trübung der Atmosphäre, die zwei Wochen anhielt und dem Staub zugeschrieben wird, der durch die Detonation in die oberen Luftschichten geblasen worden war; wenig später trübte sich der Himmel sogar an der amerikanischen Pazifikküste, und es regneten Mengen verbrannter Trümmer auf Kalifornien nieder.

Ein Himmelskörper sei in Sibirien vom Himmel gestürzt, mutmaßte man, denn einheimische Jäger, die den Schaden als erste erkundet hatten, berichteten von radial umgeblasenen Wäldern. Als 1927 die erste Expedition unter *Leonid Kulik* der Sache auf den Grund ging, hatten die Wissenschaftler alle Mühe gehabt, mit ihren Pferdewagen dorthin vorzudringen – Millionen umgeknickter und total entasteter Bäume lagen auf einer Grundfläche von rund dreißig mal vierzig Kilometern – das ist weit mehr als die Fläche der vom Moskauer Autobahnring umschlossenen Großstadtregion; hätte eine solche kosmische Katastrophe die russische Hauptstadt getroffen, wäre sie ausradiert worden wie seinerzeit Atlantis. Die Todeswüste in der Steinigen Tunguska hatte die Umrisse eines Schmetterlings, was gut zu der berechneten, theoretischen Zerstörungszone einer ballistischen Welle passt. Alle Bäume wiesen vom vermutlichen Impact-Zentrum nach außen, und um dieses Zentrum waren Spuren eines verheerenden Brandes auszumachen – der Feuerball musste rund zweitausend Quadratkilometer groß gewesen sein, das war deutlich auszumachen, und Brand- und Hitzespuren an den Bäumen waren in einem 18-Kilometer-Durchmesser die Regel. Im Impact-Zentrum fand sich ein ausgedehnter Sumpf, geprägt durch etliche Gruben und flache Rillen. Um graben zu können ließ Kulik Entwässerungsgräben ziehen, weil er dort eingeschlagene Fragmente eines geplatzten Meteoriten vermutete. Doch fand er nichts – im vermuteten Impact-Gebiet gab es keine Spuren eines Kraters oder Bruchstücke von kosmischem Gestein. Nach 1927 bis heute hat es noch etliche weitere Expeditionen dorthin gegeben – man suchte sogar nach Spuren erhöhter Radioaktivität, die man aber nirgendwo maß. Erst nach dem Krieg fand man in Bodenproben aus dieser Zone zahlreiche sehr kleine kugelige Objekte, die an Tektite erinnern, aber keine sind - sie sind nicht größer als einige Dutzend Mikron. Es sind erstarrte Tröpfchen geschmolzenen Metalls oder Silikats, und ihre chemische Zusammensetzung erinnert weniger an die gewohnte Zusammensetzung irdischer Tektite – ihre Bausteine gleichen aber recht genau der des kosmischen Gesteins: Die Kügelchen in der Steinigen Tunguska dürften deshalb direkt vom Objekt selbst stammen, das einige Kilometer über dem Boden detoniert ist. Man kam also zum Ergebnis, dass dieses kosmische

Ereignis der Explosion eines Kometenbruchstücks zuzuschreiben sei. Eine solche Erklärung hatte der Astronom *Fred Whipple* schon 1930 geliefert. Der Brocken habe einen Durchmesser von ein bis zwei Kilometern gehabt, überschlug der Wissenschaftler und erklärte, dass seine Bahnberechnung die Zugehörigkeit des Bruchstücks zum Kometen *Encke* nahe lege; dieser Umstand würde auch die Mega-Detonation sechs Kilometer über der Erdoberfläche erklären, vor allem aber das Fehlen von Spuren eines Impact-Körpers in der Steinigen Tunguska. Der Enckesche Komet ist nicht nur wegen seiner vermuteten Beteiligung am dortigen Desaster Impactverdächtig – er ist es auch wegen seiner merkwürdig kurzen Periode: Im Gegensatz zu *Halley* (76,02 Jahre) brauchte er nur 3,3 Jahre, um seine Bahn zu umlaufen, die vollständig innerhalb der des Jupiters liegt; seine Umlaufperiode verkürzte Encke ständig, seit ihn *Méchain* und *Messier* als erste entdeckt hatten (1786).

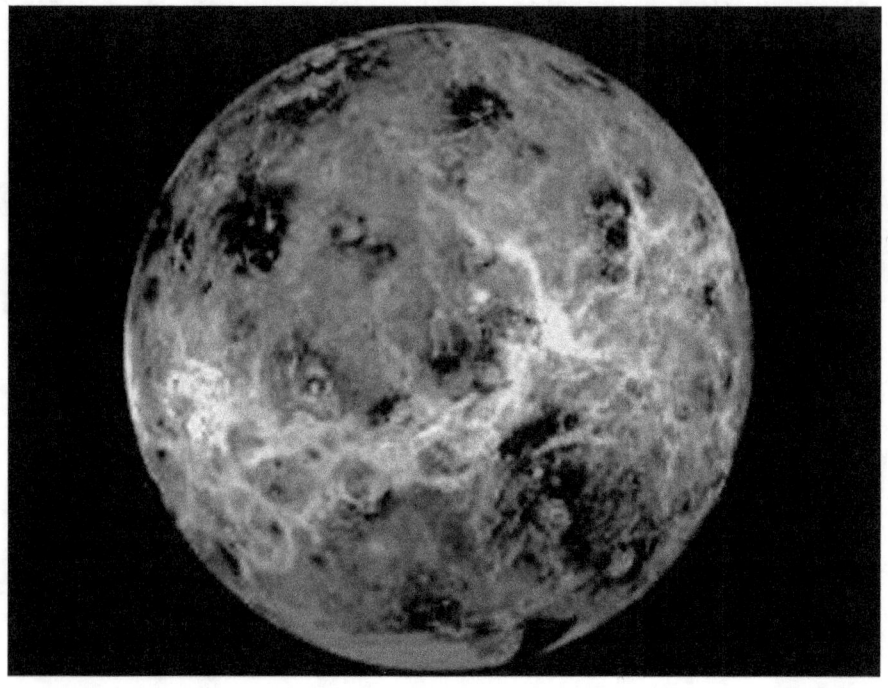

Der Planet Venus, in der Antike Lucifer genannt (NASA-Radar-Foto)

SATANS HEISSE SPUR

Der Vater des *Minotauros* war ein wilder schöner Stier, wie wir wissen, der vom Meeresgott Poseidon nach Kreta gesandt worden war. Es gibt eine parallele Legende, die Herakles ins Licht rückt, den Sohn des Zeus und der Alkmene[130]. Dieser heldenhafte Halbgott wurde nach Kreta gesandt, um die Insel von jenem Untier zu befreien, das dort frei herumlief und die Kreter in Schrecken setzte, ihre Weinberge zerstörte und Ernten vernichtete. Herakles fing den Stier, ließ ihn das Meer überqueren, brachte ihn nach Argos[131]. Dort weihte er das gewaltige Tier der Göttin Hera und gab ihm die Freiheit. Doch nahm Hera das Opfer nicht an und vertrieb den Stier. Sie mochte Herakles nicht, weil dieser der lebendige Beweis einer der vielen Seitensprünge des göttlichen Zeus war, der ihr Mann war. So kreuzte der Stier den Golf von Korinth und erreichte Marathon. Dort verwüstete er das Land, wie er es schon auf Kreta getan hatte. Theseus war es dann, der dieses Ungeheuer tötete und dem Gott Apollon opferte. Der griechische Stiermythos nimmt seinen Anfang im Meer von Kreta, dem der Stier entstieg. Es ist dies ein Bild vom Morgenstern, der aus dem Meer taucht und zum unteren Himmel steigt. Vielleicht ein guter Anlass, die Geschichte dieser Insel näher zu betrachten, um den Höllensturz Luzifers[132] in seiner erdgeschichtlichen Dimension zu erläutern.

Sir Arthur Evans[133], Professor für vorgeschichtliche Archäologie an der Universität Oxford, hat in Knossos den Palast des Königs Minos und das Labyrinth ausgegraben. Evans fand heraus, dass dieser Gebäudekomplex von immerhin zweieinhalb Hektar Fläche vollkommen zerstört worden war. Er sah, dass die Zerstörung des minoischen Palastes mit der Gewalt einer Naturkatastrophe vor sich gegangen sein musste, vergleichbar etwa dem Schicksal der antiken Städte Pompeji und Herculanum am Vesuv. In den Trümmern der Gemächer stieß der Forscher auf ähnliche Zeichen der Überraschung durch Naturgewalten, wie sie d'Elboeuf und Venuti am Fuß des Vesuvs gefunden hatten: Liegengelassenes Werkzeug, angefangene Werkstücke, jäh unterbrochene Hausarbeit, unvollendete Kunstwerke. Nun fallen auf Kreta schon mal plötzlich Gegenstände um, zittern die Wände oder schütteln sich die Betten, schwappt Wasser aus den Eimern, und seufzt die Erde, stöhnt und brüllt[134] - die Insel liegt in einer Erdbebenregi-

---

[130] Frau des Amphitryon, König von Troizien

[131] Im Nordosten der Peloponnes

[132] Synonym für den Morgenstern, die Venus

[133] Geboren 1851

[134] Akustisches Phänomen des Bodenknalls

on. Deshalb und aus eigenem Erleben war Evans überzeugt, dass nur die Gewalt eines gewaltigen Bebens, das seinerzeit die Erde Kretas durchgerüttelt hat, den Palast des Minos in Knossos zerstört haben konnte.

Der britische Archäologe unterschied drei minoische Perioden: Die frühminoische vom dritten bis ins zweite Jahrtausend vor Christus, die mittelminoische bis etwa 1.600 vor Christus, und die spätminoische bis rund 1.250 vor Christus. Eine gewaltige Zerstörung suchte Knossos an der Nordküste der Insel und Phaistos an ihrer Südküste heim - so kennzeichnet Evans die mittelminoische Periode. Generationen später, in der spätminoischen Epoche, ging eine neue Zerstörungswelle über Kreta hinweg und vernichtete alles, was man wiederaufgebaut hatte. Überall in diesem Gebiet, berichtet Evans, gäbe es Beweise für einen gewaltigen Umsturz, der eine lange Aufeinanderfolge von Kulturüberresten unter sich begrub.

Diese spätminoische Katastrophe scheint die schlimmste von allen gewesen zu sein. (Sie) *war für ganz Kreta endgültig und allgemein*, schreibt S. Marinatos, seinerzeit Direktor der griechischen Altertümer-Verwaltung, *es scheint sicher, dass es sich um die schrecklichste von allen handelt, die sich auf der Insel ereignet hatten. Der Palast von Knossos wurde zerstört. Dieselbe Tragödie befiel alle so genannten Villen. Auch ganze Städte wurden dem Erdboden gleichgemacht. Sogar heilige Höhlen fielen ein, wie diejenigen von Arkalokhori. Es war die Apokalypse, die die Insel heimsuchte: Vulkanische Asche fiel auf die Insel und große Flutwellen, die von Norden kamen, stürzten darüber. Durch diese Katastrophe erhielt Kreta ein anderes Gesicht. Ein normales Erdbeben ist allerdings völlig unzureichend, um ein so umfassendes Unglück zu erklären.*

Speziell diese spätminoische Katastrophe unterbrach alles Leben. Es sieht danach aus, als habe man damals nicht einmal Zeit gefunden, die Hilferufe an die Götter zu Ende zu bringen.

Evans schreibt: *Es möchte scheinen, dass Vorbereitungen zu einer Salbungszeremonie im Gange waren. Aber die aufgenommene Handlung war nicht dazu bestimmt, fortgeführt zu werden. Unter Erde und Schutt liegt der Thronsaal, darin Öl-Gefäße aus Alabaster. Der plötzliche Abbruch der begonnenen Handlungen - so deutlich sichtbar weist gewiss auf eine plötzlich auftretende Ursache. Es war ein weiterer jener schreckenerregenden Schläge, die wiederholt die Geschichte des Palastes unterbrochen hatten. Der eigentliche Umsturz wurde verschlimmert durch eine ausgedehnte Feuersbrunst, und die Katastrophe erreichte besonders verheerende Dimensionen infolge eines gleichzeitig ungestüm wehenden Windes.*

Nach der letzten spätminoischen Katastrophe ist der Minos-Palast von Knossos nicht wieder aufgebaut worden. Dies sind die Zeiten, wo auch der legendäre König Minos und seine Stier-Ungetüme hineingehören. Betritt man die Ruinen des Palastes von Knossos aus nördlicher Richtung, blickt man auf ein Relief des minoischen Stiers. Es ist dies die Stätte, die an eine infernalische Epoche erinnert, worin der Höllensturz Luzifers/Venus' die Erde schüttelte.

Nun gibt es Fachleute, die die Zerstörung des spätminoischen Reiches dem Santorin zuschreiben, dem unterseeischen Vulkan von Thera, der südlichsten Zykladeninsel - sein letzter Ausbruch war 1956. In der Tat ist der Santorin etwa um 1.500 vor Christus in einer verheerenden Explosion in die Luft geflogen und hat große Teile Theras ins Meer geblasen. Es soll eine Eruption gewesen sein, die die Krakatau-Katastrophe von 1883 um das Vierfache übertraf. Der ganze Ostteil der Inselwelt im Ägäischen Meer war durch Beben, Flutwellen und Asche betroffen, auch Kreta. Doch weiß man, dass das abrupte Ende der minoischen Kultur mit dem Ende historischer Perioden in Indien, Ägypten oder Kleinasien zusammenfällt. Man weiß auch, dass in dieser Zeit eine antike Völkerwanderung einsetzte. Es ist gewiss, dass die Santorin-Katastrophe dies alles nicht allein bewirken konnte. Es muss davon ausgegangen werden, dass diese Jahrtausend-Eruption nur Teil eines höllischen Fiaskos war, das Luzifers Fall auf der Erde entzündet hatte.

Zu Beginn des 20. Jahrhunderts wurde in Palästina phönizische Keramik gefunden, die in Lava eingebettet war. Die Archäologie datiert diese Relikte um das 15. Jahrhundert vor Christus, und schließt deshalb auf eine vulkanische Tätigkeit in dieser Region zu dieser Zeit. Es sieht danach aus, dass in jener apokalyptischen Zeit auf dem zerklüfteten Sinai ein Strom basaltischer Lava die Vegetation verbrannt und eine Wüste hinterlassen hat. Erstaunlich an diesen Phänomenen ist, dass das Sinai-Massiv kein Vulkan ist. Ebenso wurden Teile Palästinas von solchen Lavaströmen verwüstet, das Jesreel-Tal zum Beispiel, das von dieser glühenden Masse aufgefüllt worden ist. Auch der Zusammenbruch des Mittleren Ägyptischen Reiches kam mit Eruptionen und Lavaströmen daher. Weiter hat man in den Gräbern des Alten und Mittleren Reiches rätselhafte Brandspuren gefunden - ein häufiges Phänomen - als sei eine flüchtige Substanz in die Grabkammern gedrungen und habe sich auf den erhitzten Böden entzündet.

In Beth Mirsim in Palästina kam es in dieser Zeit zur Unterbrechung der Besiedlung. Zwischen den Erdschichten der Mittel- und Spätbronzezeit stießen Archäologen in Beth Sean auf Schuttschichten, die dicker als ein Meter sind - desgleichen in Byblos[135], Tarsus, Alaca Hüyük[136]. Man übertreibt nicht wenn man sagt, dass dies letztlich für jede Grabungsstätte Kleinasiens gilt. Diese Schuttschichten weisen darauf hin, dass der Übergang von der Mittelbronze- zur Spätbronzezeit von einem Umsturz begleitet war, der die chronologische und stratigrafische Abfolge durchbrochen

---

[135] Syrien

[136] Anatolien

hat. Ähnlich traf man es in Tell el Hésy an, und auch Jericho war zertrümmert, Megiddo, Beth Schemesch, Lachis, Askalon oder Tell Taanak. Stichwort Jericho: Die Stadt war mehrfach zerstört worden, ihre mächtigen Mauern aber fielen in einem gewaltigen Beben kurz nach dem Zusammenbruch des Mittleren Reiches. Es handelte sich um eine allumfassende Katastrophe; die ethnischen Bewegungen waren zweifellos ihre Folgen und Auswirkungen. Aber ihre erste und reale Ursache ist wohl in einem geheimnisvollen Kataklysmus zu suchen, über den der Mensch keine Kontrolle hatte. So hat Luzifer in den biblischen und homerischen Regionen tiefe archäologische Spuren hinterlassen, von den Dardanellen bis zum Kaukasus, auf dem iranischen Hochland und bei den Südkatarakten des Nil. Auch die reiche indische Indus-Kultur ging um 1.500 vor Christus nieder. Es ist die Zeit, als die indoeuropäischen Arier auf Wanderschaft waren, um sich, nach und nach, Europa, Kleinasien und Indien zu unterwerfen.

Das Tote Meer ist rund vierhundert Meter tief - nur in seinem südlichen Zipfel sind es rund zehn Meter. Rudert man dort hinaus und steht die Sonne günstig, kann man am Grund deutlich die Umrisse von Wäldern sehen, konserviert durch den dreißigprozentigen Salzgehalt dieses Gewässers. Ein merkwürdiges Meer: Keine Muschel, kein Fisch, kein Tang, keine Korallen - die Strände sind aus weiß verkrustetem Salz. Ölige Asphaltflecken schillern auf dem Wasser, und der Geruch von Petroleum und Schwefel beißt und sticht - es ist ein Ort, möchte man meinen, wo sich der Satan den rußigen Leib wäscht. Die Salzwälder gehören zum biblischen Land *Siddim*, das dort versunken ist, das Land Siddim, wo die Städte Sodom und Gomorrha lagen. Eine sorgfältige Durchsicht der literarischen, geologischen und archäologischen Zeugnisse führt zum Schluss, dass die verderbten Städte in der Gegend[137] in dem Gebiet lagen, das jetzt untergetaucht ist unter den langsam steigenden Wassern im Südteil des Toten Meeres, und dass ihre Vernichtung durch ein großes Erdbeben vor sich ging, das begleitet war von Explosionen, von Blitzen, vom Austritt von Naturgasen und von allgemeiner Feuersbrunst. Dieser Kataklysmus ist vor drei bis viertausend Jahren über die Menschen von Sodom und Gomorrha hereingebrochen, damals, als Luzifers Brüder, die Engel, Lots Gastfreundschaft in Sodom genossen hatten, und Lots Weib hinter sich sah und zur Salzsäule wurde.

Es gibt ein weiteres merkwürdiges Indiz, das die Ereignisse in der Ägäis und am Toten Meer in einen globalen Zusammenhang bringt: Das Ostafrikanische Grabensystem. Es ist ein einzigartiges Phänomen auf unserer Erde, der Graben gleicht einer klaffenden Platzwunde, die dem Land mit riesiger Kraft geschlagen worden ist. Die Länge des Grabens entspricht immerhin einem Sechstel des Erdumfangs, er zieht sich von Syrien kommend

---

[137] Die Bibel, Altes Testament, Erstes Buch Mose, 19

durch das Rote Meer und den Ostteil des afrikanischen Kontinents fast bis zum Kap der guten Hoffnung - auch das Jordantal und das Tote Meer gehören dazu, ziemlich an seinem Anfang im Norden. Ein tiefer und vergleichsweise schmaler Graben, mit beinahe senkrechten Wänden und ausgefüllt vom Meer, von Salzsteppen und alten Seebecken sowie von einer Kette von zwanzig Seen, von welchen nur einer in das Meer fließt. Sieht man diese geographische Besonderheit mit unbefangenen Augen, mag man den Eindruck gewinnen, Afrika und der südliche Nahe Osten seien von einer unbekannten Urkraft auseinander gerissen worden, wobei es fast zur gänzlichen Abtrennung der arabischen Halbinsel gekommen ist. Die Öffnung von Spalten dieser Größenordnung kann nur durch die Wirkung einer Spannung erklärt werden, die senkrecht zum Verlauf des Bruchs ausgerichtet ist, so dass die Spannung im Moment des Brechens, das heißt der Zerklüftung, gelöst wird. Diese senkrechte Kraft gleicht der Wirkung eines Beils, eines Keils - auch der eines Hammers, der auf sprödes Material trifft. Einem solchen Hammer käme ein Himmelskörper gleich, die Venus etwa, die in bedrohlicher Nähe an der Erde vorbeizieht und deren Rotation hemmt und Neigungswinkel oder Magnetfeld ändert: Vulkanherde liegen etwa zwei bis fünfzig Kilometer tief und sind in festen Schichten eingeschlossen; es leuchtet ein, dass unverhoffte Gravitationsprobleme die flüssigen und gasförmigen vulkanischen Substanzen aktivieren müssen; es ist dann zwangsläufig, dass Magma aus Kratern und Spalten herausgeschleudert wird, und dass auch feste Gesteinsbrocken auf die Erde regnen. Tektonisch gesehen, wird der Graben im Westen von der Afrikanischen Platte begrenzt, im Osten von der Somali-Platte und der Arabischen Platte. Als Grenzlinie zwischen drei tektonischen Platten ist das Ostafrikanische Grabensystem eine potentielle Erdbebenzone, und damit spaltbar im Sinne unseres Hammer-Beispiels, insoweit, als sich der Sturz Luzifers gerade dort verheerend auswirken muss. Man muss sich also die Frage stellen, ob nicht dieser gesamte Graben vor rund dreitausendfünfhundert Jahren auseinandergeklafft ist und Schwefel, Feuer und Lava gespuckt hat - in seinem nördlichen Teil am Toten Meer und auf der ägäischen Vulkaninsel Thera, das wissen wir definitiv, ist es so gewesen. Man hat im Ostafrikanischen Grabensystem Meeresfossilien gefunden, woraus die Fachleute schließen, dass es in früherer Zeit entstanden sei. Aber: Einige der Grabenböschungen sind so kahl und scharf, dass sie jüngeren Datums sein müssen. Diese fortgesetzten Erdbewegungen bis weit hinein in menschliche Epochen sind auffällige Merkmale der Region. Überall entlang der Linie bewahren die Eingeborenen Traditionen über große Veränderungen in der Struktur des Landes. Ein unruhiger Streifen, dieses Ostafrikanische Grabensystem. Als Luzifer und seine schwarzen Engel fielen, mag dort die Hölle los gewesen sein: die Erde platzte entlang eines Meridians vom Santorin über fast die ganze Länge Afrikas. Unendliche Lavaströme quollen dort aus der Tiefe, nachdem die

Erde gebebt und sich tausend Eruptionen entladen hatten.

Die Luzifer-Katastrophe scheint nicht nur das Ostafrikanische Grabensystem zur Detonation gebracht zu haben. Auch das Columbia Plateau zeigt die Höllenspur des Leibhaftigen. Unmengen von Lava ergossen sich in die Staaten Washington, Oregon und Idaho, wo etwa 51.000 Quadratkilometer mit einer dreißig oder sogar dreihundert Metern mächtigen Schicht bedeckt wurden. Eine Überschwemmung von geschmolzenem Gestein und Metall, das aus Spalten quoll, die sich im Boden aufgetan hatten. Das Gebiet ist riesig, es umfasst alle Staaten im Norden der USA zwischen dem Pazifik und den Rocky Mountains. Auch diese Gegend ist uraltes Erdbebengebiet, und die Erdgeschichte scheint dort etliche Eruptions-Epochen aufzuweisen.

Eine sei gar nicht so lange her, das berichtet der amerikanische Wissenschaftler *Immanuel Velikowsky*: Vor nur wenigen tausend Jahren ergoss sich dort Lava über ein Gebiet, das größer als Frankreich, Belgien und die Schweiz zusammen ist; sie floss nicht wie ein Bach, nicht wie ein Fluss, und auch nicht wie ein über die Ufer tretender Strom: Es war eine Flut, von Horizont zu Horizont eilend, alle Täler auffüllend, alle Wälder und Wohnstätten verschlingend; große Seen verdampften, als wären sie kleine Strudellöcher, und die Lava-Flut schwoll immer höher, stand schließlich über den Bergen und begrub sie tief unter geschmolzenem Gestein - siedend und brodelnd, kilometerdick, Milliarden von Tonnen schwer. Bei einer Brunnenbohrung am Schlangenfluss fand man 1889 in einer Tiefe von hundertundsieben Metern eine gebrannte Ton-Figur unter dem Basalt. Alle maßgebenden Beobachter sind sich einig über den frischen jungen Zustand der Lavalager im Schlangenflusstal in Idaho.

Es war keine normale Eruption, wie sie immer wieder mal auftritt auf der Erde. Es war Luzifers Eruption, die Hölle auf Erden - ein so gewaltiges und einmaliges Feuerwerk, wie es nur der gefallene Engel auf der Erde zünden kann.

Die Untersuchung fossilen Blütenstaubs nennt man Pollenanalyse. Pollenkörner sind formverschieden und daher bestimmbar. Es gibt da eine nützliche Besonderheit: Blütenstaub ist sehr widerstandsfähig, da die äußere Membran einer Zersetzung durch Mikroorganismen oder Witterung weitgehend standhält. Nur mit Hilfe der Pollenanalyse ist es seinerzeit gelungen, die Geschichte der Waldentwicklung in der Nacheiszeit zu klären. Aber auch für die Erforschung der Vorgeschichte ist die Pollenanalyse hilfreich: Sie macht Rückschlüsse auf die Klimaverhältnisse und Lebensbedingungen der Vorzeitmenschen möglich. Die Pollenanalyse ist also auch ein probates Mittel für den Versuch, den Zeitraum des Höllensturzes Luzifers zu ermitteln: Für Europa und Skandinavien zeigt diese Datierungsmethode, dass es etwa um 1.500 und dann noch einmal im achten beziehungsweise siebten

Jahrhundert vor Christus Klimakatastrophen gegeben hat; sie gingen einher mit Hochwasser- und tektonischem Unheil, das den Raum zwischen Norwegen und Tirol verwüstete. Auch die Pollenanalyse bestätigt also den Propheten Jesaja und den Apokalyptiker Johannes.

Der Amerikaner Immanuel Velikowsky vertrat die Theorie, dass dieses Unheil von der Venus[138] und dem Mars verursacht worden sei, Nachbarplaneten, die aus der Bahn geraten und sich auf Kollisionskurs zur Erde befanden. Es mag so gewesen sein, oder auch anders. Es scheint jedoch sicher, dass sich in dieser Zeit unfassbare kosmische Katastrophen ereignet haben.

---

[138] Venus = Lucifer = Satan

Der Komet Halley (NASA-Foto)

VERNICHTUNG DER RIESENSÄUGER

Selbst als uraltes Knochengerüst sieht der Höhlenbär noch furchteinflößend aus. Ihm im Dunkeln begegnen? Bloß nicht! In der Heinrichshöhle im sauerländischen Hemer hat das riesige Raubtier vor rund zehntausend Jahren sein Unwesen getrieben. Vielfach haben sich die Tiere aber auch zum Winterschlaf in die Abgeschiedenheit der Höhle zurückgezogen, sagt Dr. Klaus-Peter Lanser. Und dort ist der über zweieinhalb Meter lange Bär dann auch gestorben. Nur seine schmutzig braunen Knochen, die bereits Anfang des Jahrhunderts zu einem Skelett zusammengesetzt worden sind, erinnern heute noch an ihn.

Dass der Riese nicht allein in der Höhle gehaust hat, verrät dem Paläontologen Lanser der Knochenberg, der plötzlich im Lichtschein einer Lampe sichtbar wird. In der Heinrichshöhle sind über tausend Knochen gefunden worden. Mit erstaunlichen Ergebnissen: Zwar stammen neunzig Prozent der Überreste von Höhlenbären, aber auch Hyänen, Wölfe und Höhlenlöwen haben die Steinzeit-Menschen damals im Sauerland in Angst und Schrecken versetzt.

Die in der Heinrichshöhle gefundenen Knochen von Mammuts, Wollhaar-Nashörnern und Riesenhirschen sind freilich von draußen hereingespült worden. Drinnen ist es viel zu eng für diese urzeitlichen Riesen. Lanser: Noch nie sind in einer Höhle so viele Skelett-Teile, die uns Aufschluss über das damalige Leben geben, gefunden worden ... Lanser, der einen fast ziegelsteingroßen Zahn eines Mammuts in der Hand hält, hat alle Funde untersucht und zugeordnet ... Die Heinrichshöhle wurde zwischen 1903 und 1905 von einem Gastwirt für Besucher zugänglich gemacht. Zwar verdanken die Forscher ihm heute den reichen Schatz. Aber damals wurde nicht mit der heute üblichen Sorgfalt gearbeitet. Große Teile der Höhle seien mit Lehm gefüllt gewesen, der beiseite geräumt werden musste, weiß Michael Landwehr vom Höhlen- und Karstkundlichen Informationszentrum Hemer.

Landwehr misst gerade den Kiefer eines Höhlenbären aus – Größe: 30,5 Zentimeter. Von oben tropft Wasser herab. Die hohe Luftfeuchtigkeit und die konstante Temperatur von acht bis neun Grad haben dafür gesorgt, daß sich die Knochen bis heute gehalten haben.

So stand es in den *Westfälischen Nachrichten*[139]. Höhlenbären, Mammuts, Höhlenlöwen, Riesenhirsche, Hyänen, Wollnashörner – hineingespült in eine enge sauerländische Höhle, zerschmettert und dort in knochengespickten Lehmschichten konserviert. Rund zehntausend Jahre später durchgraben Paläontologen solche Beinhalden, sortieren die Knochen, setzen sie zu Skeletten zusammen, identifizieren sie und betrachten staunend diese Reste exotischer Riesensäuger: Es sind Arten, die es heute nirgendwo mehr gibt.

---

[139] 23.9.1998

Nicht nur die Ursache der Eiszeiten ist ein wissenschaftliches Rätsel, sondern auch dieser spektakuläre Ad-Hoc-Untergang äußerst robuster Spezies: Betroffen waren die großen Säugetiere auf den nördlichen Kontinenten - es starben dort Mammuts, Mastodonten[140], Pferde, Kamele, Faultiere, Großkatzen, Riesenbären und andere Säuger aus - die Ausrottungsquote auf Artenebene erreichte siebzig Prozent. Dieses Auslöschen einer ganzen Art geschah nicht in einem gemächlichen evolutionären Prozess, sondern urplötzlich, als habe jemand unvermittelt die Sonne ausgeknipst. *Ein vollständig erhaltenes Mammut*, so stand es in einem Pariser DPA-Nachricht, die Anfang November 1988 auch von deutschen Zeitungen gebracht wurde, *hat ein Franzose ... im ewigen Eis am Rande Sibiriens (Halbinsel Taimyr) entdeckt. Im Fell des etwa 10.000 Jahre alten Tieres seien sogar noch Blüten aus der damaligen Zeit erhalten ... Schädel und Stoßzähne des Tieres seien im vergangenen März geborgen worden. Nach Erkenntnissen des Forschers* (Bernard Buigues) *liegen noch sieben bis acht ähnlich gut erhaltene Mammuts im ewigen Eis.* Seit 1799 hat man in den sibirischen Tundren immer wieder die gefrorenen Körper ausgestorbener Mammuts gefunden. Die Kadaver waren wohlerhalten, und die Schlittenhunde einer vergangenen Forscher- und Händlergeneration verzehrten das tiefgekühlte Fleisch. Das bekannteste und besterhaltene Mammut befreite man 1901 an der *Beresowka* aus dem Eis. In den Mägen und zwischen den Zähnen der schockgefrorenen Pelzelefanten fand man unverdaute Gras- und Steppenpflanzen, Sprossen von jungen Nadelbäumen, Weiden, Birken und Erlen: Es waren Reste einer Vegetation, die dort nicht hingehört, wo die Mammuts starben – solches Grünzeug wächst heute weit südlich, rund tausendfünfhundert Kilometer entfernt. Besonders auf *Kamtschatka*, im Tal des gleichnamigen Flusses, gibt es einen riesigen Mammutfriedhof. Stoßzähne, Schädel, einzelne Teile und ganze Skelette, so berichtet der russische Wissenschaftler *Igor Alexandrowitsch Rezanow*, treten in einem fast durchgehenden Streifen am Flusseinschnitt zutage und werden, vom Wasser ausgespült, flussabwärts verfrachtet. Es liegt auf der Hand, dass Ostsibirien im ausklingenden Pleistozän mit einem Schlag zur Kältekammer geworden war, worin es dazu kam, dass die unverwesten Mammuts ins ewige Eis gefroren und konserviert wurden. Dieser krasse Temperatursturz kam aus heiterem Himmel, er überraschte die Tiere und brachte sie um, zumindest ist er ihrem Tod unmittelbar gefolgt. Ihre Eiskadaver sind die stillen Zeugen einer spektakulären Erdkatastrophe, deren Ursache im Dunkeln liegt. Noch heute werfen arktische Stürme Stoßzähne an die Küsten arktischer Inseln, was vermuten lässt, dass über vielen Regionen, wo die Mammute starben, heute die Eisberge des arktischen Ozeans treiben. Auch in Nordostsibirien wurden tausende von Mammutzähnen gefunden, etliche bis zu drei Meter lang. Seit der Eroberung Sibiriens durch die Russen bis in unsere Tage war

---

[140] Rüsseltiere

das sibirische Elfenbein ein kostbarer Exportartikel nach China und Europa. Es war so gut erhalten und zahlreich, dass es lange Zeit die Hauptlieferquelle des Elfenbein-Weltmarktes sein konnte.

Selbst Charles Darwin, der Evolutionär schlechthin, hat eingeräumt, dass er für das jähe Aussterben der Mammuts, die im Vergleich zu den überlebenden Elefanten die höher entwickelten Artgenossen waren, keine Erklärung habe. Dennoch gab es Anhänger seiner Theorie, die eine wacklige These vom allmählichen Absinken des Festlandes vertraten, das die Mammuts peu à peu in hügeliges Gelände getrieben habe – dort hätten sie sich schließlich von Sümpfen wie in einer Falle umzingelt gesehen und den Massentod erlitten. Diese These kann nicht überzeugen, weil sie den Zeitfaktor außer Acht lässt.

Schon *Georges Cuvier*, der führende Paläoontologe seiner Zeit, stand von Anfang an im Gegensatz zu solchen Thesen der Evolutionstheoretiker: *Im Gegenteil traten die meisten Katastrophen*, gibt der Franzose zu denken, *welche dieselben*[141] *herbeiführten, plötzlich ein, und dieses ist vorzüglich von der letzten dieser Katastrophen leicht zu beweisen, von derjenigen nämlich, welche durch eine zwiefache Bewegung unsere heutigen Kontinente, oder wenigstens einen großen Teil ihrer jetzigen Oberfläche erst überschwemmte, und dann trocken zurückließ. Sie hinterließ den Nordländern die Leichen großer Vierfüßer, welche vom Eise eingehüllt, sich bis auf unsere Tage mit Haut und Haaren und unversehrtem Fleisch erhalten haben. Wären sie nicht gleich bei ihrem Tode von der Kälte erstarrt, so würde die Fäulnis sie ergriffen und aufgelöst haben; von der anderen Seite aber konnte dieser ewige Frost da, wo sie eingefroren sind, früher nicht herrschen, denn, wie hätten sie in einer solchen Temperatur zu leben vermocht? Es war demnach derselbe Augenblick, der diesen Tieren den Tod gab, und das Land, das sie bewohnten, mit Eis bedeckte. Dieses Ereignis muss plötzlich und ohne alle Zwischenstufen eingetreten sein, und was so klar für diese letzte Katastrophe dargetan ist, ist es auch kaum weniger für die ihr vorhergegangenen.*

Cuvier hatte zweifellos recht, wenn er meinte, dass wiederholte Katastrophen das Leben auf der Erde vernichtet hätten – ein ums andere Mal, so glaubte er, sei es neu geschaffen worden oder wieder entstanden. Damit war Cuvier der natürliche Feind der evolutionären Wissenschaft, weil diese die Naturgeschichte prinzipiell als störungsarme Langzeitentwicklung begriff. Erst spätere Generationen haben Beweise für Cuviers Katastrophentheorie erbracht, so viele Beweise, dass die Evolutionstheorie heute in diesem entscheidenden Punkt an Überzeugungskraft eingebüßt hat. Was aber hat diese sibirische Mammut-Katastrophe ausgelöst? Konnten Vulkanismus oder Erdbeben allein ein solches Massensterben verursachen? Nun gehört das nordöstliche Sibirien nicht zu jenen Regionen der Erde, wo Vulkane rauchen, und wo es in der Regel zu tektonischen Komplikationen kommt;

---

[141] die Aussterbeereignisse

Sibirien zählt zu jenen erdgeschichtlich alten Rumpf- und Tafelländern, die nur verhältnismäßig selten von Erdbeben betroffen sind. Auch wenn dort das Unerwartete wirklich passiert wäre, bleibt festzuhalten, dass das vulkanische Repertoire nach menschlichem Ermessen für eine solch gewaltige Ad-hoc-Katastrophe nicht ausgereicht hätte – um solch ein Artensterben zu verursachen, bedarf es kosmischer Impact-Kräfte, die den Planeten wanken lassen und das Inferno aus Feuer, Wasser, Finsternis und Eis über ihn bringen. Dieses Szenario ist umso wahrscheinlicher, wenn man die globale Dimension des Riesensäuger-Sterbens ins Auge fasst. Denn das Schicksal der ostsibirischen Mammuts ist nur Teil eines Eiszeiträtsels, das sich auf der gesamten Nordhalbkugel stellt. Einige Beispiele:

Der im Pleistozän ausgestorbene Säbelzahntiger[142] war eine spektakuläre Reißkatze. Starke Tiere sollen 360 Kilogramm gewogen und eine Schulterhöhe von 1,20 Metern erreicht haben; die Fangzähne konnten 28 Zentimeter lang werden und 17 Zentimeter aus dem Fang wachsen, sie ragten wie zwei Säbel heraus. An Kraft und Größe ist der Säbelzahntiger die mächtigste Reißkatze, der überliefert ist; wobei man wissen muss, dass auch kleinere Arten vornehmlich den Süden Nordamerikas bevölkerten. Als Anfang des zwanzigsten Jahrhunderts die Knochenreste von Säbelzahltigern in den Asphaltgruben der kalifornischen *Rancho La Brea* in Los Angeles entdeckt wurden, war dieser König der Großkatzen in der alten und neuen Welt unbekannt – erst danach sollte man ihn nach und nach auf der ganzen Nordhalbkugel wiederfinden. In La Brea hat man inzwischen an die siebenhundert Schädel dieser Spezies geborgen. Die dortigen Knochenlager sind extrem ergiebig – schon bei den ersten Grabungen waren Fachleute der Universität von Kalifornien auf Gebeinlager gestoßen, die zwanzig Säbelzahntiger- und Wolfsschädel pro Kubikmeter freigaben. Auch die Reste von Büffeln, Pferden, Kamelen, Faultieren, Mammuts und Mastodonten, auch Vögel einschließlich Pfauen, kamen ans Licht. Man vergleiche: Als sich die weißen Trapper und Siedler seinerzeit in die südwestliche Küstenregion Nordamerikas hineinwagten, erwartete sie eine spärliche Flora und Fauna - es gab dort kaum mehr als öde Wüsten mit mageren Kojoten und hungrigen Klapperschlangen. In der geheimnisvollen Zeit des Pleistozäns aber, damals vor dem großen Knall, war die Gegend saftig grün und reich an Tieren aller Art. In der Tat hat man in solchen kalifornischen Teergruben auch Pflanzenreste der Säbelzahntiger-Zeit gefunden und bestimmt: Es sind Pflanzen, die zur neuzeitlichen Flora gehören, wie *Chaney* und *Mason* schreiben, zur Flora also, wie sie heute dreihundert Kilometer weiter nördlich wächst. Die Knochensubstanz, die man in gemischten Schichten aus Schwemmland, Lehm, grobem Sand, Geröll und Asphalt befreit hat, ist

---

[142] Smilodon populator

großartig erhalten, doch sind die Gebeine, so George *McCready Price*, zersplittert, zermalmt, verzerrt und zu einer höchst heterogenen Masse vermengt, so wie sie nicht aus zufälligem Einfangen und Begraben einiger weniger Umherstreicher hätte resultieren können. Auch wurden im Asphalt von La Brea Knochen gefunden, die zu einem pleistozänen Indianerskelett gehören. Sie lagen unter den Gebeinen einer Geierart, die ausgestorben ist. So muss man annehmen, dass dieser Aasvogel nach dem Indianer zu Tode gekommen ist, oder doch zumindest zur gleichen Zeit. Solche Funde legen ein apokalyptisches Szenario nahe: Unübersehbare Tierherden und Menschenstämme fliehen, Geröll regnet aus dem brennenden Himmel, Orkane und Flutwellen machen alles nieder, begraben das Festland. Menschen und Tiere vergehen. Was danach kommt, ist ein anderes Zeitalter – das Klima ist anders, die Flora ist anders, die Fauna ist anders. Es ist ein Geheimnis um solche Asphaltschichten wie in La Brea: Nach kosmischen Katastrophen kommt es, wie man weiß, zu sintflutartigen Regenfällen – sie werden durch die aufsteigenden Gas-, Dampf- und Smogwolken ausgelöst, wie man sie auch nach Atombombendetonationen oder Vulkankatastrophen kennt. Dann wälzen sich gigantische Schlammströme in die Impact-Krater und bilden dort Seen ohne Zu- und Abflüsse - ihr Wasser löst Mineralien des Kratergrunds und verdunstet schnell: Solche Gewässer nennt man Soda-Seen, weil ihr Wasser salzhaltig ist, viel salzhaltiger als es die heutigen Weltmeere sind – das Tote Meer ist ein aktuelles Beispiel. Weil die Zu- und Abflüsse in solchen Kraterseen fehlen, bleiben ihre Tiefen ohne Sauerstoff. Bei tierischer und pflanzlicher Verwesung unter solchen Verhältnissen entwickeln sich bitumenhaltige Mergellagen, etwa solche wie in La Brea, die man *Stinkmergel* nennt – Stinkmergel gilt als klassisches Erdöl-Muttergestein.

Im New Yorker *Amerikanischen Museum für Naturgeschichte* ist ein makabrer Schichtblock fossiler Knochen ausgestellt, der eine Dichte von hundert Knochen auf tausend Quadratzentimetern hat. Die Fossilien sind in einer solchen Fülle konzentriert, dass sie ein dickes Pflaster verschlungenen Gebeins bilden, wovon sich Weniges in seiner natürlichen Skelett-Lage zueinander zeigt. Das Exponat stammt aus dem *Sioux-County* in Nebraska, wo am Südufer des *Niobrara*-Flusses beim *Agata-Spring-Quarry*[143] eine bis zu einem halben Meter dicke Fossilienlage gefunden worden ist. Der Zustand der Knochen lässt ihren langen und brutalen Transport ahnen, bevor sie an ihrem Fundort zu tausenden in den Boden gerammt wurden. Die Reste verschiedener ausgestorbener Säugetiere wurden bestimmt, das kleine doppelhornige Nashorn[144] zum Beispiel, oder *Moropus*, dessen Kopf dem Pferd geähnelt haben muss, dessen massige Beine mit Klauenfüßen aber besser zu

---

[143] Steinbruch

[144] Diceratherium

einem Fleischfresser passen; auch hat man dort die Knochen eines gewaltigen Schweins[145] ausgegraben, das eine Höhe von zwei Metern erreicht haben dürfte. Aus einer Fläche von 125 Quadratmetern pinselte man rund 164.000 Knochen frei, was ziemlich genau 820 Skeletten entspricht. Diese erschlossene Fläche beträgt nur ein Zwanzigstel der fossilen Schicht von Agata-Spring-Quarry, und Fachleute haben hochgerechnet, dass dort insgesamt rund 16.000 doppelhornige Nashörner ihr Grab fanden, ebenso 500 Klauenpferde und hundert Riesenschweine. Ein paar Meilen östlich davon, in einem anderen Steinbruch, hat man die Knochen eines weiteren, längst ausgestorbenen Säugers gefunden, den man wegen diverser Ähnlichkeiten Gazellenkamel[146] nannte. Eine ganze Herde dieser erschlagenen Rasse lag hier in einen Block zusammengedroschen, ihre zersplitterten Knochen vom Sand zusammengepresst, womit sie ein kosmischer Flutkatarakt vor ungefähr zehntausend Jahren ebenso zugestampft hatte wie die Nashörner, Klauenpferde und Riesenschweine im Agata-Spring-Quarry. Seit dieser Zeit gibt es diese Tiere nicht mehr. Es ist unmöglich, einen solchen Wirrwarr zusammengepresster Skeletteile durch einen natürlichen Tod zu erklären. Diese Tiere starben nicht aus, weil sie lebensuntüchtig oder degeneriert waren. Ihr Tod war gewaltsam, davon zeugen das Chaos ihrer gesplitterten Skelette, deren artfremde Durchmischung, die Mengenkonzentration. Riesige Scharen von Tieren, aus den Wäldern und Prärien, aus dem Wasser und der Luft, große oder kleine Arten, mit ungebrochenem Erhaltungs- und Vermehrungsdrang, verschwanden plötzlich. Nicht die Evolution hat sie, sanft und allmählich, ausgelöscht. Es waren die tobenden Riesenwogen, die sie einholten, über sie hereinstürzten und sie ertränkten, zerschmetterten.

Von *Thomas Jefferson*[147], dem dritten Präsidenten der Vereinigten Staaten, weiß man, dass er Fossilien sammelte. Es waren auch etliche dabei aus dem *Big Bone Lick* in Kentucky, dreißig Kilometer südlich von Cincinnati, wo man auf rund hundert Mastodonten gestoßen war, neben vielen anderen ausgestorbenen Säugetieren. Im kalifornischen *Pedro Valley* standen die Mammuts aufrecht, die man dort ausgrub. Sie steckten immer noch im selben Geröll, Sand und in derselben Asche fest, womit sie der kosmische Tod begraben hatte. Weiße Asche: Auch die Fossilien im *John Day Basin*, Colorado, und im *Florissant*-Eisrandsee waren darin versunken. Im Schweizer Kanton Schaffhausen, im *Kesslerloch* bei Thayngen, hat man ein Knochengrab freigelegt, worin sich die Fossilien von Tieren mischen, die verschiedenen Klima- und Lebenszonen angehörten: Dort sammelten sich alpine, Steppen- und Waldfauna-Typen auf engstem Raum. Im heutigen

---

[145] Dinohypus Hollandi

[146] Stenomylos

[147] 1743–1826

Berliner Stadtteil *Neukölln* hat man Mammutfossilien ausgegraben, deren Reste mit Moschusochse, Ren und Polarfuchs vermischt lagen, ebenso mit Löwe und Hyäne. Solche Fossilien muss man verschiedenen Perioden zuschreiben, der Eiszeit beziehungsweise Zwischeneiszeit nämlich, obgleich niemand so recht zu erklären vermag, wie solche Relikte zusammenpassen können und zusammengeraten konnten.

Auf ein ähnliches Phänomen stieß man 1912 im US-Staat Maryland. Eisenbahnarbeiter sprengten bei *Cumberland* eine Höhle frei, worin man Tierknochen ganz unterschiedlicher Klimazonen fand. Panzerechse, Tapir, Pekari, durchweg Tiere südlicher Regionen, waren mit Vielfrass und Lemming, Spitzmaus, Nerz, Hörnchen, Bisamratte, Pferd, Stachelschwein, Hase, Elch zusammengeschichtet, mit Tieren aus nördlichen Regionen. Auch Coyoten, Dachse und den Silberlöwen identifizierte man in der Cumberland-Höhle, Tiere, die heute mehr im Westen Amerikas heimisch sind. Ob die Säuger aus waldreichen Gebieten stammen, aus feuchten Regionen, aus den Prärieebenen, ob sie ausgestorben sind oder ob es sie heute noch gibt – alles macht keinen Unterschied in der Cumberland-Höhle. Auch die dortigen Knochen sehen aus wie zerhämmert, zeigen aber keine Spuren von Wasserwirkung. So mag es sein, dass die Kadaver vor zehntausend Jahren in kürzester Zeit von weit her und aus verschiedenen Richtungen herangeschwemmt worden sind. Die Wasserlawine mag sich in einer Schlucht kanalisiert und die vielen hundert Körper auf engem Raum zerschmettert haben. Schließlich dürfte sich das nasse Grab rasch mit Schutt und Geröll gefüllt haben, das von der Flutwelle mitgerissen wurde. Dieser Fall liegt in einem wesentlichen Punkt anders als der in Neukölln: Die Vermischung und Lage der Knochen schließt für die Cumberland-Höhle die Möglichkeit aus, sie unterschiedlichen Zeitaltern zuzuordnen, eiszeitlichen etwa oder zwischeneiszeitlichen. Diese Tiere traf der Tod gemeinsam und gleichzeitig. Es müssen gewaltige Kräfte sein, so viele Tiere aus unterschiedlichen Regionen und Vegetationen zusammen zu schwemmen und in einem engen Massengrab in Maryland zu verschütten.

Spektakulär ist die Geschichte von den beiden Walen, deren Knochen man auf den Hügeln des nordamerikanischen Bundesstaates Michigan ausgegraben hat. Wale sind zwar Säuger, aber eben Meerestiere: Sie wandern nicht durch einen Kontinent, vom Ozean nach Michigan, sie hangeln nicht die Hänge hinauf. Auch nördlich des Ontario-Sees hat man Walknochen gefunden, ein ganzes weiteres Skelett in Bundesstaat Vermont, und ein anderes im kanadischen Montréal-Quebec-Gebiet. Und zu allem Überfluss: In Ablagerungen des nordamerikanischen Bundesstaates Georgia stieß man sogar auf Walrossknochen. Dort, wo man die Wal-Fossilien fand, lagen die Ausgrabungsorte 134 bis 180 Meter über dem Meer. Alle diese Knochen wurden in nacheiszeitlichen Schichten gefunden. Einen ausgestorbenen Wal nannte man *Zeuglodon* - große Knochenmengen seiner Spezies fand man in Alabama und in verschiedenen Regionen am Golf von Mexiko; es waren so viele, dass die Farmer diese lästigen Fossilien zusammentrugen und zu Zäunen aufschichteten. In dieser Gegend hat es keine eiszeitlichen Gletscher gegeben, die solche Knochen hätten dahintragen können; auch die Walknochen im Norden können nicht von den Eiszeiten dorthin geschoben worden sein, wie man sicher weiß. So mag die These passen, eine Flutwelle sei für den Transport der Wale verantwortlich, die sich über die Binnen-Hügelländer ergossen hat – es müssen gigantische Kräfte kosmischen Ursprungs gewesen sein, die eine solche Megawelle in Gang zu setzen vermögen. Auch diese katastrophistische These passt nicht in das Grundmuster der langfristigen Evolution. So half man sich mit der Erklärung, alle diese Meeressäuger seien einer nacheiszeitlichen Hebung des kontinentalen Sockels zum Opfer gefallen, die einer Vereisung zu folgen pflegt, wenn die Eislasten geschmolzen sind. Nun sind solche Hebungen ein unmerklicher Vorgang, der sich über zigtausend Jahre hinzieht; es leuchtet deshalb nicht ein, dass Meeressäuger von solchen Ereignissen überrascht und eingeschlossen werden. Dass solche nachpleistozäne Hebungen auch in Regionen stattfinden, die von den Eiszeiten niemals erreicht wurden, geht genauso wenig in den Kopf; und doch ist es passiert – vor geologisch gar nicht langer Zeit ist die Meeresküste von Maine bis Florida im Meer versunken, die atlantische Brandung brach sich direkt an den Alten Appalachen. Dann hat sich die Region wieder auf das heutige Niveau gehoben.

Gewaltige Kräfte müssen auch im Himalaya-Vorland gewütet haben. Im Nordosten von Delhi ziehen sich die *Siwalik-Ketten* von West nach Ost, mehr als 1.700 Kilometer lang und bis zu tausend Meter hoch, ein Faltengebirgszug wie ein Bollwerk. Dort sind die Fossilienfunde außergewöhnlich reich, besonders im 19. Jahrhundert haben die Paläontologen hier spektakuläre Knochenreste ausgegraben. Die Besonderheit dieser Fossilien: Es sind Tiere aus zwei Epochen, die dort den Tod fanden – in einer ersten Welle wurde dort eine Vielfalt von Tieren gegen die steinigen Hänge geworfen, eine zweite Welle folgte nach Ablauf einer geologischen Epoche. Man hat dort den Rückenschild einer fast sieben Meter langen Schildkröte aus dem Gestein gegraben, eines Tieres, das nicht freiwillig den Weg ins Felsgebirge gesucht hat. Der *Elephas Ganesa*, den man hier fand, hatte Stoßzähne von vier Metern Länge und gut einem Meter Umfang – auch dieser ungeschlachte Riese wird sich nicht aus freien Stücken durch die dortigen unwegsamen Engen gequält haben. Die Knochen von dreißig Elefantenarten hat man im Siwalik-Gebirge ausgegraben, nur eine von ihnen hat in Indien überlebt. Es wimmelt von Flusspferden, Schweinen, Nashörnern, Affen oder Rindern in den vielen Knochenlagern, die dort das Innere dieses Vorgebirges füllen. Es ist, als seien hier riesige Archen mit tausend Pflanzenfressern, Fleischfressern, Nagetieren und Primaten zerschellt und hätten eine solche Vielfalt von Tieren in die Todesschluchten gekippt, wie sie zu Lebzeiten nirgendwo am selben Ort anzutreffen wären. Und die zahlreichen Stämme von Huftieren zum Beispiel, die man dort an ihren Knochen identifizierte, sind seit zehntausend Jahren von der Erde verschwunden. Welche Gewalten müssen sich dort ausgetobt, wie muss die Erde damals gebrüllt haben: Sogar das Faltengebirge selbst, so hat man herausgefunden, hat sich damals über weite Distanzen versetzt – das ältere Gestein der inneren Ketten hat sich über das jüngere Gestein der äußeren verschoben.

Auch in England fand man solche glazialen Knochenlagen, bei Plymouth am Ärmelkanal zum Beispiel: Skelette von Mammut, Flusspferd, Nashorn, Pferd, Bär und Büffel waren in zahlreiche Teile zerbrochen und mit Kalksteinsplittern vermengt; sie lagen zerstreut und willkürlich gemischt. Panther, Pferd, Luchs, Hase, Hyäne, Kaninchen, Wolf, Steinbock, Bär, Dam- und Rothirsch, Wildschwein – alles nur Mögliche in verwirrendem Durcheinander: Flusspferd, Ren und Mammut, das wissen wir heute, teilten sich die Weiden nahe *Brenton* bei London; bei *Cefn* in Wales standen Ren, Grizzly und Flusspferd in den Revieren; bei *Bleadon* in Somerset hätte man Lemminge, Hyänen, Rentiere und Höhlenlöwen beobachten können, im *Themsetal* Flusspferde, Bison und Moschusochsen. Bei *Cromer* in Norfolk, nahe der Nordseeküste, hat man eines der wichtigen sogenannten Urwaldlager entdeckt, eine große Zahl von senkrecht stehenden Baumstümpfen, deren Wurzeln fest verschlungen sind – sie sind dorthin geschwemmt worden, vielleicht aus der Gegend der diluvialen Rheinmündung in dieser Region. Darin entdeckte man Knochenlager von sechzig Großsäugerarten – Säbelzahntiger zum Beispiel, Moschusochse, Riesenbär[148], Mammut, geradzahniger Elefant, Flusspferd, Nashorn, Büffel oder Pferd[149]. Auch in *Devonshire* und *Pembrokeshire* stieß man auf solche Gebeinmassen. Überall im westlichen Europa wurden mit Knochen gefüllte Schluchten und Klüfte geöffnet, gespickt mit Relikten von ausgestorbenen und überlebenden Arten: Im französischen *Breugue* tummelten sich Mammuts und Flusspferde, ebenso bei *Arcy*. Auch in den Tälern von Paris stieß man auf pleistozäne Massengräber, im hügeligen Mittelfrankreich zum Beispiel, in Burgund, an der französischen Mittelmeerküste, in den Felsen von Gibraltar. Diese Liste ließe sich beliebig fortsetzen.

In England haben Fachleute eine Zeitlang geglaubt, dass die Mastodonten-Funde Andenken an die alten Römer seien, insoweit, als deren diverse Heere auch mit Kriegselefanten über den Ärmelkanal gekommen sein konnten; diese Hypothese widerlegt sich jedoch erstens aus anatomischen Gründen, weil die ausgestorbenen Mammuts einen anderen Knochenbau haben als

---

[148] Ursus Horribilis

[149] Equus Caballus

die zeitgenössischen Elefanten, zweitens, weil sich niemand erklären kann, warum die römischen Legionen neben den Elefanten auch Nashörner oder Flusspferde mit sich geführt haben, und drittens, weil auch in Nordamerika oder Sibirien solche Fossilien gefunden wurden, Regionen, die von den Römern niemals betreten worden sind. Auch hat man sich überall die Frage gestellt, ob solche Gebeinreste nicht vorgeschichtlichen Jägern oder Raubtieren zuzuschreiben sind, an deren Lagerplätzen Abfallhaufen ja durchaus zu erwarten sind. Aber die Knochen weisen keine Spuren einer Abnutzung auf, die auf Verzehr oder Bearbeitung zurückzuführen sind, nicht einmal Nagespuren - so musste man die These vom Abfallhaufen verwerfen, weil Zustand, örtliche Lage, Mischung oder Umfang der Knochenlager die Gewalt der Elemente als einzig wahrscheinliche Lösung nahe legt. In der Tat: Warum sollten Höhlenlöwen, Mammuts, Bären, Nashörner, Pferde, Rinder oder Hirsche freiwillig und ohne besonderen Anlass in gemischten Herden auf unwirtliche Höhen gestiegen sein? Solche verzweifelten Rotten kennt man nur aus Katastrophenszenarien, wenn Flächenbrände und Überschwemmungen die Reviere heimsuchen und für Panik sorgen. Wir müssen annehmen, dass alle diese Tiere vor den Jahrtausendwogen des Pleistozäns flohen, bis diese über ihnen zusammenschlugen, sie gegen die Felsen schmetterten und ihre zerschlagenen Reste unter Tonnen von Schwemmgestein verschütteten. Louis Agassiz, der Schweizer Eiszeitforscher, betrachtete Anfang und Ende der letzten Eiszeit als katastrophische Ereignisse. Die Mammuts in Sibirien, so sah er das Phänomen, seien plötzlich im Eis gefangen worden, das sich überraschend und blitzschnell über einen Teil der Welt ausbreitete. Mehrfach in der Erdgeschichte seien weltweit Katastrophen eingetreten, die mit krassen Temperaturstürzen daherkamen – Eiszeiten eben, die schließlich durch Eruptionen aus dem Erdinneren wieder relativiert worden seien. Auch hätten sich die westlichen Alpen erst mit Ende der letzten Eiszeit gehoben – diese steinernen Riesen seien also jünger als die ins ewige Eis gefrorenen Mammuts, die ja schon zu Beginn der Eiszeit zu Tode kamen. *William Buckland* war überzeugt, dass das Massenaussterben der Riesensäuger im Pleistozän nicht allzu lange zurückliegen könne: Aus der geringen Menge nachsintflutlicher Stalaktiten, wie auch aus dem unverwesten Zustand der Knochen müsse der Schluss gezogen werden, dass die seit dem Eindringen des Diluvialschlammes vergangene Zeit nicht besonders lang ist. Die Knochen seien noch nicht versteinert, erläuterte Buckland, ihre organischen Stoffe noch nicht durch Mineralien ersetzt. Er ging davon aus, dass die verursachende Flutkatastrophe nicht mehr als sechstausend Jahre zurückliege – eine Datierung, die auch mit Cuviers Berechnungen übereinstimmt. Buckland war Professor für Geologie an der Universität Oxford, und in seiner Beurteilung der Ursachen des pleistozänen Massenaussterbens, das geologisch allein nicht zu erklären ist, will er sich nicht festlegen: *Was der Grund war, ob eine Änderung in der Neigung der*

Erdachse oder der nahe Vorbeizug eines Kometen, oder irgendeine andere oder eine Kombination rein astronomischer Ursachen, ist eine Frage, deren Diskussion dem Zweck der vorliegenden Abhandlung fremd ist.

Eine konkrete Angabe über das Alter der letzten Mammute macht der österreichische Forscher Alexander Tollmann:

Die neuesten Untersuchungen von Frau Dr. Dubrow haben jetzt durch die Radiometrie des Kohlenstoffs aus dem Fleisch und Haaren der fossilen Tiere belegt, dass die letzten Mammute vom Yuribey-Fluß in Sibirien um 7.610 plus/minus 300 Jahre vor Christus (= 9.625 plus/minus 300 Jahre vor heute[150]) ausstarben.

Bei dieser kosmischen Flutkatastrophe ist die Menschheit nur knapp ihrer Ausrottung entgangen. Immerhin hat es, so schätzt man heute aufgrund der Funddichten, vor der Sintflut eine Weltbevölkerung von vielleicht fünf Millionen Menschen gegeben. Nach der Flut kümmerten die wenigen Überlebenden in kleinsten Siedlungsinseln dahin, die weit zerstreut lagen; Kulturzentren oder Reiche waren ausgelöscht. Die Landschaften waren völlig verwüstet, hatte doch die abfließende Flut ein Leichentuch von Schlamm und Geröll über die Erde gebreitet. Es dürften in erster Linie an den Berghöhlen dieser Welt gelegen haben, dass es überhaupt Überlebende in diesem Inferno aus Feuer, Gift, Frost und Wasser gegeben hat. Auch verzeichnet die paläontologische Forschung schon seit längerem eine gewaltige Aussterbewelle unter den Landsäugetieren, die bekanntlich in die Zeit zwischen −10.000 bis −7.000 datiert wird. Vor allem die Großsäuger verschwanden aus den Revieren: in Amerika und Europa gingen alle Arten für immer verloren, die mehr als tausend Kilogramm wogen; unter den Säugern mit mehr als hundert Kilogramm gingen rund 76 Prozent der Arten auf geheimnisvolle Weise unter. Etwa die Hälfte aller Gattungen mit mehr als fünf Kilogramm Körpergewicht, so kann man ansonsten sagen, sind von dieser Ausrottung betroffen. Noch ist es nicht möglich, den Sintflut-Impact und diesen globalen Massentod verlässlich in zeitlicher Übereinstimmung nachzuweisen. Bedenkt man jedoch, als wie unzuverlässig die C^{14}-Methode bei Datierungen über 10.000 Jahre von Fachleuten eingeschätzt wird, kann ein solcher Zusammenhang nicht ausgeschlossen werden.

---

[150] 2015 plus/minus 300

Aspekte des Kometen Churyomow-Gerasimenko (ESA-Foto)

MYTHOS SINTFLUT

Ich sah einen tiefen Abgrund mit Säulen himmlischen Feuers, und ich sah unter ihnen Feuersäulen herabfallen; sie waren weder nach Tiefe noch nach Höhe zu messen ... Ich sah dort sieben Sterne wie große brennende Berge[151]

Henoch, der biblische Urvater, berichtet in diesem Bild vom Sintflut-Kometen - geschildert wird dessen Näherungsphase, als im Kopf des geteilten Himmelskörpers bereits sieben gewaltige Fragmente zu unterscheiden waren. *Der Schweif dieses siebenköpfigen Himmelsdrachen*, so schreiben es die Wiener Geologen Edith und Alexander Tollmann, *oder der kosmischen Schlange, wie der Komet von den damaligen Augenzeugen bezeichnet wurde, hatte sich infolge des nahen Vorbeiganges an der Sonne im Perihel zu ansehnlicher Länge entwickelt; er zog über den ganzen Tierkreis am Firmament dahin. Die heiligen altindischen Traditionen berichten Schrecken erfüllt über das nächste, nun der Erde schon sehr nahe Stadium, bei dem sich die noch immer in gemeinsamer Formation heranfliegenden Trümmer des Schwarmes dem Betrachter bereits so groß wie eine Anzahl feuriger Sonnen darboten.*

Die beiden Geologen haben etliche Argumente für ihre Theorie[152], die legendäre Sintflut sei vom Fall eines kapitalen Kometen ausgelöst worden. Als Zeitpunkt wird, diese Präzision verwundert dann doch, 3 Uhr früh mitteleuropäischer Zeit genannt ... *zu Beginn des Nordherbstes an einem 23. September vor 9.545 (± wenigen Jahren) bei Neumond*. Die sieben Trümmermassive des Killer-Kometen seien mit einer kosmischen Geschwindigkeit von 216.000 Stundenkilometern vom Südosten her über die Erde gekommen, also weit mehr als zweihundert mal so schnell wie eine Panzergranate. Zuvor sei dieser kosmische Vagabund hart an der Sonne vorbeigeschrammt, wobei seine gefrorenen Gase und der große Teil seines Eises verflüssigt und verflüchtigt worden seien; eine solche Auflösung sei auch bei einem nahen Vorbeiflug am massereichen Jupiter möglich. Dieser Prozess der inneren Ausdehnung habe den Kometenkern in die geschilderten sieben Großbrocken und tausend Trümmer und Splitter zerlegt. Dieser mörderische Schwarm habe sich allmählich ausgedehnt, sei aber letztendlich als Einheit auf die Erde zugerast, habe sie verheert und ihr die Sintflut gebracht. Es gibt keinen Zweifel: ein kosmisches Objekt von über einem Kilometer Durchmesser, wenn es in einen Ozean kracht, würde Unmengen Wasser in die Stratosphäre blasen, was ein unvorstellbares Regen-Desaster brächte. Die Frage ist sicherlich berechtigt, ob die Geschichte Noahs und seiner Arche nicht vor einem solchen Szenario zu drehen wäre. Auch Fred Hoyle datiert die Sintflut in die Zeit um −7.500. Es ist bemerkenswert, dass Toll-

---

[151] Das äthiopische Buch Henoch

[152] 1993

mann und Hoyle unabhängig voneinander zu dieser These gekommen sind. Die Tollmanns schildern den Ablauf des Sintflut-Impacts in seinen verschiedenen Phasen und Wirkungen:

Der Komet, der schon in Trümmer aufgelöst war, ist zunächst als bewegter Sternhaufen mit Schweif erschienen, zuletzt hat er heranstürmenden grellen Sonnen geglichen. Die Menschen der Steinzeit haben diese kosmische Katastrophe in allen ihren Phasen und Vernichtungskräften beobachtet und erlitten: aus der peruanischen Mythologie weiß man zu Beispiel, dass die dortige Urbevölkerung den fernen Schwarm der dicht versammelten Kometentrümmer als einen seltsamen beweglichen Sternhaufen ausgemacht hatte. In den alten heiligen Büchern der Inder wird dann über eine flammende Formation feuriger Sonnen berichtet, die sich anschicken, auf die Erde zu stürzen; die Legenden im Nahen und Mittleren Osten oder auch in Westasien berichten über drei deutlich voneinander trennbare Impact-Ereignisse, was darauf schließen lässt, dass das Chaos solcher speziellen Apokalypsen den Blick auf die globale Gesamtheit von sieben Impacts verstellte. Henoch, der in einer späteren Phase dann die heranrasenden Fragmente als sieben brennende Berge beschrieben hat, wurde schon erwähnt. Aber vom Süden her, so heißt es im Zend Awista der zoroastrischen Parsen, stieg ein feuriger Drache auf; alles wurde durch ihn verwüstet, der Tag verwandelte sich in Nacht, die Sterne schwanden, der Tierkreis war vom dem ungeheuren Schweif bedeckt. Dazu passen die Schilderungen im Pahlewi-Text des altpersischen Buches Bundahish, dass am Ende eines der Weltalter der böse Geist (Ahriman[153]) in die Gestirne (fuhr). Er füllte ein Drittel der Innenseite des Himmels aus, und er sprang wie eine Schlange vom Himmel auf die Erde herab ... am Mittag kam er daher gesaust ... der Himmel war erschüttert und erschreckt ... wie eine Fliege sauste er auf die Schöpfung los, versehrte die Welt und machte sie auf den Mittag dunkel, als wäre es finstere Nacht. Und schädliches Getier wurde von ihm über die Erde ausgestreut, stechend und giftig, als da sind Schlangen, Skorpione, Frösche und Eidechsen, so dass auch nicht so viel wie eine Nadelspitze von diesem schädlichen Getier frei blieb ... die Planeten mit zahlreichen Dämonen stürmten gegen das Himmelsgewölbe und verwirrten die Gestirne. Die gesamte Schöpfung war so entstellt, als ob Feuer jeden Ort versengte, und Rauch stieg darüber auf.

Diese alten Sagen lassen keinen Zweifel daran, dass es ein Komet war, kein Asteroid, der die globale Sintflut gebracht hat. Altpersische Weltuntergangs-Prophezeiungen, sie sind vielleicht als Reminiszenzen an den Sintflut-Impact zu interpretieren, nennen den Unglückskometen *Muspar*. Es passt ins Bild, wenn dieses Wort in der nordgermanischen Edda in *Muspel*[154] seine indoeuropäische Entsprechung findet. Muspel zieht einen Schweif hinter sich her wie ein Schwert, heller glänzend als die Sonne; das Schwert ist das Echo auf das heilige Buch *Mahapralaja* der alten Inder, das vom Gott *Wischnu* berichtet, der mit seinem *Säbel* gleich einem leuchtenden Schweif-

---

[153] der altpersische Ur-Satan

[154] Feuerriese bei Ragnarök

stern ... *alles Unreine auf der Erde ausrotten wird.* Die Sintflut als Ventil des Götterzorns ist ein roter Faden in der Impact-Mythologie dieser Breiten, von Indien reicht er über Mesopotamien hin zum Gelobten Land. Der altindische *Weda-Schaster* verkündet den Gott *Rudra*, der am Schluss des vierten Weltalters ... *einen Schweifstern unter dem Mond hinwälzen (wird), der alle Dinge in Feuer setzen und die Welt in Asche verbrennen wird.* Das *Bagawedam* vervollständigt das Szenario mit der Vorhersage, dass am Ende von hundert großen Götterjahren eine allgemeine große Zerstörung kommen werde, bei welcher sich die Sonne und der Mond verdunkeln, dicke Finsternis die Weltkugel bedecken, und die bewohnte Erde sich in den Wassern eines fürchterlichen Regens auflösen werde. Die Welt steckt voller Legenden dieser Art: im alten Griechenland berichtet man von *Typhon*, einem drachenähnlichen Ungeheuer, dessen Mutter ihn von Geburt an zum Kampf gegen Zeus und die Olympier bestimmt hatte; mit dem Göttervater lieferte er sich dann auch erbitterte Kämpfe, bis ihm Zeus schließlich auf Sizilien den Todesstoß geben und ihm den Ätna überstülpen konnte – die dröhnenden Schreie und der Feueratem des sterbenden Riesen dringen bis in unsere Tage aus diesem Vulkan; *Ein furchtbarer Komet,* so berichtet Plinius über Typhon, *wurde damals von den Völkern Äthiopiens und Ägyptens beobachtet, dem Typhon, der König seiner Zeit, den Namen gab;* (Typhon) *war von feuriger Erscheinung und gewunden wie eine Spirale, und er war sehr grimmig anzuschauen; er war nicht so sehr ein Stern als vielmehr etwas, was man vielleicht als eine feurige Kugel bezeichnen könnte*; nach Hesiod hatte Typhon *hundert Drachenköpfe und eine Donnerstimme* – in griechischen Kunstwerken wird das Ungeheuer allgemein mit Flügeln und einem aus zwei Schlangen gewundenen Leib dargestellt; andere Autoren des frühen Altertums beschreiben Typhon als *eine ungeheure Kugel aus Feuer, die sich langsam auf einer Bahn nahe der Sonne* (bewegte) ... *er war nicht von feuriger, sondern blutiger Röte; er rief entsetzliche Zerstörungen beim Aufgehen und Untergehen hervor*; Servius fügt hinzu, dass Typhon *viele Plagen, Übel und Hunger* mit sich gebracht habe. In Mexiko heißt Typhon *Quetzal-cohuatl.* Quetzal-cohuatl sei als schlangenförmiger Himmelskörper erschienen, so ist in mexikanischen Handschriften zu lesen, er sei mit Federn[155] geschmückt gewesen und habe die Sonne angegriffen. Danach habe die Sonne vier Tage nicht mehr scheinen wollen, und eine Unzahl von Menschen sei durch Hunger und Seuchen umgekommen. Bezeichnend ist, dass Quetzal-cohuatl Erscheinen mit einer Sintflut in Zusammenhang gebracht wird, die die Erde heimgesucht hat.

Jede einzelne Phase des Impact-Dramas findet seinen eigenen mythologischen Spiegel. Aus solchen Legenden, aber eben auch aus parallelen geologischen Belegen, vervollständigt sich das spannende, spektakuläre Bild von den kosmischen Ursachen der Sintflut: die sieben großen Kometentrümmer

---

[155] Synonym für Flammen

sind, rund um die Erde verstreut, ohne Ausnahme in die Weltmeere gekracht - dies kann nicht wundern, weil 71 Prozent der Erde von Ozeanen bedeckt ist. Auf dem Festland sind nur Trümmer geringerer Größe niedergegangen – solche Impacts sind in *Köfels* im österreichischen Ötztal anzunehmen, aber auch in Polen, Texas oder Labrador wahrscheinlich. Die gewaltigen ozeanischen Impacts sind wie folgt zu lokalisieren: im Nord- und Mittelabschnitt des Atlantiks ist jeweils ein brennender Berg eingeschlagen, einer im westlichen Zentrum des Indischen Ozeans, die übrigen vier im Pazifik und seinen Randmeeren (westlich von Guatemala und Feuerland, Südchinesisches Meer, Tasmansee). Vor seiner Aufspaltung hat der Sintflutkomet etliche Kilometer durchmessen, was auch im erdgeschichtlichen Maßstab eine respektable Größe bedeutet. Die Mythologie kostümiert dieses kosmische Ereignis gern in handfeste Sinnbilder: die Mehrzahl der asiatischen Legenden spricht vom feurigen Drachen, wenn sie den stürzenden Kometen meint; in anderen Regionen, in den amerikanischen zum Beispiel, melanesischen, australischen und in manchen vorderasiatischen, wird von der unheilvollen Schlange erzählt, die vom Himmel auf die Erde herabstößt; solche Optiken sind in sich schlüssig: die verschiedenen Strömungen in den unteren Luftschichten dürften den Schweif des Kometen, nachdem dessen Trümmer aufgeschlagen waren, am Himmel in flammenden Wogen gekrümmt und verzerrt haben; es wundert nicht, wenn solche kosmischen Ungeheuerlichkeiten, die sich nach den Impacts noch etliche Zeit vom Himmel zur Erde herabwälzten, zu giftflammenden Drachen und feuerspeienden Schlangen stilisiert worden sind, deren Schreckensbilder bis heute als monströse Symbole des Unheils und der Menschenvernichtung gegenwärtig und medienwirksam blieben. Es ist die himmlische Rebellion *Luzifers*, des *Satans* also, gegen den allmächtigen Gott, der das Licht ist und die Sonne: der teuflische Engel fällt in einem Heer funkelnder Sterne auf die Erde, die er zur flammenden Hölle macht und wo er zum Herrn der Finsternis mutiert, zum apokalyptischen Fürsten einer schwarzen Nach-Impact-Nacht, zum Bösen an sich. Und die Menschen der Steinzeit, die paar, die überlebt haben, sehen das Entsetzliche geschehen, erleiden den Sieg des dunklen Bösen über das helle Gute; Luzifer, der Feuerdrache, Satan, die Schlange - er herrscht, Gott scheint besiegt. Aber die Sonne, die in den Staubwolken der Impacts verschwunden war, kehrt wieder – und so siegt das Gute über das Böse, Gott über Satan, das kosmische Gleichgewicht über das Impact-Chaos. Die feuerländischen *Yámana* auf der amerikanischen Südspitze nennen ihren speziellen Impactor *Tarnuwa-Lem*, die *alte böse Sonne*, die durch ihren Impact den Ozean sieden ließ, das Festland versengte und die Stämme auslöschte - die Legenden um den heranrasenden Feuerball, worin sich die einzelnen Trümmergiganten hüllen, sind Legion. Das besondere Augenmerk der jeweiligen Biosphäre richtete sich naturgemäß nur auf jene spezielle böse Sonne, deren Impact ihrer Region bestimmt war.

Die uralten Erzählungen dieser zermalmten Generation sprechen weltweit die gleiche Sprache.

Jede dieser Detonationen dürfte gigantisch gewesen sein, so fürchterlich, dass man den infernalischen Donner Kontinent weit vernommen hat. Dann sei das Meer mit unsäglichem Lärm über das Festland hereingebrochen, so erzählen die Indianer Perus. An Land hat der Impactor einen trichterförmigen Krater gerissen, im Meer ein trichterförmiges Loch – dies ist dann durch das rückströmende Wasser nicht nur ausgeglichen, sondern mit einem turmhohen Wasserberg bedeckt worden.

Zigtausend Kubikkilometer Materie flogen bei solchen Impacts in die Luft, mindestens das Hundertfache der Masse, die die Projektile selbst gehabt haben; Hunderte von Kilometern weit ist das nicht verdampfte Material der getroffenen Kruste in glühendem Zustand verschleudert worden – das feinere Material aus der Kruste und der obersten Schicht des Erdmantels ist zu Dampf und Staub zermalmt und bis zu hundert Kilometer hoch in die Atmosphäre geblasen worden, wobei Geschwindigkeiten von 5 bis 10 Kilometern in der Sekunde (18 bis 36.000 Stundenkilometer) erreicht wurden; ein Teil dieses Auswurfs hat sogar die Entweichgeschwindigkeit von 11,2 Kilometern in der Sekunde (40.320 Stundenkilometer) übertroffen, weshalb beträchtliche Mengen von Erdmaterie bei diesen Impacts ins All verschwunden sind.

Wir kennen etliche Mythen, die über die ozeanischen Impacts als solche berichten, die präzisesten schildern den Einschlag im Indischen Ozean und den im Südchinesischen Meer. Die Detailtreue der chinesischen Überlieferungen beeindruckt: Das beim Impact verdampfte Gestein und Meerwasser sei wie eine gigantische Keule zum Himmel geschleudert worden, und die peripheren, nicht verdampften Wassermassen wie ein Ring feuriger Todeszungen schräg seitlich in die Höhe geschossen – man hätte, so die steinzeitlichen Augenzeugen, den Boden des Ozeans sehen können. Und es ist nicht so, dass solche chinesischen Impact-Legenden für sich allein stehen: Speziell in Vietnam war man schon Anfang der dreißiger Jahre auf Tektite gestoßen, über deren junges Alter die Fachleute staunten. *E. P. Izokh*, ein russischer Forscher, hat sich um die Erforschung dieses jungen Tektitregens verdient gemacht, dessen junges Alter heute in der offiziellen Landesgeologie anerkannt und mit rund zehntausend Jahren eingestuft ist; zusätzlich hat man im tektitführenden Löß Anreicherungen mit Iridium, Ruthenium, Osmium, Rhodium und Palladium festgestellt. Es ist also so, dass die Legenden vom Impact im südchinesischen Meer heute ihre geologische Bestätigung gefunden haben. Der Flutmythos der alten Chinesen überliefert das durchaus realistische Bild eines ozeanischen Impacts: geschildert wird der tulpenförmige Auswurf[156] unverdampften Wassers, wie er durch Hochgeschwindigkeitsexperimente in amerikanischen Labors, in exakt dieser Tulpenform, erst in unseren Tagen simuliert werden konnte[157]. Solche Simulationen zeigten eine Detonationsgarbe, die sich rasch von einer Gasscheibe über eine Gaskugel zu einer etliche zehn Kilometer hohen Fontäne verformt – dieser Prozess vollendet sich in etwa einer Minute; der für Atomdetonationen typische Pilz entsteht nicht, weil solche kosmischen Impacts eine höhere Sprengkraft entfesseln, als es rund eine halbe Gigatonne herkömmlichen Sprengstoffs (TNT) täte – jenseits dieser Grenze bilden sich keine Ringstrukturen mehr.

Ein biblisches Bild dieser Impact-Fontäne finden wir in der Posaunen-Vision der Offenbarung des Johannes, wo sie umschrieben wird mit dem Aufbrechen des Brunnens des Abgrundes. Es ist bezeichnend, wie fern uns heute solche infernalischen Wirklichkeiten sind, Schreckensbilder, die noch vor ein paar hundert Jahren gegenwärtig waren und in selbstverständlichem Realismus ins Bild gesetzt wurden: Lukas Cranach zum Beispiel lässt in seinen Brunnen des Abgrunds einen Stern fallen, was eine wallende Fontäne erzeugt, die zum Himmel steigt und das Sonnen-Antlitz einhüllt – und das Böse kriecht aus dem Brunnen, Heuschrecken sind sein Sinnbild mit Skorpionstacheln, deren Gift die Menschen getötet hat, die um den Brunnen liegen. In dieser Illustration wird eine Serie typischer Impact-Szenarien dargestellt, wobei Glaube und Naturwissenschaft zur eindrucksvollen Einheit verschmelzen.

Keine Frage, solch ein kosmischer Treffer hat eine apokalyptische Kette in Gang gesetzt: ein Weltbeben zum Beispiel, so gewaltig, dass es die üblichen Erdbeben um ein Hundertfaches übertraf; die Strukturen der Landflächen sind dadurch nicht nur zerstört, sondern durch Hebungen und Senkungen der Erdkruste umfassend verändert worden - Bergzüge sind zusammengestürzt, oder ganze Inseln in den Ozeanen verschwunden; schlafende Vulkane sind geweckt worden und haben Lava und Asche gespuckt.

Alsdann schlug zum Verderben für die Himmelsgegenden ein Ring von Feuer empor, so steht es in der altindischen Flutsage der *Ksemendra*, *wie eine Menge von Zungen des Todesgottes aussehend und wie der Aufgang von zwölf Sonnen leuchtend. Als der Erdkreis von einer Anzahl fürchterlicher Sonnen versengt war, wurde die Reihe der Welten samt Beweglichem und Unbeweglichem sofort zu Asche.* In der Tat: Spezielle Bio-Killer waren die Hitzeorkane. Von den Impact-Zentren aus haben sie sich verbreitet, mehrere hundert Grad Celsius heiß – sie sind mit Geschwindigkeiten von etwa 1.200 Stundenkilometern konzentrisch über

---

[156] Rund 40 Grad Neigung

[157] D. Roddy, 1988

Kontinente und Meere gelaufen. Wälder wurden umgelegt und verbrannt, Gewässer aus ihren Betten getrieben und ausgetrocknet, Bäume, Felsen, Tiere, Menschen wirbelte es durch die Luft, und nur ein Chaos blieb dort, wo der Hitzeorkan gewütet hatte. Folge dieser thermischen Strahlung, der herumfliegenden glühenden Trümmer der Impactors und ihrer Auswürfe ist ein schnell folgender Weltbrand gewesen, der seine Zentren in Schmelzöfen von über 1.500° Celsius verwandelte. Die alte Sanskrit-Überlieferung verhüllt solche traumatischen Menschheitserinnerungen in den düsteren Mantel göttlicher Vorhersage: *Am Ende der Yuga[158]*, so orakelt das altindische *Mahabharata[159]* vom Weltuntergang, *wird das untermeerische Feuer hervorbrechen, während die giftige Flamme aus dem Mund von Samkarsana lodern wird ... und das Feuer aus dem dritten Auge auf der Stirn von Mahadewa schießen wird. So entzündet, wird die Welt vernichtet ... Dann werden die sieben unbarmherzigen Strahlen der Sonne, die den kleinen Wesen Verderben bereiten, brennende Holzkohle regnen lassen.* Da sind sie, die sieben bösen Sonnen, die gewaltigen glühenden Bruchklötze des stürzenden Kometen, die wie Luzifer und seine gefallenen Engel über die Erde kamen.

Inzwischen haben Wissenschaftler vom *Naval Research Laboratory* in Washington eine neue Variante der Weltbrand-Theorie entwickelt: der Impact habe riesige Mengen an brennbarem Methangas freigesetzt, ein Gas, das bei Zersetzungsprozessen von Pflanzen entsteht und vermutlich in tief liegenden Erdschichten eingeschlossen ist; die Fachleute gehen davon aus, dass solche freigebombten Gasblasen durch Blitzschläge gezündet worden sind; riesige Feuerwände, hoch wie Berge, seien auf diese Weise in den Himmel geflammt und hätten sich dann über den ganzen Erdball fortgefressen.

Bei den westsibirischen *Wogulen* wird überliefert, schon tagelang vorher habe man das Brausen, Rauschen und Krachen des herankommenden *Sintbrandes* vernehmen können. Besonders feurig geschmückt ist die Sage vom Phaeton aus dem antiken Griechenland, worin die böse Sonne in einem grandiosen Götterpanorama die Apokalypse vollstreckt: Phaeton[160] war der Sohn des *Helios*, des Gottes, der täglich den Sonnenwagen lenkt. Phaeton wollte es dem Vater gleichtun, und Helios mochte dem Sohn, trotz aller Bedenken, das Verlangen nicht abschlagen. Zur Morgenröte nahm Phaeton im Sonnenwagen Platz und begann die Fahrt über den Himmel. Doch seine Kraft reichte nicht, die vier geflügelten Wagenpferde zu halten. Die Fahrt endete im Desaster: die Erde, die es zu wärmen galt, wurde in Flammen

---

[158] Weltperiode

[159] -5. Jahrhundert

[160] Der Lodernde

gehüllt und verbrannt; Phaetons Strafe war der Blitzstrahl des Göttervaters Zeus, der ihm vom Wagen schleuderte. Die ausführlichste und bekannteste Darstellung dieser Legende verdanken wir dem Römer *Ovid*[161], der alte griechische Schriften und mythosgrafische Handbücher benutzte. Und so berichtet der Dichter: Der Sonnenwagen sei nicht mehr derselben Bahn gefolgt wie zuvor. Die Rosse seien durchgegangen und ziellos dahingerast, sie seien an die tief in den Himmel gesetzten Sterne gestoßen und hätten den Wagen durch unerforschte Bahnen geschleudert. Das alles hätte ein gigantisches Feuer-Inferno über die Erde gebracht.

Die Erde geht in Flammen auf, schildert Ovid, *die höchsten Gipfel zuerst, tiefe Risse springen auf, und alle Feuchtigkeit versiegt. Die Wiesen verbrennen zu weißer Asche. Die Bäume werden mitsamt ihren Blättern versengt, und das reife Korn nährt selbst die es verzehrende Flamme ... Große Städte gehen unter mitsamt ihren Mauern, und die gewaltige Feuersbrunst verwandelt ganze Völker in Asche ... Die Wälder mitsamt den Bergen stehen in Flammen ... der Ätna brennt lichterloh ... selbst der Kaukasus brennt ... die himmelhoch ragenden Alpen und der wolkengekrönte Appenin.* Phaeton sieht die Erde in Flammen stehen: *Völlig eingehüllt in den dichten heißen Rauch, kann er nicht länger Asche und Funkenwirbel ertragen. In dieser pechschwarzen Finsternis sieht er nicht mehr, wo er ist und wohin er treibt. Damals war es, wie die Menschen glauben, dass die Völker Äthiopiens dunkelhäutig wurden, da durch die Hitze das Blut an die Körperoberfläche gezogen wurde ... Damals war es auch, dass Libyen zur Wüste wurde, denn die Hitze trocknete die Feuchtigkeit auf ... Die Wasser des Don dampften. Der Euphrat in Babylonien brannte. Ganges, Phasis, Donau und Alpeus siedeten. Die Ufer des Spercheos standen in Flammen. Der goldene Sand des Tejo schmolz unter der Hitze ... der Nil zog sich in Furcht und Schrecken bis an das Ende der Erde zurück ... Die sieben Mündungen lagen leer, mit Sand gefüllt – sieben breite Rinnen, allesamt ohne Wasser. Dasselbe Unheil trocknete die Flüsse Traziens aus, den Hebrus und den Strymon, desgleichen die Flüsse des Westens, Rhein, Rhône, Po und Tiber ... große Risse gähnten allenthalben, selbst das Meer schrumpfte zusammen, und was eben noch eine weitgedehnte Wasserfläche gewesen war, war eine trockene Sandebene. Berggipfel, die bisher das tiefe Meer bedeckt hatte, reckten sich empor und vermehrten so die Zahl der Zykladen ... wenn wir dem Hörensagen glauben sollen, so verging ein ganzer Tag ohne die Sonne ... aber die brennende Welt gab Licht.*

Aufschlussreich ist die Bemerkung des ägyptischen Priesters Sonchis über die uralte Phaeton-Sage, die schon *Solon*[162] überliefert hat: *Sie klingt zwar wie eine Fabel, aber sie hat einen wahren Kern, weil nämlich damals eine Abweichung der am Himmel um die Erde kreisenden Gestirne stattfand, und eine Vernichtung des auf der Erde Befindlichen durch mächtiges Feuer erfolgte.*

---

[161] -43 bis 13

[162] -640 bis -559

Zum Wort Sintflut passt die Vision vom Wasserinferno, das der Impact auslöste – wir kommen jetzt auf diesen mythologischen Kern zurück: in den Ozeanen wurden ungeheure Flutwellen aufgeworfen, deren Höhe am Einschlagzentrum der dortigen Tiefe des Ozeans entsprach – etliche tausend Meter waren solche Wogen hoch, wenn sie sich auf den Weg machten; die Wasserberge verminderten sich zwar mit wachsender Entfernung vom Zentrum, verzehnfachten sie aber wieder beim Auftreffen auf die Inseln und Kontinente, weil das nachfolgende Wasser nachdrängte. Im Volkstum und in den Mythen ist diese globale Flutkatastrophe ein unerschöpfliches Reservoir.

Im US-Staat Nord Dakota am Missouri lebte der mächtige indianische Stamm der *Mandan*. Über ihr spektakuläres Folter-Ritual *o-kee-pa* wissen wir heute noch so gut Bescheid, weil es der Indianer-Forscher und Maler *George Catlin* aus Philadelphia in den dreißiger Jahres der 19. Jahrhunderts beschrieben und illustriert hat. Junge Krieger pendeln in der Medizinhütte an Lederriemen, die ihnen an Brust oder Rücken durchs Fleisch getrieben und mit Holzpflöcken befestigt sind. Ihre Füße hat man auf gleiche Weise durchbohrt und Bisonschädel daran gehängt, man zieht daran und stößt die Opferkrieger mit Speeren. Die Gefolterten hängen lange vom Hüttendach. Wenn sie die Sinne verlieren, lässt man sie herab. Sie müssen sich zu einem Maskenmann schleppen, der ihnen einen Finger abhackt. Draußen erwartet sie der Marterlauf durch die Arena, worum sich Menschentrauben drängen. Die Taumelnden schleppen die Bisonschädel hinter sich her, und diese springen über Steine, verfangen sich im Gras, bis sich die Lederriemen aus dem Fleisch der Beine reißen. Diejenige, die durchzuhalten und die Schmerzen zu ertragen vermögen, werden als Gotteskrieger betrachtet. Ein gnadenloses Ritual, das Sinnbild einer gnadenlosen Sintflut ist: das o-kee-pa sollte die Wassergötter versöhnen - die Mandan glaubten, diese würden sonst immer wieder die Erde ertränken.

Mit *Teehooltsodii*, dem Großen Wasserwesen, hatten es die mythologischen Vorfahren des Indianerstammes der *Navajo* zu tun, die südlich des mittleren Colorado im US-Staat Arizona leben:

Ma'ii, der listige Coyote, hatte die zwei kleinen Wasserkinder des Großen Wasserwesens geraubt und zu den Navajo verschleppt: Am Morgen des vierten Tages, als das weiße Licht des Morgendämmerung an der Wand des östlichen Himmels emporklomm, bemerkten die Leute ein seltsames weißes Glitzern am Horizont. Sie sandten deshalb ihre Heuschreckenkuriere aus, um zu erkunden, was dort geschah. Bevor es dunkelte, kehrten die Heuschrecken zurück und berichteten den Leuten, dass von Osten her eine riesige Wasserwoge heranbrauste ... manche schrien, manche weinten. Einige versuchten wegzulaufen, kamen aber bald zurück, als sie erkannten, dass sie nirgendwohin flüchten konnten. Denn auch von Westen her kam eine hohe Flutwelle. Und Wasser kam jetzt auch von Süden und ebenso von Norden her. Manche Leute rannten kopflos davon und wurden nie mehr gesehen. Die übrigen jammerten und klagten oder redeten miteinander. Keiner von ihnen schlief in jener Nacht, so sehr fürchteten sie sich, so ist gesagt. Auch ist gesagt, dass am nächsten Morgen das weiße Licht der Dämmerung im Osten wie an den vergangenen Tagen aufging. Doch diesmal ging es mit einem stetigen Getöse auf, das zuerst fern klang und dann lauter wurde. Und dann sahen die Leute, wie das Wasser, am Horizont ringsum zu Bergen aufgetürmt, sie einschloss ... Nur im Westen war eine kleine Öffnung in der Flutwelle. Doch sie war zu schmal, dass sie alle hätten entkommen können ... Nun fürchteten die Leute sich mehr als je zuvor. Denn das Wasser war weiterhin auf sie zugestürzt, von Osten und von Westen her, von Norden und von Süden her. Sie alle glaubten, ihr Ende sei nah ... Da erschienen plötzlich zwei Männer auf dem Hügel, auf dem die Leute standen, so ist gesagt. Auch ist gesagt, dass einer der beiden Männer, die plötzlich erschienen, alt und grauhaarig gewesen sei. Der andere, der dem Älteren vorausging, war jung und geschmeidig. Sein Haar glänzte, und Lichtstrahlen funkelten aus seinen Augen ... Dann holte der Alte sieben Beutel aus seinem Umhang hervor und öffnete sie. Jeder enthielt ein wenig Erde. Diese Erde verkündete er dann, stamme von den heiligen Bergen, die die Grenzen der vierten Welt markieren. Darauf sprachen einige der Leute Worte wie diese: ‚Ah, vielleicht kann doch noch etwas getan werden', sprach einer. ‚Vielleicht kann unser Großvater uns helfen', sagte ein anderer. ‚Vielleicht finden wir eine andere Welt, in der wir leben können', sagte noch ein anderer. Worauf der Alte erwiderte: ‚Ich selbst kann nicht mehr tun ... aber vielleicht kann mein Sohn euch helfen.' Worauf die Leute den jungen Mann mit dem glänzenden Haar und den funkelnden Augen anflehten, etwas zu tun. Und dies nun sagte er zu ihnen: ‚Ja, ich kann etwas tun, euch zu helfen ... Doch ihr dürft mich nicht anschauen, bevor ich euch rufe. Und ihr dürft mir keine Fragen stellen. Niemand darf mir bei meinem Werk zusehen. Und niemand darf wissen, was ich getan habe und wie ich es getan habe' ... Sie traten von der Stelle fort, an der sie standen. Sie wandten sich alle nach Westen. Keiner sah ihn an. Und niemand stellte ihm eine Frage. Nach einer Weile rief er sie alle wieder an die Stelle zurück, wo sie zuvor gestanden hatten. Als sie hinzutraten sahen sie, dass er die Heilige Erde auf dem Boden ausgebreitet hatte. Und sie sahen, dass er darin zweiunddreißig Schilfpflanzen gesetzt hatte, von denen jede zweiunddreißig Knoten besaß. Sie sahen die Schilfpflanzen an, und während sie nachschauten, schlugen sie Wurzeln im Boden, und die Wurzeln drangen rasch in die Tiefe. Und im nächsten Augenblick vereinigten sich alle zweiunddreißig und bildeten einen mächtigen Stängel, der an seiner Ostseite eine Öffnung besaß, so ist gesagt. Auch ist gesagt, dass der junge Mann den Leuten gebot, durch die Öffnung in das Schilfrohr zu steigen. Als sie alle sicher im Inneren angelangt waren, verschwand die Öffnung. Und keinen Augenblick zu früh, den sie hatte sich kaum geschlossen, als die Leute draußen schon das furchtbare Tosen des heranbrausenden Wassers hörten ... Das Wasser stieg schnell. Doch das Schilf wuchs schneller ... Und weiter wuchs das Schilf ... Als es zu dunkeln begann, war das Schilf geradewegs bis hinauf zum Scheitel des Himmels gewachsen ... Und endlich in Sicherheit, kletterten sie durch das Loch auf die Oberfläche dieser fünften Welt, so ist gesagt ... Am fünften Tag in dieser neuen Welt ging einer der Leute noch einmal auf die Insel zurück, wo sie alle an die Oberfläche gelangt waren. Er ging zu dem Loch, durch das die Leute aus der über-

schwemmten vierten Welt entkommen waren. Und als er hineinschaute, sah er darin das Wasser wallen und schäumen. Er bemerkte, dass es stetig stieg. Es stand schon fast bis zum Rand ... Sofort liefen die Leute hinüber zur Insel und warfen (die geraubten Wasserkinder des Großen Wasserwesens) *in das Loch, aus dem sie aufgestiegen waren. Und im Nu hörten die Wasser darin auf zu wallen und zu wogen. Mit ohrenbetäubendem Getöse wurden die Wasserkinder in die Tiefere Welt zurückgesaugt.*

Zurück zur Impact-Realität: Die Detonationen blies Staub-, und der Weltbrand Rußmassen in die höheren Luftschichten; dort verteilte der Wind dann eine kompakte Dunkelschicht, die das Sonnenlicht abschirmte; so kam es zur kontinuierlich anhaltenden Impact-Nacht; beim Sintflut-Impact habe diese eine runde Woche gedauert, bis sie wieder ausgeregnet wurde (beim Saurier-Impact am Ende der Kreidezeit - vor 65 Millionen Jahren also – sogar ein halbes Jahr). Diese Impact-Nacht führte zu einer Temperaturminderung auf der Erde; in hohen Breiten und Gebirgslagen hatte dies einen Impact-Winter zur Folge, der einige Jahre mit Permafrost daherkam.

Die Impacts in den Ozeanen haben Unmengen an Wasser verdunsten lassen; diese kühlten sich in den höheren Luftschichten ab und gingen als ergiebige Sturzregen nieder, oft mit massivem Hagelschlag und zentnergroßen Körnern; durch die Luftreibung kam es sogar zu kochendem Flutregen.

Die massige Produktion von Treibhausgasen hat eine Warmklimaperiode (Erwärmung um rund 4,5° Celsius in unseren Breiten) als Folgeeffekt gebracht, die etwa vier Jahrtausende andauerte; durch die parallele Überdüngung mit Blutregen (Salpetersäure) und Asche explodierte die Vegetation.

Es ist zu einer gigantischen Umweltvergiftung gekommen; sie wurde verschärft durch überproduzierte Radioaktivität wegen höherer C^{14}-Bildung, aber auch wegen einem Mehr an harter Sonnenstrahlung, weil die Ozonschicht abgebaut war – dies alles wirkte sich verheerend auf das Leben aus, wobei besonders Neugeborene von Missbildungen[163] betroffen waren. In diesem Zusammenhang gibt es interessante Nebenwirkungen, wenn die Masse und kosmische Geschwindigkeit der Impactoren zunehmen: Die Detonationsstärke steigert sich dramatisch, sodass immer mehr von der Atmosphäre, die halbkugelig über dem Impact-Punkt gelegen hat, ins All katapultiert wird; sind solche Projektile entsprechend groß, werden sogar die beim Impact entstandenen, sauren Regen produzierenden Gase ins All geblasen, ebenso die beim Einschlag verdampfte Materie des Himmelskörpers – die schädlichen Wirkungen des sauren Regens nehmen also mit zunehmender Masse der Impactors ab; die amerikanischen Astronomen *A. M. Vickery* und *H. J. Melosh*[164] haben wie folgt berechnet: Ein Impact-Asteroid

---

[163] Deformierte Halbkörper und Zyklopen in allen Kontinenten

[164] Universität von Arizona

vom rund einem Kilometer Durchmesser bläst rund ein Prozent der genannten Fluchtstoffe ins All, durchmisst der Asteroid 150 Kilometer (bei Kometen 50 Kilometer), sind es schon hundert Prozent.

Das Steinheimer Becken (Luftaufnahme, Google Earth)

Das Nördlinger Ries (Luftaufnahme, Stadt Nördlingen)

DESASTER IM NÖRDLINGER RIES

Auf den Felsen der Alb sonnten sich damals Echsen, und die dürre Erde war rissig und pulvertrocken. Wie eine Schlange wand sich die Ur-*Wörnitz* durch das feuchte Tal, dichtes Grün wuchs bis an ihre Ufer, Ahorn und Zypressen warfen Schatten, das Wasser war träge und dunkel unter den hängenden Zweigen. Die lichten Flächen waren das Revier von tausend Pelikanen, und zur Tränke hin, dorthin, wo eben die *Hauer-Elefanten* und *Kurzfuß-Nashörner* das flache Ufer zertrampelt hatten, zogen die gepanzerten Augenwülste der getauchten Krokodile Streifen: Wo die Riesenschildkröte hinter dem Totholz verschwand, tasteten sich immer neue Herden von Antilopen ins Schlammwasser der Tränke. Damals, vor rund fünfzehn Millionen Jahren etwa, mag man es im schwäbischen *Nördlinger Ries* so angetroffen haben – Fossilfunde belegen das, auch, dass dort die Januar-Mitteltemperatur um zehn Grad höher lag als heute, sogar höher als die heutige Jahres-Mitteltemperatur.

In diese tropische Idylle krachte damals der Hammer aus dem All. Das Detonations-Inferno und seine Glut-Apokalypse löschten auf einer Fläche von etwa hundert Kilometer Radius um den Aufschlagpunkt jegliches Leben aus. Das *Nördlinger Ries* liegt in Bayern, und hinter seinem harmlosen Landschaftsnamen steckt, wie wir wissen, einer der größten der uns bekannten echten Meteoritenkrater. Der schwäbische Kessel hat einen Durchmesser von rund fünfundzwanzig Kilometern – seismologische Forschungen darin haben gezeigt, dass sich unter einer 35-Meter-Schicht von Post-Impact-Ablagerungen ein unterirdischer Krater verbirgt. Bei einem Durchmesser von etwa zehn Kilometern ist er nicht weniger als tausend Meter tief. Er ist angefüllt mit zerschmettertem, zusammengebackenem und zum Teil geschmolzenem Gestein - es ist locker geschichtet und bedingt eine gewisse Depression des Schwerefeldes im Vergleich zum umliegenden Gelände. Dieser Abfall markiert einen Massenverlust im Krater, der zwischen 30 und 60 Milliarden Tonnen liegt – immerhin müssen beim Impact runde fünfzehn Kubikkilometer Gestein herausgeschleudert worden sein.

Rein theoretisch könnten drei verschiedene Einschlagkörper einen Impact-Krater vom Typ Nördlinger Ries geschlagen haben: Sowohl ein Steinmeteorit (Durchmesser 915 Meter) ist denkbar, ein Eisenmeteorit (660 Meter), oder auch ein Kometenkern (1.485 Meter). Nun hat man 1973 in einer Forschungsbohrung im Kristallin (600 bis 620 Meter) etliche dünne Metalläderchen gefunden, deren chemische Zusammensetzung an ein steinmeteoritsches Impact-Projektil denken lässt. Die Fachleute gehen deshalb von einer hohen Wahrscheinlichkeit aus, dass es wirklich ein solcher Steinriese war. Seinen Durchmesser schätzen sie auf rund tausend Meter. Durch die Atmosphäre kaum gebremst, stürzte er auf das Grenzgebiet zwischen Schwäbischer und Fränkischer Alb, seine Geschwindigkeit mag ungefähr bis zu siebzig Kilometern pro Sekunde gelegen haben, und die Energie, die letztlich freigesetzt wurde, ist mit der Sprengkraft von 250.000 Hiroshima-Atombomben zu vergleichen. Man muss wissen: Ein auftreffender Asteroid mit diesem Durchmesser und dieser Geschwindigkeit hat im Gestein einen Bremsweg von knapp tausend Metern.

Ein solcher Fallklotz ist etwa sechshundert mal schneller als der Schall - wenn er vom Himmel stürzt, hören die Opfer keinen Laut. Ein blendendes Licht sehen sie, ein unbegreiflich riesiges und helles Gluten vielleicht - ganz kurz nur, weil ihre Biosphäre in Sekundenbruchteilen verdampft – die Luft zwischen dem stürzenden Koloss und dem irdischen Treffpunkt wird maßlos komprimiert, erhitzt und entflammt. Die Sirene und das Getöse eines solchen Sturzes ist die Stimme Luzifers, infernalisch und böse wie der Satan selbst: Ihn hören nur solche Wesen, die weit ab sind und vielleicht mit dem Leben davonkommen – der Höllenlärm mischt sich mit dem Krachen des Impacts, dem Glutsturm der thermischen Strahlung, der orkanischen Druckwelle, dem Brüllen, Schütteln der Erde, dem Pfeifen, Kreischen fliegender Steine.

Das Projektil im Ries brauchte zwischen 20 Hundertstel bis eine zehntel Sekunde, um zu verdampfen und mit seinen Druckwellen die Erdkruste bis in eine Tiefe von einem Kilometer einzuschlagen und durchzurütteln. In dieser winzigen Spanne wurden der Himmelskörper und das Erdgestein auf ein Viertel ihres ursprünglichen Rauminhalts zusammengepresst: Dieser Kraftakt entfesselte Drücke von mindestens vier Millionen Atmosphären und Hitzetemperaturen von bis zu 30.000 Grad. In diesem Sekundenbruchteil der gewaltigen Kompression wurde das Ries zum höllischen Jet-Strahl: Verdampftes und geschmolzenes Oberflächengestein schoss aus dem Treffkreis, feste und aufgeschmolzene Steinmassen aus der Tiefe folgten und wurden am Rand der blitzartig anwachsenden Krater-Hohlform ausgespuckt. Die Fachleute schätzen, dass dieser Impact bis zu drei Kubikkilometer Gestein verdampfen ließ. Ein Pilz aus Gas, Glut und Staub schoss aus den brüllenden Steinen und stieg bis in die Stratosphäre, runde dreißig Kilometer hoch – man geht davon aus, dass etwa fünf Kubikkilometer Granitschmelze aus dem tiefen Grundgebirge heraussprang, in den Himmel schoss und diesen Pilz nährte. Es brauchte maximal dreißig Sekunden, bis der Krater ausgewachsen war – insgesamt etwa hundertfünfzig Kubikkilometer Gestein hatte der Meteoritenfall im Ries versetzt beziehungsweise verschleudert. Eine winzige Zeitspanne lang durchmaß der Primärkrater fünfzehn Kilometer bei einer Tiefe von etwa vier Kilometern; dann rutschten am Kraterrand Gesteinsschollen nach innen und bäumte sich der Kraterboden, weil dort nach der Druckentlastung kristalline Gesteinsmassen quasi nach oben flossen – im Ergebnis verflachte der Krater auf ein Kilometer Tiefe. Man muss es sich vorstellen: Die mechanischen Auswirkungen dieses Impacts sind, das haben geophysikalische oder geologische Krater-Forschungen ergeben, bis in eine Tiefe von sieben Kilometern nachzuweisen. Das aber war es dann schon: Alle schnelle Bewegungen und Umwälzungen der Katastrophe waren in wenigen Augenblicken abgeschlossen. Nun konnte sich die Evolution mit ihrem unerschöpflichen Millionenpotential daranmachen, die frische Sternwunde im Ries unkenntlich zu schleifen und zu verpacken.

Es ist aufschlussreich, die Phasen der Kraterbildung näher anzuschauen. Dort, wo es zum Impact kam, sah die tertiäre Alb geologisch wie folgt aus: Die Oberfläche war sandig, sie gehörte zu einem Deckgebirge, das von Sandstein, Ton, Mergel und Kalk geprägt[165] und etwa sechshundert Meter mächtig war. Darunter lag der kristalline Grundgebirgssockel aus Granit und Gneis. Der Himmelskörper hatte die Erdkruste noch gar nicht berührt, da war schon die Hölle los. Tausendstel Sekunden vor dem Impact wurde die Luft zwischen dem stürzenden Meteoriten und der tertiären Oberfläche extrem zusammengepresst und erhitzt. Ein Druckausgleich in dieser Phase konnte nur zur Seite erfolgen - bei solchen apokalyptischen Druckverhältnissen wurde eine obere dünne Schicht der Landoberfläche geschmolzen, skalpiert und fortgerissen. Es waren die tonigen Sande, die geschmolzen und fortgeschleudert wurden, sie erreichten eine Fluggeschwindigkeit, die der des Meteoriten nicht nachstand. Während ihres weiten Fluges erstarrten sie und mutierten schließlich zu den sogenannten *Moldaviten*, jenen typischen Impact-Gläsern[166], die bis in das Moldaugebiet der heutigen Tschechischen Republik gelangten; unterwegs wirkten die Kräfte der Reibungshitze - die flaschengrünen Glaskörper zerplatzten und reduzierten ihre ursprüngliche Eurostück-Größe in den Ein-Zentimeter-Bereich. Es ist noch gar nicht lange her, bis man die Moldavite in Böhmen und Mähren zweifelsfrei mit dem Ries-Impact in Verbindung bringen konnte. Auch war es mühsam, die Entstehung solcher Tektite zu klären – es gelang schließlich durch Versuchsreihen mit hochbeschleunigten Projektilen, physikalischen Alterbestimmungs-Methoden und chemischen Analysen.

In der Aufschlag- und Eindringphase schickte der Meteorit überschallschnelle Wogen einer kugelschalenförmigen Druckfront ins Gestein und wurde selbst von gegenläufigen Druckwellen durchlaufen – die Fachleute kennen verschiedene Wellen der Druckentfaltung, sie nennen das *Progressive Stoßwellen-Metamorphose*. Mit ihr begann der Hauptauswurf an zerstörtem, geschmolzenem oder verdampften Gestein. Das tertiäre Deckgebirge wurde fortgesprengt, seine sedimentären Gesteine waren zertrümmert und heraus-

---

[165] Sedimente der Trias und des Jura

[166] Tektite

geschleudert. Diesem Hauptauswurf ging die detonationsartige Verdampfung von Meteorit und Gestein voraus – das war Millisekunden nach dem Aufschlag, als der Himmelskörper und das umgebende Gestein so stark gepresst waren, dass es zu einer übermächtigen Druck-Entlastung kam. Im Handumdrehen entstand der schüsselförmige, tiefe Primärkrater. Es ist nicht so einfach, das Detonations-Geschehen von Sekundenbruchteilen in seinen Phasen zu unterscheiden. Doch die Fachleute haben dieses Rätsel gelöst und eine Stoßwellen-Metamorphose in sechs Ebenen schematisiert:

- Ganz tief unten im kristallinen Grundgebirge ist die schwächste Ebene, die *elastische Deformation*,
- darüber die *plastische Deformation*,
- dann die *Druckumwandlung*,
- darüber die *Teilschmelze*,
- dann die *Kraterschmelze*,
- und schließlich die stärkste Ebene der *Stein-Verdampfung*.

Niemand hat einen Impact wie den im Ries überlebt, um Zeugnis abzulegen über die Kraterbildung. Man fragt sich also, wie die Fachleute zu diesem Detailwissen kommen. Eine gewisse Rolle spielen die Tests von Kernwaffen, deren Mega-Wirkungen etliche Gemeinsamkeiten mit denen kosmischer Kollisionen haben. Doch haben im Wesentlichen NASA-Simulationen, die künstliche Krater erzeugten, geholfen, die chemisch/physikalischen Vorgänge bei realen Karambolagen besser zu verstehen. So nahm man ein Aluminium-Kügelchen als Impact-Körper, das ein Gramm wog, und schoss es mit einer Leichtgas-Kanone auf eine Sandtorte; das Mikroprojektil schlug mit einer Geschwindigkeit von 23.000 Stundenkilometern in die verschieden gefärbten Sandschichten, die man übereinander geschichtet hatte. Erzeugt wurde ein Krater von dreißig Zentimetern Durchmesser, und es wurden 1,5 Kilogramm Sand herausgeschleudert oder im Untergrund komprimiert. Im Kontaktbereich zwischen Projektil und Sand wurden Druckwerte von 400.000 Atmosphären und Temperaturen von 2.500 Grad Celsius gemessen. In dieser Miniatur-Hölle wurden das gesamte Projektil und ein Teil des Sandes aufgeschmolzen – diese Schmelze fiel in größeren, flüssigen Fetzen überwiegend in den Krater zurück.

Im Nördlinger Ries gilt unser Augenmerk dem sogenannten *Hauptauswurf*, einer Phase, die nach weniger als zwei Sekunden begann. Zunächst wurde jüngeres Gestein herausgeschleudert, dann älteres – auf diese Weise kam es dazu, dass das ausgeworfene Gestein draußen entgegengesetzt zur ursprünglichen Schichtung zu liegen kam. Solche Trümmermassen wurden im Winkel von rund 45 Grad ballistisch ausgeworfen. Beim Auftreffen auf die Landoberfläche schürften sie noch erhebliche Mengen des dortigen lokalen Materials auf und vermengten sich. So entstanden die sogenannten *Bunten Trümmermassen*, die das gesamte Vorland des Ries überdeckten: Zu ihnen zählt insbesondere die *Bunte Brekzie*. Sie ist ein typischer Trümmerstein und enthält keine Schmelzprodukte, was sie deutlich von den Moldaviten unterscheidet, und stammt aus dem Sedimentgestein des Deckgebirges. Aber auch die tiefen Kristallingesteine gehören zum Hauptauswurf: Der berühmte *Schwabenstein* zählt zu dieser Kategorie, ein Gesteinstyp, den die Fachleute *Suevit* nennen. In seiner typischsten Form zeigt er sich als grauer Stein mit integrierten dunklen Schmelzfetzen, die der Schwabe *Flädle* nennt - ein steinernes Schmelzprodukt des Grundgebirges, auf das die immensen Druckwellen des Impact ja erst in der letzten Phase, nach rund sechshundert Metern Höllenfahrt, getroffen waren. Den Suevit gibt es als *Auswurf-* wie als *Rückfall-Suevit* – solche Rückfaller bilden im zentralen Kraterbereich eine vierhundert Meter mächtige Beckenfüllung. Die Zeitstaffel zwischen Bunten Brekzien und Sueviten ist augenfällig: Überall in der Umgebung des Kraters fand man den Suevit *über* der Bunten Brekzie gelagert.

Es ist interessant, sich die Verbreitung der ausgeworfenen Massen anzusehen. Gerade im Fall des Nördlinger Ries sind die Verhältnisse für solche Untersuchungen vergleichsweise günstig. Dort lassen sich die Auswurfmassen in mehrere Zonen untergliedern, die im Kraterzentrum[167] ihren Anfang nehmen. Zu den riesnahen Trümmergesteinen zählt man jene in einem ungefähren Vierzig-Kilometer-Kreis: Da ist erstens der *Krater-Suevit*, der größtenteils aus Steinen des Grundgebirges besteht und null bis fünf Kilometer vom Kraterzentrum abgelagert ist; zweitens dann der *innere Ring* aus größeren Blöcken des kristallinen Grundgebirges mit einem Verbreitungsradius von fünf bis sechs Kilometern – er umgrenzt den zentralen tieferen Primärkrater; als dritte ist die *Megablockzone* zu nennen – sie baut sich aus Bunter Brekzie und großen Blöcken aller Formationen des Untergrundes auf, ihr Radius liegt zwischen sechs bis zwölf Kilometern; dann erst kommt viertens der *Kraterrand*, der von anstehendem Deckgestein überlagert ist – der Kraterrand hat einen Verbreitungsradius von elf bis zwölf Kilometern; fünftens haben wir dann die geschlossene *Auswurfdecke* mit einem Verbreitungsradius von zwölf bis über vierzig Kilometern, die aus Bunter Brekzie und größeren Gesteinsschollen der bunten Trümmermassen besteht. Jetzt zu den riesfernen Auswürflingen: Da gibt es sechstens die sogenannten *Reuterschen Blöcke*, kopf- bis tischgroße Weiß-Jura-Kalkblöcke, die es bis zu siebzig Kilometer weit vertrieben hat; und siebentens die *Moldavite* eben, die bis zu vierhundert Kilometer weit geblasen worden sind.

So hat der Impact im Nördlinger Ries seine ganz individuellen und doch allgemeintypischen Fährten gezogen, und noch nach fünfzehn Millionen

---

[167] Kilometer Null

Jahren hat man diesem kosmischen Crash in vielen Details auf die Spur kommen können. fünfzehn Millionen Jahre – wie kommt es zu dieser Altersangabe? Es waren die Gesteinsgläser im Schwabenstein[168] selbst, die zur exakten Zeitanalyse verhalfen: Das Element *Kalium* ist Teil des Feldspats *Orthoklas*, dieser wiederum Teil des *Granits*; Granit hat sich vor rund 300 Millionen Jahren gebildet; seitdem ist ein bestimmter Teil des im Element Kalium enthaltenen Isotops gleichen Namens in das Edelgas-Isotop *Argon* zerfallen; Nun hat aber der Impact Teile des Granits aufschmelzen und glasartig erstarren lassen, Relikte dieses Vorgangs sind die Flädle im Suevit - bei dieser Schmelze entwichen die Edelgas-Isotope Argon, was die Kalium/Argon-Uhr wieder auf Null stellte; es ist kein Problem, die Menge des seit der Aufschmelzung neu entstandenen Edelgas-Isotop Argon zu bestimmen und so das Impact-Ereignis zu datieren; dieser Wert liegt heute bei fünfzehn[169] Millionen Jahren.

Es bleibt nachzutragen, dass jener rätselhafte Himmelskörper, der das Nördlinger Ries aushämmerte, damals nicht allein über die schwäbische Region gekommen ist. Es gibt einen zweiten, kleineren, der ungefähr vierzig Kilometer südwestlich des Nördlinger Ries zeitgleich einen zweiten Krater geschlagen hat. Dieser Ort heißt *Steinheimer Becken*[170]. Immerhin: Dieser Krater durchmisst 3,4 Kilometer, und sein heutiger Beckenboden liegt bis zu zweihundert Meter tief in der umgebenden Albhochfläche[171]. Er gehört zu den komplexen Kratern mit Zentralerhebung, die sich bis zu 55 Meter über dem Beckenboden erhebt. Der Asteroid, dies können wir annehmen, dürfte damals im Schwerkraftfeld der Erde zerbrochen sein, und sein größerer Teil (Durchmesser 1.200 Meter) das Nördlinger Ries, sein kleinerer (80 Meter) das Steinheimer Becken herausgestanzt haben – es gibt auch Fachleute, die die Möglichkeit nicht ausschließen, dass die beiden Krater einem Kometen zuzuschreiben sind, der zwei Kerne hatte. Die hohen Drücke wirkten sich im Steinheimer Becken nur in geologischen Zonen mit Weißjura-Kalken aus; so entstanden keine Silikatschmelzen[172] wie im Ries. Auch im Steinheimer Becken hat die Stoßwelle das Gestein extrem komprimiert – weil es nach seiner Entlastung zurückfederte, baute sich die genannte zentrale Erhebung[173] auf. Geologische Zeugen des Impacts im Steinheimer Becken sind die sogenannten *Primären Becken-Brekzien*. Aber

---

[168] Suevit

[169] Plusminus 0,1 Millionen

[170] http://www.steinheimer-becken.de/steinheimer_becken_startseite.html

[171] 640 Meter über NN

[172] Suevit

auch Stoßwellen-Effekte in Sandstein-Quarzen oder im Kalkstein fallen aus dem Rahmen – besonders typisch sind die kegelförmigen *Shatter-Cone-Bildungen* aus Kalkstein, deren Flächen strahlenförmige Riefen zeigen und einen Durchmesser von dreißig Zentimetern haben können.

[173] Klosterberg-Steinhirt

Asteroid Ida mit seinem Mond Dactyl (NASA-Foto)

FLASCHENGRÜNE PFEILE

Ab sechshundert Atmosphären Druck wird alle Materie aufgeschmolzen und mutiert zu schlierigem Glas, ab einer Million verdampft jedes Gestein. Quarz zum Beispiel verwandelt sich schon bei einem Druck von etwa dreißigtausend Atmosphären in *Coesit*, bei neunzigtausend Atmosphären in *Stishovit*. *Coesit* und *Stishovit* sind sogenannte Hochdruck-Modifikationen des Quarzes. Solche Veränderungen in den Mineralien, man könnte sie weiter differenzieren, werden Stoßwelleneffekte genannt. Solche Stoßwelleneffekte sind der Beweis für ungeheuren dynamischen Druck. Er kann nicht bei weniger dynamischen geologischen Prozessen entstehen und wirken, zum Beispiel nicht bei der Gebirgsbildung oder beim Vulkanismus. Hochdruck-Modifikationen wie *Coesit* und *Stishovit* sind aber im Zuge von Wirkungsanalysen bei Kerndetonationen bekannt geworden, und, das soll hier mehr interessieren, bei gesicherten Meteoriten-Impacts.

Coesit und *Stishovit* sind, wie man heute weiß, Deformationen des Minerals Quarz, die man vornehmlich nur dort findet, wo der Hammer aus dem All zugeschlagen hat. Es waren die amerikanischen Wissenschaftler *Eugene M. Shoemaker* und *Edward C. T. Chao*, die *Coesit* und später *Stishovit* in den Steinen des *Nördlinger-Ries*-Kraters nachwiesen[174]. Seitdem gewann diese Sternwunde in Bayern weltweit exemplarische Bedeutung für die Erforschung von Impacts, ihren Wirkungen und ihren Kratern. 1970 besuchten die Astronauten des amerikanischen Mondlande-Unternehmens *Apollo 14* das Ries. Sie absolvierten dort ein geologisches *Field-Training*, um am Beispiel irdischer Post-Impact-Gesteinsproben die Suche und Bestimmung von vergleichbarem Mondgestein zu lernen. Das Interesse der NASA an diesem schwäbischen Krater ist dokumentiert: Im Rieskrater-Museum *Nördlingen* in einer Panzerglas-Vitrine steht als Dauerleihgabe eine Impact-*Brekzie*, die aus der Kraterlandschaft der *Descartes*-Region des südlichen Mondhochlandes stammt; diese Gesteinsprobe wurde vom Astronauten *Charles Duke* während der Mond-Mission *Apollo 16* geborgen[175]; in den NASA-Laboratorien hat man eine erstaunliche Ähnlichkeit dieses Mondsteins zum Schwabenstein festgestellt, dem *Suevit*; allerdings ist die Mond-*Brekzie* Produkt etlicher Impacts, während der *Suevit* nur einen Vater hat – auf der Rückseite des Mondsteins erkennt man viele Mikro-Meteoritenkrater, die den Einschlägen des kosmischen Staubes zuzuordnen sind. Es bietet sich an dieser Stelle an, die Sammlung von Indizien durchzusehen, mit der der Fachmann einen Impact und dessen Krater identifizieren kann. *Coesit* und *Stishovit* sind nicht

---

[174] 1960 - 1961

[175] 22. April 1972

die einzigen Zeugnisse einer Sternwunde - wie wir wissen, gibt es noch etliche andere Impact-typische Gesteine.

Da sind die *Tektiten*[176]: Sie sind, wir haben davon gehört, rätselhafte Objekte aus Stein - sie fielen zu unterschiedlichen Zeiten wie ein dichter Regen auf riesige Territorien, nicht nur, wie erwähnt, im *Australisch-Tasmanischen Bogen*. In Europa zum Beispiel sind zehntausende von ihnen auf tschechischem Boden gefunden worden, auf einer mit *Tektiten* gespickten Fläche von immerhin zehntausend Quadratkilometern, deren Form einer Ellipse nahe kommt. Dieser spezielle europäische *Tektiten*-Regen ist vor etwa fünfzehn Millionen Jahren über diese Region gekommen, in einer Zeit also, als ein massiger Meteorit den Krater des *Nördlinger Ries* aus der Schwäbischen Alp stanzte – zwischen diesem Boliden und den tschechischen *Tektiten* besteht ein ursächlicher Zusammenhang. Wie schon erörtert, wurden dort in der frühen Aufschlagphase zunächst die tonigen Sande geschmolzen und fortgeschleudert, die während ihres weiten Fluges erstarrten und schließlich zu den sogenannten *Moldaviten* mutierten, jenen typischen Impact-Gläsern, die bis in das Moldaugebiet der heutigen Tschechischen Republik gelangten; während ihres Fluges zerplatzten die flaschengrünen Glaskörper und reduzierten ihre ursprüngliche Ein-Euro-Größe zur Ein-Cent-Größe. Wir halten fest: *Tektite* sind glasige Schmelzsteine, oft kleine, kugelige Objekte, die man in Ablagerungen und Versteinerungen findet. Chemisch sind *Tektiten* mit normalem Felsgestein identisch, doch sind sie Fragmente, die durch die enorme Hitze geschmolzen und dann fortgeschleudert worden sind; während dieses Fluges sind sie schließlich erstarrt, haben aber die Tropfenform ihrer Schmelze bewahrt, als sie wieder runterfielen.

Sehr Impact-signifikant sind auch die *Brekzien*, etwa wie der für das australische *Sudbury* typische *Onaping*-Tuffstein. Das sind erst zertrümmerte und dann wieder zusammengebackene Gesteine – die Trümmer von *Sudbury* zum Beispiel setzen sich aus anstehendem Graniten und Glas zusammen, aufgeschmolzen und schnell erkaltet, ohne Mineralkalke ausbilden zu können – die *Onaping*-Tuffs gleichen wie Zwillinge dem Schmelzgestein, das letztlich in allen Meteoritenkratern der Welt gefunden wird. Solche *Brekzien* wurden beim Aufprall geformt, sie enthalten kleine Glaskugeln, weil sie mit geschmolzenem Glas bespritzt worden sind. Anders die *Bunte Brekzie* des *Nördlinger Ries*, die dort zum Hauptauswurf gehört und zu den Bunten Trümmermassen (Auswurfdecke) gezählt wird: Sie ist ein typischer Trümmerstein und enthält keine Schmelzprodukte, was sie deutlich von den Ries-*Moldaviten* und den *Sudbury-Brekzien* unterscheidet.

Im *Nördlinger Ries* fand man bekanntlich einen weiteren typischen Impact-Stein, den *Suevit*. Er zeigt sich, wie wir hörten, als grauer Stein mit integrier-

---

[176] **Fern-Ejekta**

ten dunklen Schmelzfetzen - ein steinernes Schmelzprodukt des Grundgebirges, auf das die immensen Druckwellen des Impact ja erst in der letzten Phase getroffen waren. Den *Suevit* gibt es als Auswurf- wie als Rückfall-*Suevit* – solche Rückfaller bilden im zentralen Kraterbereich des *Nördlinger Ries* immerhin eine vierhundert Meter mächtige Beckenfüllung. Die Zeitstaffel zwischen Bunten *Brekzien* und *Sueviten* ist augenfällig: Überall in der Umgebung des Kraters findet man den *Suevit* über der *Bunten Brekzie* abgelagert.

Marsmond Phobos (NASA-Foto)

VERRÄTERISCHE FORMATIONEN

Tiefbohrungen sind notwendig, wenn es darum geht, Krater zu erforschen. Im *Nördlinger Ries* bohrte man zwischen Kraterzentrum und Innerem Ringwall und kam zu folgenden Resultaten[177]: *Post-Impact-Ablagerungen* von 0 bis 256 Meter, *Suevit* von 256 bis 602 Meter, *Kristalliner Grund* von 602 bis 1206 Meter (Endtäufe).

Nicht nur Mineralien und Steine verraten uns, ob Himmelskörper auf die Erde gefallen sind. Ein wichtiges Indiz für Meteoritenkrater sind zum Beispiel negative Schwere-Anomalien. Solche Anomalien führen sich auf ein Massendefizit im Gesteins-Untergrund zurück. Gemessen werden solche Anomalien mit künstlich erzeugten Sprengungen in flachgründigen Bohrlöchern[178]. Bei diesem Verfahren werden Wellen von Unstetigkeitsflächen im Gesteinsverband unterschiedlich reflektiert, man kann damit Strukturänderungen in der Beschaffenheit des Untergrundes lokalisieren, was Rückschlüsse über Art und Ablagerung der Gesteine zulässt. Im *Wilkesland* gelang es festzustellen, dass solche Befunde zum einen durch eine Senke innerhalb des Kraters zu erklären sind, zum zweiten durch das beim Impact zertrümmerte Gestein.

Auch *geoelektrische* Messungen sind hilfreich. Weil die Leitfähigkeit der Gesteine unterschiedlich ist, kann man recht genau die Mächtigkeit von Stein-Ablagerungen messen. Am Beispiel des Ries-Kraters: Elektrischer Strom wird in den *Post-Impact-Sedimenten* 10 bis 15 mal, im darunter liegenden *Suevit* 2 bis 10 mal besser geleitet als im *kristallinen Granitgrund* – auf diese Weise konnte eine Maximal-Mächtigkeit der *Post-Impact-Sedimente* von rund vierhundert Metern ermittelt werden.

Für den Fachmann ist die *Suevit*-Schicht eine überaus verräterische Formation: Der Schwabenstein enthält das ferromagnetische Mineral *Magnetit*, ein Mineral, das entweder in den Ausgangssteinen schon vorhanden gewesen ist oder sich neu gebildet hat; wird es in eine bestimmte Temperatur gekühlt, regelt *Magnetit* sein Magnetfeld so ein wie in der Zeit vor dem Impact. Unter dem Strich steht, dass vor diesem Ereignis das Erdmagnetfeld im Vergleich zum heutigen entgegengesetzt war.

---

[177] 1973

[178] Spreng-Seismik

Der Komet Churyomow-Gerasimenko (ESA-Foto)

GRAPHITKOHLE

Die riesigen Massen des aufsteigenden Rauches und des Impact-Staubes reflektierten jene thermische Strahlung, die man als Weltenbrand bezeichnen möchte. Beim Saurier-Impact vor fünfundsechzig Millionen Jahren wurde dieses wilde Feuer schlagartig entfacht, so schnell, dass die beim Aufprall des Boliden fortgeschleuderten Auswürflinge noch nicht wieder zur Erde zurückstürzen konnten. Dieses Phänomen ist nachweisbar: der Ruß des Weltenbrandes tritt nämlich bereits in den untersten drei Millimetern des Saurier-Grenztons auf, während die Schicht der Ejekta erst darüber folgt. Es ist noch gar nicht so lange her, dass man dem Weltenbrand auf die Spuren kam: 1984 fanden die amerikanischen Geologen R. H. *Tschudy* und C. L. *Pillmore* vom Geologischen Dienst Denver jene Brandreste im Grenzton des *Raton-Beckens*, Colorado, die die Wechselwirkung von Impact und Weltenbrand belegten. Interessant ist, dass schon knapp dreißig Jahre früher der Paläontologe M. W. *de Laubenfels* von der Universität Oregon einen Weltenbrand an der Kreide-Tertiär-Grenze vermutet hatte, ohne dies beweisen zu können; *Laubenfels* hielt, und das ist ebenso bezeichnend wie scharfsinnig, einen Meteoriten-Impact für den Urheber dieses Feuer-Infernos.

Nun gibt es Zweifler, die solche Brandreste im Grenzton des Raton-Beckens als regionales Großfeuer abtun, deren Ursachen weder global noch kosmisch sein müssen. Das stimmt aber nicht: schon 1985 wiesen die Wissenschaftlerin *Wendy S. Wolbach* und ihr Team vom Enrico-Fermi-Institut in Chicago nach, dass es ein echter Weltenbrand gewesen ist, der die Zäsur zwischen Kreide und Tertiär markiert hat – sie erfassten nämlich zeitparallele Rußschichten im Grenzton Dänemarks, Spaniens und Neuseelands. Heute sind weitere solcher Brandspuren weltweit belegt, allein fünf Fundstellen sind in Europa verzeichnet, eine besonders ergiebige auch im mittelasiatischen Turkmenistan. Nun kann niemand hoffen, solche Rußspuren überall auf der Erde zu finden; ihre Verbreitung ist recht unterschiedlich, weil sie davon abhängt, wo und wie viel Schmutzregen seinerzeit niedergegangen ist. Das Extrem jedenfalls dürfte das Profil des *Woodside Creek* in Neuseeland sein: dort zeigt sich der Anteil an elementarem Kohlenstoff auf das 210fache des Normalwertes erhöht, der Anteil an Ruß auf das 360fache. Gerade diese neuseeländische Grenztonschicht ist besonders gut als solche identifiziert: sie hat den höchsten bekannten *Iridium*-Niederschlag, nämlich das 1.400fache des Normwertes.

Bereits 1989 lagen chemische Analysen jener Stoffe vor, die bei solchen Bränden entstanden und an der Ruß-Oberfläche absorbiert worden sind: vor allem enthalten sie polyaromatische Kohlenwasserstoffverbindungen, die nur von frischer Biomasse stammen können – so wies man unter anderem *Retene* nach, Kohlenwasserstoffe, wie sie bei der Verbrennung von Nadelhölzern entstehen; nicht etwa nur Erdöl- oder Kohlelagerstätten sind damals beim Impact getroffen und gezündet worden, es waren in erster Linie Wälder, Bäume, Büsche, Gräser, Moose.

Auch Holzkohle hat man in den weltweiten Grenztonschichten gefunden, hoch angereichertes Material, Holzkohle, die mit den schmutzigen Qualmwolken des Weltenbrandes in die Atmosphäre hochgetragen und mit den Windströmungen überall hin geweht worden war.

Fachleute, die sich mit fossilen Pflanzen befassen, haben kompetente Antworten auf Fragen über den Weltenbrand parat. Von solchen Paläobotanikern wissen wir, dass sich genau an der Kreide-Tertiär-Grenze die Flora in ihrer Zusammensetzung mit einem Schlag verändert hat. Konkret: die Samenpflanzen, wie zum Beispiel Laub und Nadelhölzer, nehmen drastisch ab, dafür vermehren sich die Farne um ein Vielfaches. Die Farne waren also jene Pionierpflanzen, die sich die verdorrten und verbrannten Ödflächen zurückeroberten.

Wissenschaftler haben die gefundenen Brandreste hochgerechnet und kamen auf siebzig Milliarden Tonnen Kohlenstoff. Nimmt man aber die durchschnittliche globale Bio-Masse von 20 kg/m^2 als Bezugsgröße, wie man sie von den heutigen Wäldern kennt, so ist die errechnete Kohlenstoff-Menge höher, als es die für die Kreidezeit unterstellte Bio-Masse hergäbe. Das mag an der Tatsache liegen, dass seinerzeit der Sauerstoffanteil der Luft bei dreißig Prozent (heute zwanzig Prozent) lag und die Verbrennung wesentlich effizienter verlaufen sein dürfte als es heute zu erwarten wäre – genau weiß man das aber nicht; auch mag es sein, nach *Stanley M. Cisowsky* von der kalifornischen Santa-Barbara-Universität, dass wahrscheinlich oberflächennahe Erdöl- und Kohlenlager den Weltenbrand mitgenährt haben. Trotz dieses verzwickten, letztlich ungelösten Rechenrätsels: die errechneten Unmengen lassen erkennen, wie gnadenlos und qualvoll diese Feuerwalze nahezu das gesamte organische Material der Erde vernichtet hat. Man darf sich keinen Flächenbrand vorstellen, der sich mit einer Stundengeschwindigkeit von fünf Stundenkilometern durch die Wälder der Erde frisst. Der Impact schickte vielmehr eine Feuerwand um den Planeten, tausende von Kilometern breit und allgegenwärtig, die als Hitzeorkan daherkam und alles Organische ansprang, in Sekunden röstete und zu Asche machte; er war ein Walze aus Flammen und glühendem Fallout, die viele Regionen der Erde gleichzeitig erreichte und durchglutete. Geht man davon aus, dass ein geborstener Himmelskörper seine gewaltigen Trümmer an verschiedenen Stellen aufschlagen lässt, kann man sich vorstellen, wie etliche Weltenbrände konzentrisch ihren Lauf nehmen, um schließlich ineinander zu fahren und das globale Unheil zu vollenden.

1,7 kg Eisen-Meteorit aus Alice Springs, Australien
[http:// www.de.wikipedia.org/wiki/Henbury_(Meteorit)]

Blick auf den Mars (NASA-Foto)

DAS AUSLÖSCHEN DER SAURIER

1980 war das erfolgreiche Jahr der Neo-Katastrophisten, wie wir hörten. *Luis Alvarez*, amerikanischer Nobelpreisträger für Physik, sein Sohn *Walter Alvarez*, Geologe, und die Co-Autoren *Frank Asaro* und *Helen V. Michel* veröffentlichten in der Fachzeitschrift *Science* vom 6. Juni einen Artikel, der den Fachleuten neue Augen für die Erd- und Artengeschichte gab: Die Autoren wiesen nach, dass das Aussterben der Saurier und Ammoniten am Ende der Kreideformation – ungefähr vor 65 Millionen Jahren also – auf den Impact eines wohl 10 Kilometer durchmessenden Projektils zurückzuführen ist. Unter Fachleuten und in der öffentlichen Meinung wiegen die Argumente eines Nobelpreisträgers schwer: Auch wenn die Alvarez-These bis dato heiß diskutiert wird, sitzt sie inzwischen fest in den Köpfen der Gelehrten. Am Ende der Kreidezeit mussten nach der Impact-Detonation unvorstellbare Mengen feinen Staubs in die Stratosphäre geblasen worden sein und sich wie ein finsterer Totenmantel um den Globus gelegt haben. Erdweit musste sich dieser Staub abgelagert haben, nachzuweisen durch die auffällige Häufung eines silberweißen und spröden Edelmetalls, das ebenso superhart wie selten ist und *Iridium* heißt – es wurde berichtet, wie ungleich häufiger Iridium in der Substanz von Asteroiden nachzuweisen ist als im Erdgestein. Und die Alvarez führten den Nachweis, dass in den Grenzschichten zwischen Kreide und Tertiär[179] ein verräterischer Überschuss dieses Meteoriten-Edelmetalls lagerte, und das an etlichen Orten der Erde.

Dieser 10-Kilometer-Klotz[180] mochte damals mit der kosmischen Geschwindigkeit von 20 Kilometern pro Sekunde[181] aufgeschlagen sein und eine Energie von 400 Trilliarden Joule freigesetzt haben, was einer Sprengkraft von 62 Millionen Megatonnen herkömmlichen Sprengstoffs (TNT) gleichkommt, eine unglaubliche Detonationswirkung also, welche die Hiroshima-Bombe fünf milliardenfach übertrifft.

Eine kosmische Geschwindigkeit verringert sich beim Sturzflug durch die Atmosphäre oder durch die Ozeanschichten nur wenig - alle Himmelskörper, die schwerer sind als hundert Tonnen, hämmern praktisch ungebremst durch die Atmosphäre. Beim Durchschlagen ihrer dichteren Schichten hatte der Asteroid in seiner Flugbahn hinter sich ein zylinderförmiges Vakuum gerissen, wo hinein atmosphärisches Gas gesogen wurde, das radial abwärts zur Erde schoss. Vor sich her trieb der Himmelskörper eine gewaltige Schockwelle, die mit ihrem Auftreffen vom Planeten zurückgeworfen wur-

---

[179] K-T

[180] Gewicht: Eine Billion Tonnen

[181] 72.000 Stundenkilometer

de. Solche Schockwellen pflanzten sich halbkugelförmig und blitzschnell vom Einschlagpunkt fort; sie trafen die umliegende Erde als erstes, noch bevor die riesigen Massen ausgeworfenen Oberflächengesteins heranflogen. Im Impact-Bereich herrschten Temperaturen von rund 100.000 Grad Celsius – ein Höllenofen also, worin der Asteroid und große Teile des Oberflächengesteins verdampften; ab einer Impact-Geschwindigkeit von 14 Sekundenkilometern, so sagen die Fachleute, verdampft jedes kosmische Projektil mit seinem Aufschlag. Die beschriebenen Schockwellen brauchen weniger als 18 Stunden, um den Erdball zu umrunden; sie rasten als Orkane um den Globus, die in ihrer Gewalt einmalig waren und sich erst allmählich abschwächten. Solche Schock- und Hitzewellen waren für lebendige Organismen in einem Radius von etwa tausend Kilometern der sichere Tod, man denke nur an den glühenden Fallout in diesem engeren Umkreis; die schottischen Astronomen *S. V. Cube* und *W. M. Napier* vermuten sogar, dass Luftdruckschocks dieser Dimension auch auf der anderen Hälfte der Erdkugel tödlich gewesen sind.

So groß dieser spezielle Impactor auch war - es ist nicht einfach, den Krater zu finden, den er geschlagen hat. Es ist auch sehr umstritten, dass es nur dieser eine war. Im Fallout hat man Materialien gefunden, die dem Ozeanboden zuzuordnen sind, sodass man auf einen Treffer im Meer tippen kann. Gleichwohl stieß man auch auf reichliche geschockte, zertrümmerte Quarze – Gestein also, das der kontinentalen Erdkruste zuzurechnen ist – was einen Impact auf dem Festland nahe legt. Die Fachleute gehen deshalb davon aus, dass der kosmische Bolide damals in mehreren Fragmenten niedergegangen ist, jeder einzelne groß genug, sein spezielles Inferno auszulösen. *Andrzej Pszczólkowski*, ein polnischer Geologe, war auf Kuba auf zahlreiche Trümmersteine gestoßen, die typische Produkte Impact-bedingter Naturgewalten sind und aus der Endkreidezeit stammen. Etliche weitere Funde dieser Art folgten auf den karibischen Inseln und im östlichen Mexiko. Solche Funde konsequent erforscht und gedeutet zu haben, ist den Amerikanern *Alan R. Hildebrand* (1988-92) und *Bruce F. Bohor* (1990) zu danken: Sie führen den Beweis, das der Saurierkiller seinen Hauptkrater am Nordwestrand von *Yucatan*[182] in Mexiko geschlagen hat, ein Krater von 180 Kilometern Durchmesser, der heute freilich verschüttet liegt und als solcher kaum mehr kenntlich ist. Im Kolumbianischen Becken in der Karibik wird ein weiterer Krater vermutet, ein submariner Zwilling des Yucatan-Kraters, und es gibt gute Gründe für die Annahme, dass auch der *Manson-Krater* in Iowa (32 Kilometer Durchmesser) zu dieser Impact-Gruppe aus der Endkreidezeit gehört. Das Alter des Manson-Kraters hat man ziemlich exakt mit 65 Millionen Jahren ermittelt, was dem Alter des Yucatan- und des

---

[182] Chicxulub

karibischen Kraters entspricht. Auch der *Kara-Krater* am Nordende des Urals wird von russischen Geologen in diese Gruppe eingeordnet; nach der Kalium-Argon-Methode ergibt sich ein Alter von 65,7 Millionen, nach der Spaltspurenmethode von etwa 66,5 Millionen Jahren; dieser Krater an der Kara-See mit seinen 120 Kilometern Durchmesser lässt einen riesigen Impactor vermuten.

Die Geologen *John F. McHone* und *Robert Dietz* von der Universität Arizona vertreten die These, in der Erdgeschichte sei es gar nicht so selten vorgekommen, dass ein ursprünglich zusammenhängender kosmischer Körper in gewaltige Fragmente auseinandergeht, die dann in zeitlichem und örtlichem Abstand auf die Erde schlagen. Der Endkreide-Impact-Serie rechnen diese Wissenschaftler runde zwölf Einzel-Impacts zu. Aus dieser Sicht wird überlegt, die Alvarez-These von einem kompakten Asteroiden zu revidieren und *E. M. Shoemaker* und *G. A. Inzett* zu folgen, die einen dichten Kometenschwarm annehmen, wie er beim nahen Vorbeiflug an der Sonne entstanden sein könnte. *H. Sigurdsson* von der Rhode-Island-Universität in den USA hat berechnet, dass dieser imaginäre Komet in seiner Ganzheit einen Durchmesser zwischen 15 und 20 Kilometern gehabt haben müsse.

Unter den erwähnten Kratern, schon von der Größe her, dürfte der Chicxulub der Haupttäter sein, der die Saurier oder Ammoniten auf dem Gewissen hat. Obwohl unter Ablagerungen verborgen, weiß man sehr genau, dass der Chicxulub einst ein Krater war: Geophysikalische Messungen belegen dies, vor allem aber auch die verräterischen Trümmersteine[183], Schmelzprodukte und geschockten Mineralkörner aus der Endkreide, die man aus der Tiefe herausgebohrt hat. Die riesige Chicxulub-Detonation hat in der ganzen weiten Karibik Spuren hinterlassen, davon wurde schon gesprochen: Auf der südlichen Halbinsel von Haiti, also am nördlichen Karibikrand, erreicht der sonst maximal nur wenige Zentimeter dicke Sediment-Niederschlag eine Schichtstärke von einem halben Meter, aufgeschüttet durch Auswürflinge des Chicxulub-Impacts. Die Feuerballschichten des großen Chicxulup-Knalls sind ebenso reich an Iridium wie an glasigen Schmelzen[184], und auf Kuba ist man auf Riesenblockschichten aus dem Ende der Kreidezeit gestoßen, die bis zu 350 Meter mächtig sind, und auf etwa 12 Meter große Blöcke, sowie rund hundert Meter lange Steinsplitter. Das Bezeichnende am Chicxulup-Impact war eine rund drei Kilometer dicke Dolomit-Anhydrit-Serie, die mit in die Luft geblasen wurde; solch ein Anhydrit-Lager ist extrem selten auf der Erde, nur 0,4 Prozent der Erdkruste bergen solche Gift-Raritäten; Anhydrit enthält reichlich Schwefel, der als Schwefeldioxidgas freikam und sich in der Atmosphäre mit den Schwaden

---

[183] Impact-Brekzien

[184] Tektiten

des verdampften Meeres zu Schwefelsäurewolken verband, die bald darauf rund 13 Billionen Tonnen Gift vom Himmel regnen ließen. Was für ein apokalyptischer Zufallstreffer, was für ein teuflisches Desaster für das Leben auf der Erde der Endkreidezeit!

Dieser Mega-Impact hat seinerzeit ein infernalisches Weltbeben ausgelöst. C. Clube und W. M. Napier vom Königlichen Observatorium Edinburgh haben ausgerechnet, dass sich rund ein Prozent der Impact-Energie in seismische Wellen umsetzen – so würde schon ein Projektil von hundert Milliarden Tonnen eine stärkere Bebenwirkung verursachen als die verheerendsten bekannten irdischen Beben[185] – der Chicxulub-Impact dürfte eine Magnitude auf der Richter-Skala von 12,5 ausgelöst haben, sagt man dem Impactor doch eine Masse von rund einer Billion Tonnen nach. In der Tat: Die gesamte Erdkruste wurde damals durchgeschüttelt, der Globus bebte und veränderte sich, Teile der Kruste brachen ein; solch ein gigantisches Weltbeben beschränkt sich nicht darauf, Berg- oder Felsstürze in den Gebirgen auszulösen; es verursacht vielmehr großräumige Veränderungen der Landschaften, weil in tektonisch aktiven, unter starken Spannungen stehenden Räumen die Schollen der Erdkruste kippen, sich aufbäumen oder gar brechen. Brüche und Überschiebungsflächen, die mobilen Krustenstrukturen der Erde also, bersten dann, sodass in Vulkanregionen gewaltige Lavaströme ins Freie schießen und von Horizont zu Horizont fließen. Dies trifft besonders auf das Mittelozeanische Grabenbruchsystem zu, das zu den Zugspannungszonen mit dünner Ozean-Kruste gehört – hier brechen dann ganze Züge des Mittelozeanischen Gebirgsrückens weg, was gewaltigen Mengen Lava den Weg ins Freie öffnet. Viele Forscher sind überzeugt, dass ein Impact wie dieser sogar die Drift der Kontinente verändert, ebenso die Richtungen der Magmaströme in etlichen hundert Kilometern Tiefe, vielleicht sogar bis 2.900 Kilometern Tiefe. Heute weiß man, dass der Endkreide-Impact zeitlich mit einem der gewaltigsten Basaltergüsse der Erdgeschichte zusammenfiel: Auf einer Fläche von etwa 500.000 Quadratkilometern staute sich am Indischen Schild ein Strom von rund einer Million Kubikkilometern Basalt[186] – dort war die Lava aus riesigen Spalten gequollen und füllte Schluchten, Täler und Seen, nicht träge strömend, sondern von Horizont zu Horizont eilend wie ein flammender Guss aus einem Höllenmaul. Solche Basaltströme sind erdgeschichtliche Seltenheiten, die charakteristischerweise mit verschiedenen spektakulären Umbrüchen der Erdgeschichte zusammenfallen. So wundert es nicht, wenn sie die Fachleute mit gewaltigen Impacts in Verbindung bringen. Basaltströme dieser Art finden

---

[185] Eine maximale Amplitude auf der Richter-Skala von 8,9

[186] Dekkan-Basalteruptionen

dort ihren Weg ins Freie, wo die sogenannten *Hot Spots*[187] im Erdmantel das Aufsteigen flüssiger, glühender Lava begünstigen. Man muss sich die Sache so vorstellen: Dem ungeheuren Druckaufbau beim Impact folgt, unmittelbar anschließend, eine Phase der Druckentlastung nach oben – offensichtlich ist es diese Entlastungsphase, die im Erdmantel fließende Magmaströme nach oben saugt und in riesigen Mengen austreten lässt; diese Wechselwirkung von Druckentlastung und Flutbasalt führen auch Mars und Mond vor Augen, wo sich dem Astronomen große Impact-Becken zeigen, die von basaltischem Vulkanmaterial eingefasst sind.

Denken wir an den submarinen Impact-Zwilling im pazifischen Kolumbianischen Becken: Er löste eine infernalische Sintflut aus; eine Flutwelle raste über die sterbende Welt, so gewaltig, dass sie noch 3.000 Meter vom Impact-Ort entfernt runde 700 Meter hoch war. In ihrem Beginn war diese entfesselte Woge so hoch, wie der Ozean an der Impact-Stelle tief war – diese Dimension dürfte in einer Größenordnung von vier bis fünf Kilometern gelegen haben, wobei die britischen Astronomen Napier und Clube sogar acht Kilometer für möglich halten. Wir müssen uns das folgende Szenario vorstellen: Eine Riesenmenge Wasser schießt im Impact-Bereich hoch und verdampft, der Ozean, der ihn umgibt, kocht in einem breiten Gürtel bis in die unterste Tiefe – erst weit davon entfernt kühlt sich die Karibik wieder ab. Aus diesem Inferno bäumt sich die Flutwelle in den Himmel, sie ist mit Gesteinstrümmern gesättigt. Zunächst klatscht sie zurück, um das innere Vakuum zu füllen, läuft dann aber zentrifugal nach außen fort, wobei sie eine Geschwindigkeit von rund 780 Stundenkilometern erreicht, also die Reisegeschwindigkeit eines Charter-Jets etwa. Natürlich wird diese gewaltige Wasserwand im Zuge ihres Laufes niedriger, aber die Werte, die man experimentell herausgefunden hat, sind dennoch beklemmend: In 5.000 Kilometer Entfernung vom Impact-Ort, so haben es *Donald E. Gault* und *Ch. Sonett*[188] berechnet, sei die Woge des Endkreide-Impact noch zirka hundert Meter hoch gewesen. Das dürfte aber nur auf hoher See gelten: Beim Auflaufen an den Küsten, so argumentiert der britische Geograph *Richard J. Huggett* (Manchester), verzehnfache sich die Höhe solcher Wogen – nicht mehr hundert Meter zum Beispiel, sondern tausend. Man stelle sich einmal die Steilküste von Helgoland vor, die immerhin 61 Meter hoch aus der Nordsee ragt; dort liefe ein entfesseltes Gebirge an Wasser auf, das etwa dem Panorama des Kahlen Astens (1.040 Meter hoch) und seiner benachbarten Bergwelt entspricht. Die Zerstörungskraft einer solchen gigantischen Flutwoge wird unvorstellbar sein - eine Springflut so ungeheuren Ausmaßes rast mit katastrophalen Folgen tief in die an den

---

[187] Heiße Flecken

[188] Tucson, Universität von Arizona

Ozean angrenzenden Kontinente hinein. Auch wird der submarine Impactor allein nicht der Erzeuger solcher Mega-*Tsunami*[189] geblieben sein; die Weltbeben, die der Treffer eines kompakten Projektils auslöst, werden ebenfalls schreckliche Tsunami losgetreten haben, die sich dann ihrerseits auf die Kontinente stürzten. Solche Flutwogen verheerten das Land nicht nur durch ihr Eindringen, das bleibt nachzutragen, sondern auch durch ihren Rückstrom. Heute ist man soweit, dass man Zeugnisse solcher Impact-Flutkatastrophen der Endkreidezeit vorweisen kann: Der genannte polnische Geologe Andrzej Pszczólkowski hatte schon 1985 über eine mächtige Riesenblock-Tsunami-Schicht auf Kuba berichtet; auch fand man die sogenannten Turbiditen, spezielle Sandablagerungen im Meeresboden, die sogenannten Trübefluten zuzurechnen sind. Besonders spektakulär aber sind Funde westlich von New York (New Jersey), deren Alter dem Endkreide-Impact entspricht: Die schon länger bekannte *Hornerston-Formation* entpuppte sich als Endkreide-Massengrab, eine Flutschicht gespickt mit Kadavern von Schildkröten, Mosasauriern (Meeresreptilien), Krokodilen oder Ammoniten; selbst Relikte von Vögeln waren enthalten, was den Schluss zulässt, dass die Hitzeschockwelle noch dreitausend Kilometer vom Impact-Treffpunkt entfernt die Vögel tot vom Himmel fallen ließ, wo sie dann die Flutströme zermahlten und verschütteten.

Verheerend war also auch die thermische Strahlung: Die Luft war gefüllt mit brennendem Fallout, der alles anzündete, was grün war. Die ganze Erde brannte – auch die Flächenbrände dieses Infernos lassen sich in den K-T-Grenztonschichten nachweisen, die Fachleute fanden dort Rußablagerungen, die das 360fache der Normwerte erreichen. Unmengen von Staub und Ruß wirbelten durch die Stratosphäre, ballten sich zu einer tintenschwarzen Wolkendecke, ließen für lange Monate, vielleicht auch für Jahre, weder Licht noch Wärme durch - NASA-Fachleute haben die Extrem-Temperaturen von damals berechnet: Die Quecksilbersäulen, hätte es diese denn in der Saurierzeit schon gegeben, waren auf lebensfeindliche Minus 200 Grad Celsius gestürzt. Spätestens in diesen langen und finsterkalten Nach-Impact-Zeiten ging das irdische Leben zu Grunde. *Der Impact vor 65 Millionen Jahren*, schreibt dazu *Eberhard Sens*, Wissenschaftsredakteur in Berlin, *war ein tiefer Einschnitt in der Evolution. Kein Tier von mehr als zwanzig Kilogramm Körpergewicht – im Wasser oder auf dem Land – hat ihn überlebt. Die Säugetiere, in der Nacht und in einer Nischenexistenz lebend, bekamen nun ihre Chance und begannen ihren Siegeszug bis zum Leser. Mit einem Schlag hatte die Geschichte des Lebens auf der Erde eine andere Richtung genommen. Auch wenn sich bei der Rekonstruktion dieser Umwälzung noch Veränderungen in Einzelheiten ergeben werden, das Modell der Abläufe ist stimmig. Ein erdumspannendes Ereignis hatte sich blitzartig*

---

[189] Japanisch: Große Woge im Hafen

zugetragen. Eine gewalttätige Zäsur, ein gewaltiger Wandel: vor ungefähr 65 Millionen Jahren, dies sei am Rande bemerkt, begann das großflächige Wachstum der Korallen, sie türmten sich schließlich zu einer ozeanischen Inselwelt, wie wir sie heute kennen – Früchte des Desasters, Kinder eines neuen Erdzeitalters.

So blitzartig solche Heimsuchungen vor rund fünfundsechzig Millionen Jahren über unseren Planeten kamen, und so wenig über ihren speziellen Schrecken berichtet ist, so deutlich ist das Bild über die zeitlichen Abläufe der einzelnen Phänomene, das sich die Fachleute heute machen: der Hitzesturm und die Todeswogen tobten ein paar Stunden, die Erhitzung durch die vielen Millionen Auswürflinge hielt etliche Tage an; der Weltenbrand loderte etliche Wochen und trug zu einer Finsternis bei, die Monate dauerte; jahrelang fiel saurer Regen und belasteten die Weltenbrandgifte[190] Atmosphäre und Böden; Jahre bis Jahrzehnte hielt sich die Kälte; ein bis mehrere Jahrzehnte lang drang die UV-Strahlung ungehindert durch die Atmosphäre, deren Ozonschicht zerstört war; die Erbschädigungen durch Mutagene wirkten durch Jahrhunderte; der Treibhauseffekt dominierte über Jahrtausende bis Jahrzehntausende, der aufgestörte Vulkanismus dürfte sich bis zu hunderttausend Jahre lang ausgetobt haben.

Welche Art Projektil hat damals die Erde mit so verheerender Wucht getroffen? Nun ist Ende der 1990er Jahre ein mutmaßliches Trümmerstück dieser Bombe gefunden worden – es steckte im Aushub einer Tiefsee-Bohrprobe aus dem Nordpazifik, immerhin 9.000 Kilometer westlich der Halbinsel Yucatan. Dieses Trümmerstück ist die erste heiße Spur eines Boliden, von dem bis dato niemand sagen konnte, ob er ein Stein-, Eisenmeteorit oder Kometenkern gewesen ist. *Frank T. Kyte*, so schreibt Bild der Wissenschaft[191], *hat nun wenige Millimeter große, in Lehm gebettete Fragmente in der Kreide-Tertiär-Grenzschicht auf dem Meeresgrund entdeckt.* Diese K-T-Schicht, die weltweit verbreitet ist, birgt auch andere Spuren des Meteoriteneinschlags, beispielsweise einst geschmolzenes Erdgestein und angereichertes Iridium. Kytes Analysen deuten darauf hin, dass die Splitter von einem kohligen Chondriten stammen. Solche kohlenstoffhaltigen Gesteinsbrocken sind im Weltraum relativ häufig. Mit Kytes Hypothese vereinbar sind die Messungen zweier Geochemiker von der Scripps Institution of Oceanography im kalifornischen La Jolla. Sie bestimmten den Gehalt an Chrom-53 in K-T-Sedimenten von Dänemark und Spanien. Das Isotop kommt hier bis zu 30mal häufiger vor als sonst im Erdboden und ist für kohlige Chondriten charakteristisch, nicht aber für andere Arten von Meteoriten. Allerdings könnte das Chrom auch aus einem Kometenkern stammen. Die Natur des Saurier-Killers ist also nicht restlos geklärt, doch die Spuren verdichten sich.

---

[190] Pyrotoxine

[191] 2/1999

Der Komet Halley (Foto: NASA)

Der Hoba-Meteorit, Namibia (Foto 1920 aus german.china.org.cn)

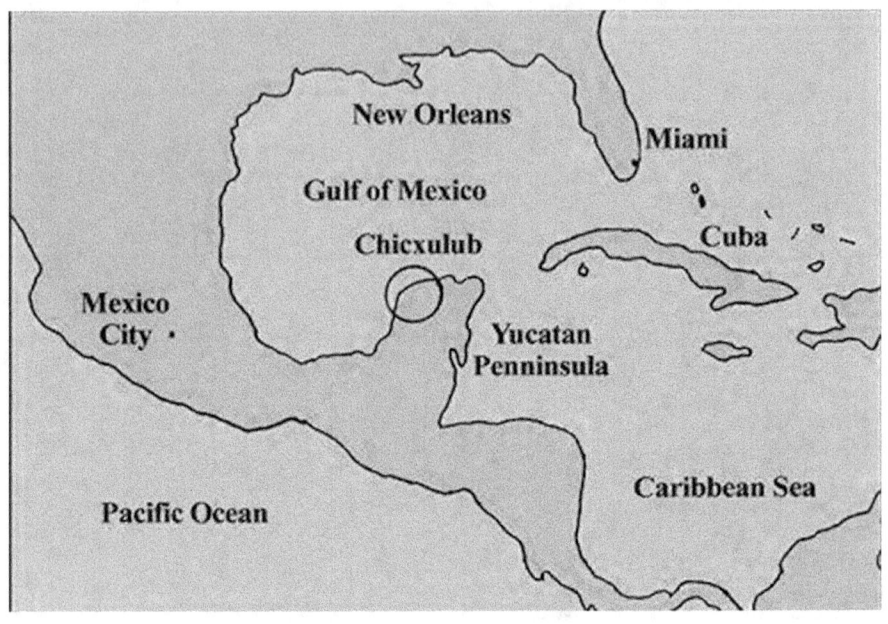

Ort des Chicxulub Kraters (www.newgeology.us)

Fünfter Teil

Urzeitkatastrophen

Der Komet Hartley 2 (NASA Expoxi Mission am 4.11.2010)

ARTENSTERBEN

Die Geologen haben sich auf eine stratographische Tabelle geeinigt, in der sie die Erdgeschichte chronologisch und hierarchisch gliedern. Das jüngste Zeitalter ist das *Phanerozoikum*[192], dessen Beginn man vor 542 Millionen Jahren ansetzt. Aus dieser Epoche bis heute hat man methodisch[193] und kontinuierlich Fossilberichte sammeln können. Man hat vier Umbrüche im Phanerozoikum geortet, die Impact-verdächtig sind.

Zunächst fällt die *Eozän-Oligozän-Grenze* auf, die zirka 38 Millionen Jahre zurückliegt. In solchen Grenzschichten stieß man auf ungewöhnlich hohe Mengen an Iridium und Mikrotektiten. Iridium und Mikrotektiken, zwei voneinander unabhängige Beweisketten, sind anerkannt zuverlässige Hinweise auf den Einschlag massereicher Himmelskörper. Die Paläontologen sind sich allerdings über das Ausmaß dieser Katastrophe nicht einig. Die einen halten sie für ein eher unbedeutendes Vorkommnis, die anderen für ein massives Artensterben. Immerhin kann man Bohrkerne aus Tiefseesedimenten vorweisen, worin Iridium, Mikrotektiten und Artenschwund von Mikrofossilien gemeinsam nachgewiesen sind. Das solch eine aufwändige Forschung nicht flächendeckend erfolgen kann, liegt auf der Hand. Es hat sich bestätigt, dass seinerzeit 28 Meerestierfamilien ausgestorben sind, drei Prozent des Gesamtbestandes, eine Größenordnung, die deutlich über dem statistischen Sockel liegt. Es gibt einen zweiten Aspekt, der zu denken gibt: Die Mikrotektiten lagerten in zwei oder mehr Schichten, nur eine dieser Schichten wies auch Iridium auf. In dieser Frage wurden Stimmen laut, Mikrotektiten seien vielleicht doch nicht Indikatoren für Meteoriten-Impacts. Solchen Zweifeln wird entgegnet, dass Meteoriten-Regen denkbar sind, die sich über längere Zeit verteilen.

Der *Jura* ist die Blütezeit der *Saurier*, des Urvogels *Archaeopterix* und das Zeitalter der *Palmfarne*. Über das Massensterben der Saurier vor 65 Millionen Jahren wurde schon berichtet. Auch in den *Juraformationen*[194] West- und Osteuropas finden sich Hinweise auf eine Reihe Auslöschungsvorfälle. An der Trias-Jura-Grenze vor etwa 204 Millionen Jahren gab es zum Beispiel einen katastrophalen Schnitt. Zahlreiche Amphibien starben aus, viele Reptilien, darunter die Ahnen der Säugetiere und die *Thecodontier*, die Vorläufer der Dinosaurier. Als ungefähren Satz der ausgestorbenen Arten hat man 76

---

[192] Zeitalter des sichtbaren (tierischen) Lebens

[193] Biostratigraphie

[194] Ca 199,6 bis 145,5 Millionen Jahre vor u. Z.

Prozent hochgerechnet. Dieses Massensterben vollzog sich ad hoc, man rechnet innerhalb von maximal zwanzigtausend Jahren. Es soll an einem drastischen Klimasturz gelegen haben, was man am Anwachsen von Farnsporen nachweisen kann, die als Pionierpflanzen bekannt sind. Einen weiteren katastrophalen Schnitt markiert die Grenze zwischen der mittleren und oberen Stufe einer Formation, die man *Kimmeridgium*[195] und *Tithonium*[196] nennt. Besonders dem polnischen Geologen *Wojciech Brochwicz-Lewinski*, der an der Universität Warschau lehrte, sind aktuelle Erkenntnisse zu danken, wie es zum Artensterben in dieser alten Zeit kommen konnte: Es dürfte ein Impact gewesen sein. *Brochwicz-Lewinski* hat zum Beispiel Mini-Magnetkugeln aus dem Boden geholt, die ohne Zweifel außerirdischer Herkunft sind. Solche Magnetkugeln kennen die Geologen aus der sibirischen Tunguska-Region, wo 1908 der Komet niederging. 1985 brachten drei Proben aus dem polnischen Jura Gewissheit über eine zweite Beweiskette: Das amerikanische *Berkeley-Labor* lieferte die Analyse einer Iridium-Anomalie, wie sie auch *Interkosmos*, die sowjetische Raumfahrtagentur, in den selben Proben festgestellt hatte. Brochwicz-Lewinski ist davon überzeugt, dass diese Anomalie wie auch die Erosion des Gesteins vor Ort auf extreme Bedingungen zurückzuführen sind, die durch den Impact eines Großkörpers entstanden sind, welcher in den Ozeane geschlagen ist. In diesem Zusammenhang wird die Forschung noch etliche Rätsel lösen müssen, zum Beispiel die Frage, wieso eigentlich das Jura-Iridium auffallend häufig in fossilen Bakterien auftritt.

Das *Perm* fand vor 250 Millionen Jahren ein jähes Ende. Das Artensterben, das damals über die Erde kam, war verheerender als alle übrigen Auslöschungen, denen man auf die Spur gekommen ist, man hat es auf 95 Prozent hochgerechnet. In der Wissenschaft hat dieser Einschnitt große Aufmerksamkeit gefunden. Dabei gibt es ein schwerwiegendes Problem für die Erforschung der jüngsten Perm-Schicht an der Grenze zum darüber liegenden *Trias*. Man hat zu wenige Aufschlüsse aus diesem von Erdkatastrophen verwüsteten Abschnitt der Erdgeschichte. Das Problem ist die geographische Lage der geeigneten Regionen für weitergehende Forschungen, sie finden sich in schwer zugänglichen und wenig einladenden Gebieten wie dem Iran, dem nordöstlichen Grönland, dem Grenzgebiet zwischen Pakistan und Afghanistan oder Chinas. Die besonders vollständigen Aufschlüsse der Perm-Trias-Grenze[197] sind im Reich der Mitte zu erwarten. Selbst chi-

---

[195] 155,6 bis 150,8 Millionen Jahre vor u. Z.

[196] 150,8 bis 145,5 Millionen Jahre vor u. Z.

[197] P-T-Grenze

nesischen Geologen war der Zutritt zu solchen Regionen verwehrt, als die Turbulenzen der Kulturrevolution das Land schüttelten. Die Zeiten haben sich geändert. Heute wird in China wieder auf diesem geologischen Spezialgebiet geforscht, und man sucht intensiv nach verräterischen Iridium-Spuren. Man hat dort ein Forschungsteam aus chinesischen Physikern, Geologen und Paläontologen gebildet, das die vorausberechnete Stelle in der Perm-Trias-Schichtfolge sorgfältig unter die Lupe nimmt. Und man stieß dort auf eine deutliche Iridium-Anomalie. Der Leiter des Teams, *Dr. Sun Yi-Yin* von der chinesischen Akademie der Wissenschaften, hat auf dem Internationalen Geologenkongress in Moskau[198] über diese Forschungen und Analysen vorgetragen, die zeitgleich in englischer Sprache gedruckt und öffentlich gemacht worden sind. Kritisch anzumerken ist, dass Versuche, solche Ergebnisse in anderen Labors zu rekonstruieren, misslungen sind. Es bleibt dabei, dass bisher zu wenige Proben der Perm-Trias-Grenze zur Auswertung zur Verfügung stehen. Die geologische Fachwelt wartet zurzeit gespannt auf weitere Proben und Iridium-Analysen. Es kann ein Zufall sein, dass bisher nur so wenig Material gefunden worden ist. Vielleicht liegt diesem Mangel aber auch die erdgeschichtliche Realität zu Grunde: Mit dem Ende des Perm senkte sich der Meeresspiegel fortlaufend durch viele Jahrmillionen, riesige Ozeanflächen trennten sich voneinander, und es blieben auf den neu entstandenen Festlanden gewaltige Salzlager liegen; solche Veränderungen mögen erklären, dass auf den neu aufragenden Kontinenten wenig Meeresgestein aus dem auslaufenden Perm und beginnenden Trias zu finden ist. Gegner der Impact-These führen an, am Massensterben an der P-T-Grenze sei ausschließlich die Senkung der Ozeanspiegel schuld, wie bei anderen unverdächtigen Aussterbe-Ereignissen auch. Die These von der kosmischen Impact-Wirkung leidet also an Beweisnot. Nur weitere Iridium-Tests an der P-T-Grenze in China könnten Klarheit schaffen.

Im oberen *Devon*, an der Trennungslinie zwischen der *Frasne* und *Famennestufe*, wurde schon 1970 der Einschlag eines massereichen Himmelskörpers vermutet[199]. Damals fehlte der Beweis, bis *Carl Orth*[200] im Herbst 1984 in der Zeitschrift *Science* darlegte, dass man in besagter Trennlinie, immerhin 365 Millionen Jahre alt, eine Iridiumanomalie festgestellt habe. Die Proben, die man untersucht hatte, stammen aus dem *Canningbecken* in Nordostaustralien. Das Labor Orths steht in Los Alamos, es arbeitet auf ein Milliardstel Prozent genau; Orths Team untersuchte drei Jahre lang Devon-

---

[198] 1984

[199] Digby McLaren

[200] Los Angeles National Laboratory

Proben aus Europa und Nordamerika, ohne auf ungewöhnliche Iridium-Konzentrationen zu stoßen. Für australisches ober- und unterirdisches Devon-Gestein ist ein Sockelwert für die Iriduim-Anteile festgelegt. Das Gestein aus dem Canningbecken enthielt ungefähr das Zwanzigfache dieses Sockelwertes. Aber man ist sich nicht einig, ob diese Beweiskette ausreicht, um ein Impact-bedingte Auslöschung im Devon zu belegen – schließlich hatte man in den Proben aus Europa und Nordamerika nichts Auffälliges gefunden. Auch ist im australischen Fall nur eine ganz bestimmte fossile Bakterienart[201] untergegangen. Inzwischen ist man in Belgien auf eine dünne Schicht gestoßen, die sehr wahrscheinlich auf einen Meteoriten-Impact zurückgeht. Auch in Südfrankreich[202] fand man verdächtige Spuren in Form einer Iridium-Anomalie. Man hat hochgerechnet, dass im oberen Devon rund 82 Prozent der Arten ausgestorben sind. Nun argumentieren Gegner der Impact-Theorie, dass ein biologischer Konzentrationsmechanismus der australischen Bakterienart Ursache der dortigen Anomalie sein dürfte, ähnlich, wie sich auch die Jura-Anomalie erklären ließe. Diese These hat Einiges für sich, und man muss weitere Proben erschließen, ehe man gesicherte Erkenntnisse hat.

Eine besonders kritische Phase der Geschichte des globalen Lebens zeigt sich in der *Präkambrium-Kambrium-Grenze*, die 570 Millionen Jahre alt ist. Dort, an der Basis des Kambriums, fällt auf, dass der fossile Bestand komplexer Organismen jäh abreißt. Die Wissenschaft rätselt herum, wie sich der Qualitätssprung von den recht einfachen Fossilien des oberen Präkambriums zu den höher entwickelten Lebensformen des Kambriums erklärt. Ein abrupter Umsturz der Witterung mag die Erklärung sein, ebenso gut ein Impact-bedingtes Aussterben. Der Geochemiker *Ken Hsü*[203] konstatiert in dieser Umbruchzeit gravierende Änderungen in der Chemie des Meerwassers, die er *Strangelove-Wirrwar* nennt. Ken Hsü geht davon aus, dass in einer solchen globalen Krise mächtige Mengenrelationen, besonders die der Sauer- und Kohlenstoffverbindungen, aus dem Rahmen der Gewohnten kippen. Für viele tausend Jahre entstünde ein *Strangelove-Ozean* mit konträren Lebensbedingungen. Die wahrscheinliche Ursache sei ein gewaltiger Meteoriten-Impact. Hsü beruft sich auf Indizien für einen südchinesischen Strangelove-Wirrwar an der *Präkambrium-Kambrium-Grenze*. Ein chinesisches Autorenteam[204] berichtete 1984 über eine dortige Iridium-Anomalie. 570

---

[201] Frutexites

[202] Montagne Noir

[203] Zürich

[204] Fang, Yang, Huang

Millionen Jahre Erdgeschichte sind eine lange Zeit, es müssten schon mehr Proben zusammenkommen und ihre Anomalien laboriert sein, ehe man von gesicherten Erkenntnissen sprechen kann.

Der Mensch ist dafür bekannt, dass er alles erklären möchte und wissen will. Aus dieser Sicht wundert es nicht, wenn die Fachleute das Rätsel der Erdzeitalter lösen wollen. Spätestens mit der *Kambrischen Explosion,* als sich nach langer Verödung Anzahl und Art der Lebewesen sprunghaft vervielfältigten, beginnen die Fossilberichte. Man klassifiziert das Alter der Gesteine mit radiochemischen Methoden, und damit auch das Alter der Fossile. Man weiß heute sehr genau, dass die Atmosphäre ein wichtiger Faktor in der Erdgeschichte ist. Die Atmosphäre war nicht immer wie heute, und solche Veränderungen haben das organische Leben gefördert oder vernichtet. Geordnete und fortlaufende Daten über die chemischen Veränderungen der Atmosphäre hat man nicht, nur dürre spezielle Zusammenhänge sind bekannt, zum Beispiel, dass der atmosphärische Sauerstoff ohne Lebewesen nicht vorhanden wäre, nicht etwa umgekehrt. Die Bedeutung der Ozeane und Meere für das Leben ist unstrittig, auch die Wechselwirkung, denn ohne die Organismen gäbe es keine Gewässer. Die wirklich großen Rätsel der Erdgeschichte waren Ad-hoc-Ereignisse, unverhofft, umwerfend, katastrophal. Es gibt etliche Erklärungen für das Massensterben zwischen den Erdzeiten, zum Beispiel die Impact-Theorie. Der Wissenschaft und Forschung ist Erfolg zu wünschen, die Lücken zu schließen, die von der Evolutionstheorie nicht gefüllt werden konnten. Die Evolutionstheoretiker sind in Erklärungsnot geraten.

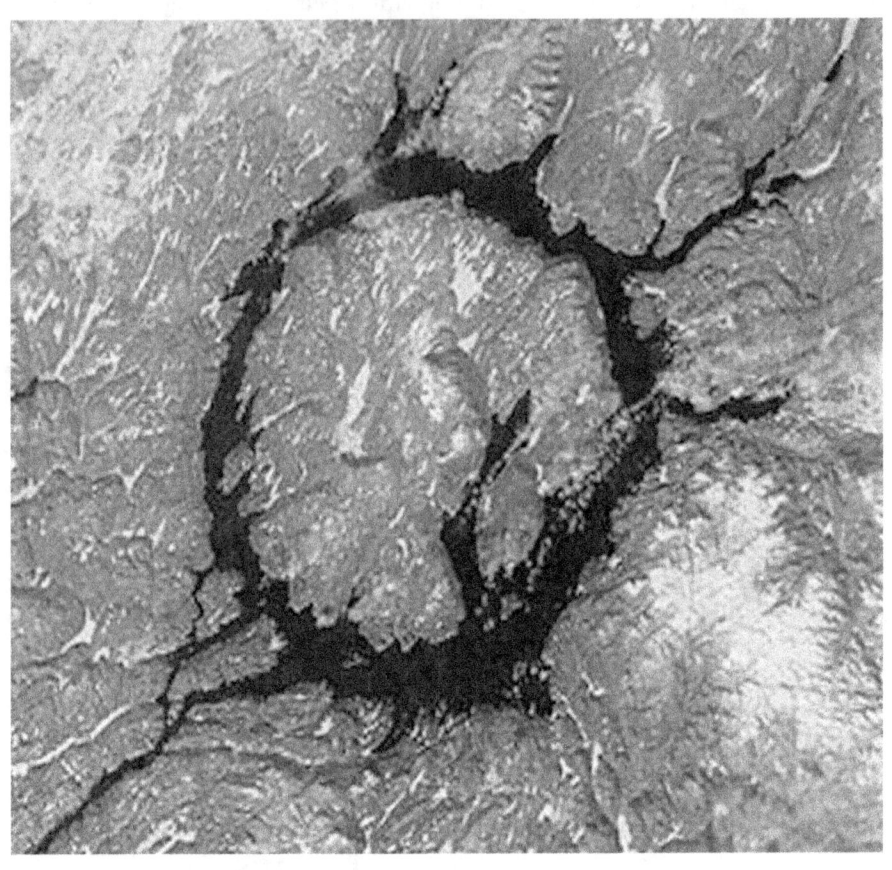

Der Manicouagan-Krater in Kanada (ESA-Foto)

DAS ERDGLEICHGEWICHT KIPPT

Die Erdachse steht schief beim Umlauf, und der Planet taumelt wie ein Kreisel, seine Bahn um die Sonne wechselt vom Kreis zur Ellipse. Es stellt sich die Frage, ob Präzession, Ekliptik-Schiefe oder Bahn-Exzentrizität der Erde angeboren sind. Jupiter zum Beispiel kennt keine Schiefe der Ekliptik, er rotiert senkrecht zur Sonnenebene. Der ferne Uranus dagegen scheint völlig auf den Bauch geworfen, denn er steht nicht nur schief, sondern liegt platt in der Ebene seines Umlaufs. Auch von Venus und Mars wissen wir, dass beide um eine schiefe Achse drehen, wobei Venus dies offensichtlich retrograd tut, umgedreht wie Erde, Mars oder die anderen, die rechts herum drehen – auf der Venus ginge die Sonne also im Westen auf, könnte man sie dort vom Boden aus beobachten. Was aber ist normal, schiefe oder gerade Ekliptik? Der gewaltige Jupiter mit seiner extremen Masse und Gravitation wird so schnell nicht aus der Bahn zu werfen, in der Ekliptik zu neigen oder in der Rotation umzukehren sein wie Erde, Venus, Mars, seine kleinen Brüder - Jupiters astronomischer Status dürfte deshalb jenen Urzustand widerspiegeln, den einmal für alle Planeten gegolten hat.

Der astronomische Status der Erde ist vergleichsweise veränderlich. Ihre Präzession zum Beispiel wird den Gravitationskräften von Sonne und Mond zugeschrieben. Unabhängig davon scheint es, als habe sich die Erde schon auf etlichen Achsen durch ihre Zeitalter gedreht und in diversen Winkeln geneigt, bis hin zum Tausch der Pole und des Magnetfeldes. Solche Phänomene lassen sich durch evolutionäre Prozesse allein kaum erklären. Es liegt auf der Hand, solche Abnormitäten als kosmische Trefferwirkung zu interpretieren, sei es in Form plötzlicher Meteoriten- und Kometen-Impacts, sei es in Form von Fast-Kollisionen mit aus der Bahn geworfener Monden oder Planeten: Der Hammer aus dem All – im trägen Fluss von Jahrmillionen wird sein Ausnahmefall zur Regel. Die Evolution geht eben nicht allein, ihre langen Wege werden durch Katastrophen verschüttet oder in andere Richtungen gezwungen.

Die aktuelle Wissenschaft hat solche Impact-Apokalypsen unserer Erde nachgewiesen, weltweit wie wir wissen, trotz Erosion und Vegetationswandel sind ihre Krater und diversen anderen Hinterlassenschaften heute Forschungsobjekte der Fachleute. Schon *Heinrich Simroth*, der Pendulations-Theoretiker, hatte diese kosmische Komponente geahnt und die mysteriöse Pendulation auf einen uralten Stoß zurückgeführt, den die Erde erhalten habe[205]; er meinte konkret, in Urtagen sei ein Erdmond X auf die Erde gestürzt und habe in ihre Kruste einen neuen Kontinent gehämmert, der

---

[205] 1907

zum heutigen Afrika geworden ist; mit diesem Crash habe sich die Erdachse erst in ihre schiefe Ekliptik begeben und die Pendulation begonnen, jenes langsame und ausholende Schwanken, das seitdem, so Simroth, die Eiszeiten bringt. Simroth hat seinerzeit Kritik einstecken müssen für diese These, insbesondere der Physiker *Theodor Arldt* machte geltend, dass präzessionsartige Gesamtschwankungen, die Pendulation also, nicht Folge eines derartigen Desasters sein könnten. Immerhin räumte der kritische Arldt aber ein, dass ein solcher Hammerschlag die Schiefe der Ekliptik bewirken und die Exzentrik der Erdbahn oder die Rotationswerte des Planeten beeinflussen könnte.

Bei solchen Spekulationen muss klar sein: Die Erdkugel hat eine stattliche Planetenmasse[206] – ihre Bewegung wird durch die Trägheit dieser Masse in hohem Maße stabilisiert. Nur der Aufprall eines besonders mächtigen Himmelskörpers könnte da eine merkliche Störung des Orbits oder der Ekliptik bewirken. Solche Mega-Kollisionen sind eher in der Anfangszeit der Erdgeschichte zu vermuten, damals, als die Ära des kosmischen Großbombardements noch anhielt. Schon vor 4 Milliarden Jahren also dürfte ein kapitaler Asteroid mit der Erde karamboliert sein, ein Himmelskörper etwa so groß wie der Mars, und die ursprünglich vertikal zur Umlaufbahn orientierte Erdachse um die geläufigen 23,5 Grad gekippt haben. Ein Impact, der eine tödliche Überdosis gewesen ist in dieser frühen Erdphase – und dennoch: mit solch einer unsanft injizierten Schiefe der Ekliptik hat er der Erde für Milliarden Jahre die Jahreszeiten beschert, die Voraussetzung sind für ein Leben, wie wir es kennen.

Nun hat *Sir Fred Hoyle*, emeritierter Professor für Astrophysik an der Universität Cambridge in England, eine ebenso eigenwillige wie scharfsinnige Theorie in die unendliche Eiszeitdebatte eingebracht[207].

Ein riesiger Komet, argumentiert Hoyle, umkreise die Sonne - in Zyklen von vielleicht 1.600 Jahren käme er der Erde nahe und schösse einen Regen kosmischer Brocken auf diese herab. Der Gelehrte vermutet periodische Impact-Daten und ordnet ihnen erd- und menschheitsgeschichtliche Daten zu.

Die vermutete Periodizität vollzöge sich nach einem Muster wie folgt:

-10.700   Abflauen der Kaltzeit
 -9.100   Aussterben der Riesensäuger
 -7.500   Ende der Kaltzeit
 -5.900   Entdeckung der Metallschmelze

---

[206] $5{,}977 \times 10^{27}$ g

[207] 1993

-4.300   Nutzung der Schmelztechnik
-2.700   Beginn des Pyramidenbaus
-1.100   Entstehung des Judentums (Josua)
+500   Verfall Roms, Entstehung des Islam
+2.100 Nächste kosmische Kollision der Erde

Ein wichtiger Impact nach dieser These dürfte der um −7.500 sein. *Alexander Tollmann*, Geologie-Professor in Wien, berichtet in diesem Zusammenhang:

Wir konnten mit sechs geologischen Prüfmethoden feststellen, dass der Einschlag des Sintflut-Kometen etwa um 9.550 vor heute stattfand. Die Bestimmung erfolgte mit Hilfe der Dendrochronologie, der ... Radiokarbonmethode (C-14), die auf verschiedene Objekte angewendet wurde, z.B. auf Holzreste im Köfelser Impaktkrater in Tirol, auf Gewebe des letzten Mammuts in Sibirien, auf subfossile Eichenstämme aus Donau- und Rheinschotter, die den rapiden Anstieg des C-14 durch den Impact enthalten, und auf Jung-Tektit-haltige Schichten mit Holzresten in Südaustralien. Auch die Bestimmung des Temperaturmaximums dieser Zeit im Südatlantik ... brachte gleiche Resultate. Schließlich weist auch die fünfhundertjährige Siedlungsunterbrechung in den ältesten Städten (Abu Hurayja) auf dieses 10. Jahrtausend zu heute.

Hoyle betont, daß auch vor etwa 40.000 Jahren (diese Zeitzahl passt gut in den 1.600-Jahre-Rhythmus) eine plötzliche Erwärmung eingesetzt habe, die ein ähnlich schnelles Schmelzen der europäischen Eiszeitgletscher ausgelöst habe wie später dann um − 10.700. Das sei die Epoche gewesen, als der Homo sapiens in Europa auftauchte, zeitlich parallel mit dem Faszinosum der Höhlenmalerei. Aber diese warme Zwischenzeit habe nicht lange gehalten und einer neuen Vereisung weichen müssen, die mehrere tausend Jahre anhielt. Dieses Auf und Ab des Thermometers habe es in den 100.000 Jahren der letzten Eiszeit stets gegeben, bis es die Erde geschafft habe, in die heutige warme Phase zu gelangen, die maßgeblich ist für die Entwicklung der Zivilisation von heute. Interessant ist Hoyles Erklärung, woher wir die Kenntnis von solchen Temperatursprüngen haben, die immerhin gleichbedeutend sind mit dem Hochschießen der sommerlichen Durchschnitts-Temperaturen von 8 auf 18 Grad Celsius und umgedreht: Sie stammen von Käfern. *Falls das etwas ironisch geklungen haben sollte, so sieht es Doyle, so möchte ich jetzt ein wenig für den Ausgleich sorgen − indem ich meine Stimme für die Käfer erhebe, insbesondere für den britischen Käfer. Die einzelnen Käferarten entwickeln sich bei jeweils unterschiedlichen Temperaturen. Es gibt Arten, die bei 10 Grad Celsius gedeihen, aber nicht bei 8 Grad Celsius, andere wiederum, die nur bei 12 Grad und nicht bei 10 Grad Celsius existieren können usw. Die Schlammschichten, die sich jährlich am Boden der nicht vereisenden Seen Südenglands absetzen, bilden einen Kalender von Ereignissen, der sich Jahr für Jahr ablesen lässt. Wenn man also die Schlammschich-*

ten sorgsam nach Überresten von Käfern absucht und dabei besonders die Temperaturempfindlichkeit der einzelnen Arten berücksichtigt, erhält man mittels dieses fossilen Thermometers die genauen Temperaturen, wie sie in den britischen Sommern vor 13.000 Jahren herrschten. Es zählt für mich zu den herausragensten Eigenschaften der menschlichen Rasse, dass sie einzelne Menschen hervorbringt, die bereit sind, ihr ganzes Leben lang Schlammschichten nach Käfern zu durchwühlen, um zu den eben geschilderten Erkenntnissen zu gelangen.

Für Hoyle ist weniger der Grund der Vereisung die Nuss, die es zu knacken gilt, sondern der Grund der ihr folgenden Eisschmelze. Nur ein Katastrophenszenario, so sieht es Hoyle, vermag eine klimatische Situation, die zehntausende von Jahren gleich eisig bleibt, in kurzer Zeit umzukippen; es muss ein Szenario sein, das den Dunstschleier in der oberen Atmosphäre beseitigt und den Treibhauseffekt genügend verstärkt, um die Temperaturen über Grund in kürzester Zeit um 10 Grad hochzutreiben, wie man es am geschilderten Käferkalender ablesen kann. Das Problem sei in Wirklichkeit aber komplizierter: Wenn sich das ebenfalls kalte Meerwasser nicht gleichfalls ausreichend und nachhaltig erwärmt, werde sich die Erwärmung der Erde sehr bald wieder umkehren; für die nachhaltige Erwärmung der Meere werde allerdings eine rund zehnjährige Sonneneinstrahlung benötigt; zehn Jahre seien aber ziemlich genau die Periode, während der plötzlich in die Stratosphäre geblasenes Wasser in dieser Höhe verbleiben kann. Für einen solch langen Treibhauseffekt müsse eine riesige Wassermenge von etwa einer Trillion Tonnen Wasser veranschlagt werden. Nur der Impact eines massigen Himmelskörpers in eines der Weltmeere könne solche Unmengen Wasser in die Stratosphäre blasen, es sei abwegig zu glauben, dass ein Vulkanausbruch solche Wirkungen haben könne, die vergleichsweise bieder sind.

Hoyle stellt seine Impact-These der Selbstkritik: *Wir wissen mit Sicherheit,* konstatiert er, *dass viele Kometeneinschläge die Geschichte der Erde bestimmt haben; dennoch bleibt es ein rares Ereignis, wenn ein Kometen-Kern oder dessen Trümmer die Erde treffen - unterstellt man weiter eine tausend- bis zehntausendfach größere Masse als die des spektakulären Kometen Halley, so käme eine Kollision der Erde mit solch einem Boliden in zehn Millionen Jahren vielleicht einmal vor. Und doch sollen sich solche gewaltigen Naturkatastrophen erst kürzlich, etwa vor 13.000 Jahren, ereignet haben, und dann wieder vor 10.000 Jahren? So etwas wäre im höchsten Grad unwahrscheinlich - wenn sich vor 15.000 Jahren in der Erd-Ekliptik nicht etwas Merkwürdiges ereignet hätte: Ein massiger Komet wurde in eine neue Bahn gezwungen, er kommt seitdem in seinem Umlauf der Sonne näher als die Erde und schneidet periodisch deren Bahn.* In diesem entscheidenden Punkt folgt Hoyle der These der britischen Astronomen und Impact-Forscher *Victor Clube* und *Bill Napier*. Diesen Eiszeit-Kometen bezeichnet Hoyle in klassischer Definition als periodisch, weil seine größte Entfernung von der Sonne nicht wesentlich größer ist als die des entferntesten Planeten, sodass er eine Umlaufzeit von wenigen tausend Jahren hat. Normalerweise bewegen sich Kometen in weiten Umlaufbahnen, wobei sie nicht in die Nähe der Planeten geraten. Doch kann es passieren, dass sie sich verirren und auf Kollisionskurse geraten - dann nämlich, wenn zwei außergewöhnliche Ereignisse zusammentreffen: Das Erste ist die Bewegung der Gesamtheit unseres Sonnensystems durch die Galaxis und dessen gelegentliche Durchquerung von verdichteten Materiewolken – solche Begegnungen können bei einigen wenigen dieser sonnenfernen Kometen eine Streckung ihres Umlaufs bewirken, der sie dann sehr nahe an der Sonne vorbeiführt und die Bahnen der äußeren Planeten kreuzen lässt; das Zweite ist die Gravitation der äußeren Planeten, deren Fliehkräfte die Kometenbahn erneut so verändern, dass sie zum Kollisionskurs zur Erde wird. So ungewöhnlich das Zusammentreffen dieser beiden kosmischen Ereignisse auch sein mag, die Vielzahl der Kometen im Sonnensystem (viele hundert Milliarden) erhöht die Wahrscheinlichkeit solcher Konstellationen – ein gutes Beispiel für solche kosmischen Zufälle ist das periodische Erscheinen des Kometen *Halley*. Ein dritter Zufall, wenn man so will, ist die kolossale Masse, die man beim Eiszeit-Kometen unterstellen muss.

Hoyle selbst hat berechnet, wie wenig wahrscheinlich der Zusammenprall der Erde mit solch einem gewaltigen, unversehrten Kometenbrocken ist – pro Sonnenumlauf sei die Wahrscheinlichkeit eins zu eine Milliarde, im Zeitraum von zehntausend Jahren immer noch eins zu eine Million. Nun wüchse aber die Wahrscheinlichkeit deutlich an, meint Hoyle, weil der Himmelskörper nicht mehr unversehrt, sondern mit der Zeit in etliche Trümmerstücke zerbrochen ist. Solch ein Bruchstück müsste selbst ein kapitaler Klotz sein, wenn sein Impact auf der Erde eine dortige Eiszeit beenden können soll - Hoyle gibt eine kritische Masse von zehn Milliarden Tonnen an; entspräche dies einem Millionstel der ursprünglichen Kometenmasse, muss der Himmelskörper vor dem Bersten eine Masse von 10^{16} Tonnen gehabt haben. Solch eine atemberaubende Dimension entspräche aber, so Doyle, durchaus der Vorstellung, die sich Clube und Napier von ihrem Riesenkometen gemacht hätten.

Die fortschreitende Paralyse eines solchen Giga-Brockens hätte fatale Folgen: Während die Trümmerstücke kleiner werden, werden die Impacts häufiger. Wie wir wissen, geht Hoyle von einer Wiederkehr-Häufigkeit des Eiszeit-Kometen von etwa 1.600 Jahren aus, auch, dass sein geringster Abstand zur Erde ungefähr dem Abstand Erde-Sonne entspricht. Die Wahrscheinlichkeit, dass die Erde von solchen Kometentrümmern dann getroffen wird, liegt deutlich über der Zufallsgrenze - ein Auseinanderbrechen in Stücke von etwa einem Kilometer Durchmesser dürfte, so berechnet es Hole, zu durchschnittlich einem Impact pro Kometen-Passage führen; sind die Trümmer kleiner, vielleicht von etwa hundert Metern Durchmesser, so wären bei jeder Kometen-Passage rund tausend Treffer anzusetzen, die in der Wirkung dem *Tunguska*-Ereignis vergleichbar sind. Nun sei es so, dass sich die Bruchstücke entlang der Kometenbahn verteilen; aus diesem Grund dürften alle Trümmerteile das innere Sonnensystem etliche Jahrzehnte lang durchlaufen, vielleicht sogar ein Jahrhundert lang – so käme es dann pro Jahr durchschnittlich zu zehn Einschlägen in der Größe des Tunguska-Ereignisses.

Die Auswirkungen eines solchen Desasters spiegeln sich in Hoyles Zeit- und Ereignistabelle: Ganze Mammutherden, meint er, seien auf einen Schlag umgekommen[208]. Das Bombardement aus dem All, im Detail die gewaltige thermische Strahlung solcher Detonationen, habe den Permafrost aufgetaut, worin die Tiere bis dato gelebt hatten. Sie seien im Tauwasser umgekommen, das dann innerhalb nur weniger Stunden wieder gefroren sei. Die Mythen der Sibiriaken, dies nur nebenbei bemerkt, erzählen davon, bei dieser Katastrophe sei Feuerwasser[209] vom Himmel geströmt; dann seien eine lange Nacht und ein dreijähriger Winter mit Massen von Schnee über die Natur gekommen. Die ungeheuren Brände nach solchen Kometentrümmer-Treffern hätten, davon ist Hoyle überzeugt, Unmengen glühender Holzkohlelager entfacht, die offenliegende Kupfererzadern schmelzen ließen. Dies kläre ein verzwicktes Problem der jüngsten Frühgeschichte auf, nämlich die Entdeckung der Metallschmelze und ihre Nutzung durch den Menschen[210]; *Die Möglichkeit, sagt Hoyle, blankes Metall aus einem Stück Stein zu gewinnen, hätte kaum jemandem als abstraktes Konzept einfallen können ... diese Entdeckung geschah daher sicherlich rein zufällig. Bislang war es schwierig zu verstehen, wie sich ein so bemerkenswerter Zufall unabhängig voneinander an den vielen weit verstreuten Orten ereignen konnte ... (es) könnten nomadisierende Stämme das so geschmolzene Kupfer an verschiedenen Stellen vorgefunden und mitgenommen haben. Bezeichnend sind die altpersischen Sintbrandmythen, worin das Sintflut-Desaster mit dem Phänomen in Zusammenhang gebracht wird, dass die Erze der Berge flüssig wurden.*

Clube und Napier, wohl auch Hoyle, führen das Schicksal von Zivilisationen auf die Massierung Tunguska-ähnlicher Schocks zurück – den Niedergang in der kurzen Impact-Periode, den Aufstieg in der längeren impactfreien Zeit. Auch die Religionen sollen dort ihre besondere Prägung erfahren haben: In den erschütterungsreichen Epochen die düster strengen Glaubenslehren, in ruhigen Zeiten die milderen zwanglosen. Nach Clube und Napier hat die Auflösung dieses Kometen-Ungetüms ihren Höhepunkt vor sechs bis siebentausend Jahren erreicht: Damals habe die Verdampfung

---

[208] - 9.100

[209] = kochendes Wasser

[210] - 5.900 und - 4.300

flüchtiger Anteile spektakuläre Ereignisse am Nachthimmel erzeugt, mit bis zu vielen Tausenden kometengroßer Körper, die Gasströme und kleine Teilchen nach Art der Kometenschweife ausstießen. *Dieses brillante Schauspiel am Nachthimmel löste im Verein mit den Einschlägen auf der Erdoberfläche den Glauben der Kulturen des Altertums an die Kriege der Götter aus ... Nach dem Verschwinden der kleineren Objekte blieb ein deutlich sichtbarer Himmelskörper übrig, der weithin Teilchenströme ausstieß. Dieses letzte Objekt wurde zum legendären Götterkönig Zeus, der am Ende mit seinen Blitzen die anderen Götter besiegt hatte.*

Dieser apokalyptische Brocken, das betonen Clube und Napier, sei noch immer im Himmel vorhanden. So habe der mittelalterliche Mönch *Gervase von Canterbury* überliefert, dass nicht weniger als fünf ehrenwerte Zeugen am Abend des 25. Juni 1178 einen zunehmenden Mond beobachtet hätten, der sich wie eine verwundete Schlange wand. Dieses Bild, das meinen Clube und Napier, sei die unbedarfte Schilderung eines grandiosen Impacts auf dem Mond, hervorgerufen durch ein Trümmerstück des vermuteten Giga-Kometen. Der Krater, der diesem Ereignis zuzuordnen ist, sei in den letzten Jahren gefunden worden, ebenso habe man jene verräterischen Schwingungen unseres Trabanten gemessen, die damals verursacht worden seien und erst langsam abklängen. Die Zeugen hätten damals die gewaltigen Staubwolken, die ins Vakuum hochgeblasen worden waren und im Sonnenlicht wogten und leuchteten, auf ihre Weise märchenhaft interpretiert. Ein solches Ereignis auf der Erde hätte die menschliche Existenz auf einer Fläche von knapp 200.000 Quadratkilometern quasi vernichtet.

Wenn wir unterstellen, dass Hoyle's impactfreien Epochen rund 1.600 Jahre dauern, und die letzte Katastrophe dieser Art etwa um + 500 hereingebrochen ist, dann steht die nächste Apokalypse in ungefähr 100 Jahren heran. Das wäre nicht mehr allzu lange hin. Keine Frage: Hoyle, Clube und Napier kommen hier mit einer These, die nicht nur die Phänomene der Eiszeiten oder der Zivilisation in neue Zusammenhänge rücken, sondern auch die uralte Kometenangst der Menschheit aus ihrem Zwielicht holen. Die weltweite Überlieferung vom Trauma der großen Flut, die ja durchaus einem verheerenden Impact gefolgt sein kann - besitzt sie nicht ebenso viel Exklusivität wie jener Riesenkomet, der eine Periode von rund 1.600 Jahren hat? Immerhin ist es der renommierte amerikanische Impact-Forscher Eugene Shoemaker, der herausgefunden hat, dass die Erde etwa seit einer Million Jahren einen kosmischen Kometenschwarm durchquert, dessen Sättigung die irdische Impact-Häufung auf das etwa Dreißigfache des Mittelwerts gebracht hat.

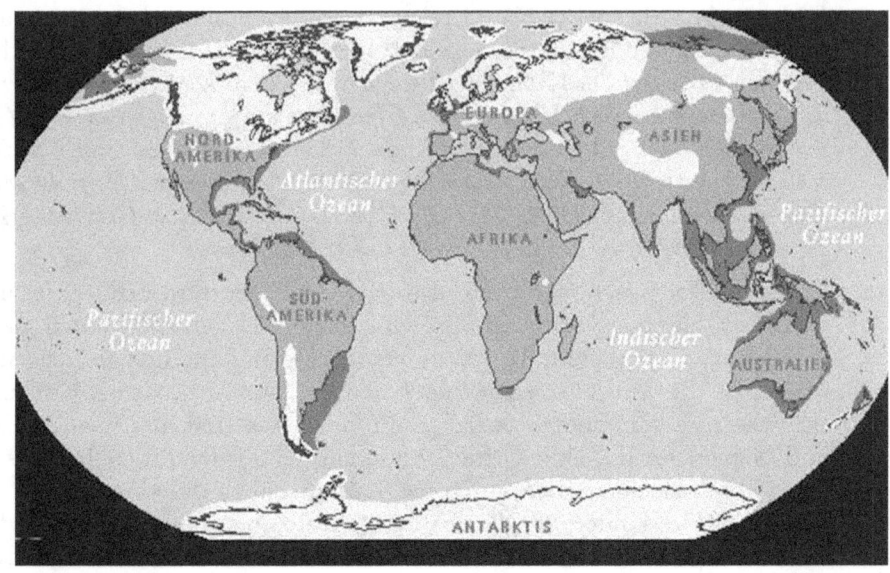

Die Eiszeit im Quartär (www.physik.wissenstexte.de)

DAS RÄTSEL DER WANDERSTEINE

Die Vorstellung lässt frösteln: Vor nicht einmal 20.000 Jahren gehörte England zum europäischen Kontinent, floss die Themse in den Rhein, der sich durch den ansonsten trockenen Ärmelkanal wälzte und irgendwo dort, wo heute das schottische Aberdeen liegt, in den Ozean mündete; wo heute das Brandenburger Tor oder der Reichstag sind, muss man sich 150 Meter dickes Gletschereis vorstellen, über der Ostsee bis zu 2.500 Meter; im Ostteil des heutigen Schleswig-Holsteins, so erfuhr die geschockte Öffentlichkeit im neunzehnten Jahrhundert, hatte es seinerzeit weder Marschen, Geestlandschaften oder Seenplatten gegeben – von Süd nach Nord türmte sich dort der Inlandeisrand auf, die Abbruchkante eines gewaltigen Gletschers, in dessen Tiefe, irgendwo im Osten, die Plätze Lübeck, Plön, Kiel oder Flensburg begraben lagen; auf den deutschen Mittelgebirgen stand kein Baum, Jahrtausende lang waren dort die Böden tief gefroren, und Schmelzwässer und Regen konnten nicht versickern, sondern nur den Oberboden aufweichen und ihn als Schlammlawine die Hänge hinab gurgeln lassen; über all diese lebensfeindlichen Plätze fegten in Trockenzeiten Stürme, die von aufgewirbeltem Staub und Löß geschwärzt waren. Solche Eiszeit-Szenarien hypnotisierten die öffentliche Meinung, motivierten die Dekadenz-Philosophen und verbreiteten Endzeitstimmung.

Es dämmerte in der zweiten Hälfte des neunzehnten Jahrhunderts die Erkenntnis, dass die biblische Sintflut keineswegs die einzige Klimakatastrophe der Menschheitsgeschichte gewesen ist. Eiszeit – ein Wort mit bedrückenden Assoziationen: Im Kalten Krieg von 1945 bis 1989 sprachen die Medien deshalb von der politischen Eiszeit zwischen den Blöcken. Es kommt nicht von ungefähr, wenn die dicken Eispanzer einer erstarrten Vorzeit den frostigen Beziehungen der Völker unserer Zeit den Namen geben.

Im Normalfall ist die Erde, so sagen die Fachleute, eisfrei. Man hat jedoch ermitteln können, dass etliche Kaltzeiten die Erdgeschichte geprägt haben. Man unterscheidet

- die *Huronische Eiszeit*, die vor 2,4 Milliarden Jahren begonnen und 300 Millionen Jahre gedauert hat;
- die *Sturtische Eiszeit* und und die *Marinoische Eiszeit*, Kaltzeiten, die vor 735 Millionen Jahren begonnen und 35 beziehungsweise 75 Millionen Jahre gedauert haben;
- die *Gaskiers Eiszeit*, die vor 582 Millionen Jahren begonnen und 2 Millionen Jahre gedauert hat;
- die *Anden-Sahara Einzeit*, die vor 450 Millionen Jahren begonnen

und 30 Millionen Jahre gedauert hat;

- die *Karoo Eiszeit*, die vor 360 Millionen Jahren begonnen hat und 100 Millionen Jahre gedauert hat;
- das *Känozoische Eiszeitalter*, das vor gut 33 Millionen Jahren begonnen hat und bis heute andauert.

Insgesamt ergeben sich mehr als 540 Millionen Eiszeitjahre. Von Kaltzeiten spricht man, wenn die Erdpole, die Hochgebirge mit Eis bedeckt sind, und die Gletscher bis in die mittleren Breiten vordringen. Es gibt eine Hypothese, dass die Sturtisch/Marinoische Eiszeit die grimmigste Frostperiode aller Erdzeit gewesen ist: Die gesamte Erde sei komplett mit Eis bedeckt gewesen, man nennt diese lebensfeindliche Periode *Schneeball Erde*. Umstritten ist die These, dass dieser Eisperiode eine Evolution der Vielzeller gefolgt sei.

Man muss sich vorstellen, dass die urzeitlichen Kaltzeiten eine Erde unter Kilometer hohen Eispanzern verbargen, deren Geographie und Himmelsmechanik mit den aktuellen Wirklichkeiten kaum verglichen werden können: die Pole[211] lagen anders, die Kontinente waren in einem Urzustand, die Erdmasse, Rotationen und Ekliptiken auch.

Die Entwicklungsgeschichte der Menschheit in historischer und prähistorischer Zeit, im sogenannten Quartär, läuft mit dem langfristigen Wechsel von Eis- und Warmzeiten parallel. Kleinere Kaltzeiten sind auch innerhalb der Warmzeiten gar nicht selten, ebenso kleinere Warmzeiten innerhalb der Eiszeiten. Das Quartär ist mit Klimawechseln gespickt, im Kleinen wie im Großen – seine Temperaturwechsel sind ein fieberhaftes Auf und Ab die Null-Linie entlang. Unvermutete Klimastürze in den Warmzeiten setzen historische Prozesse in Gang. Erstes Beispiel: Um −500 war das nördliche Europa von einer rätselhaften Klimaverschlechterung betroffen; unvermittelt war es vorbei mit den gewohnten heißen Sommertagen, warmen Herbstzeiten oder milden Winter- und Frühlingswochen in der Blüte der Bronzezeit; es war nun kühl und wechselhaft, und ruppige lange Winter wechselten mit unbeständigen, frischen Sommern; dies führte zu den Völkerwanderungen der Goten, Wandalen, Langbarden, Sueben, Franken, Sachsen, Angeln und anderen. Zweites Beispiel: Um +1.000 gab es einen unvermuteten Klimasturz im nordöstlichen Europa, der mit Mengen an Niederschlägen daherkam; diese Kaltzeit brachte dort das Ende des sogenannten Waldoptimums und eine regional begrenzte Völkerwanderung, die sich nach Norden richtete.

Zu dem vielen Eis brauchen wir Kälte, so schrieb Goethe im beginnenden 19. Jahrhundert, der nicht nur Dichter war, sondern auch ein gründlicher Geo-

---

[211] Mitteleuropa lag zu dieser Zeit in Äquatornähe und hatte in den Warmzeiten tropisches Klima

loge. *Ich habe eine Vermutung, dass eine Epoche großer Kälte wenigstens über Europa gegangen sei.* Goethe spielte auf die langen Steinreihen in der Nähe des Genfer Sees an, die er damals schon als *Geschiebe längst geschmolzener Gletscher* deutete, *welche die oben sich ablösenden Felsen ... bis an den See bringen konnten.* Am Anfang der Eiszeitforschung steht also das Phänomen der wandernden Steine, die der Wissenschaftler Erratica[212], und der Volksmund Findlinge nennt – zu zigtausenden liegen sie herum, weit weg von ihren Ursprungsorten: In Kanada, im Norddeutschen Tiefland, am gesamten Schelfsockel der Nordsee, auf den britischen Inseln, im Norden der Niederlande, auch in weiten Teilen Polens, des Baltikums, und im nordwestlichen Russland.

Die Glazialtheorie wurde am 3. November 1875 vom schwedischen Geologen *Torell* etabliert: Vor der Deutschen Geologischen Gesellschaft in Berlin deutete der Schwede die merkwürdigen Schrammen auf einer Muschelkalk-Kuppe bei *Rüdersdorf* östlich der Hauptstadt als Zeugen einer großen Vergletscherung bis weit nach Mitteleuropa hinein, die sich von Skandinavien kommend vorgearbeitet habe. Torells Vortrag und seine vorausgegangenen Veröffentlichungen brachte die Anerkennung der Glazialtheorie und machte die erdweite Eiszeitforschung wissenschaftsfähig. Die Anerkennung der Glazialtheorie war ein Durchbruch: Lange Jahre hatte man im außeralpinen Mitteleuropa und in England die These vertreten, eine sintflutähnliche Rollflut habe jenes so merkwürdige, ortsfremde Gestein mitgerissen und an den verschiedensten Orten fallengelassen; auch hatten sich Darwin und Lyell *Wredes* Drifttheorie von 1802 zu eigen gemacht und in die Debatte geworfen, wonach es kontinentale Überflutungen gegeben habe, und dass Eisberge oder –tafeln, die auf dem Meerwasser über das versunkene Europa drifteten, die tausend Steine und erratische Blöcke in die Fremde verfrachtet hätten; solche Thesen hatten Gewicht und immerhin zu Folge, dass *Buckland* 1823 für das Eiszeitalter den irreführenden Begriff *Diluvium*[213] prägte.

Eigentlich aber hätte man es schon damals besser wissen müssen: Die Forschungen und Veröffentlichungen zum Thema Eiszeit hatten ja schon Ende des achtzehnten Jahrhunderts eingesetzt, weil man besagtes ortsfremdes Gestein weitab seines Herkunftsgebietes gefunden und, in Kenntnis ähnlicher Verhältnisse in alpinen Gletscherregionen, als eiszeitliches Geschiebe gedeutet hatte. Solche wesentlichen Impulse kamen aus der Eiszeitländern Schweiz, Skandinavien und Deutschland. Die Daten und Relikte, die die Kleine Eiszeit liefert, hatten die Wissenschaft auf die deutlichen Spuren der großen prähistorischen Eiszeiten geführt. So stieß man überall auf Indizien verheerender Umwälzungen, die besonders die nördliche Erdhalbkugel heimgesucht und sie durch Entwässerung, Dauerfrost und kilometerdicke

---

[212] Latein: Verirrtes

[213] Latein: Überschwemmung, Verderben

Eismassen geschliffen, zerpresst und ausgewaschen hatten. 1832 hatte *Bernardi*, Lehrer an einer kleinstädtischen Forstakademie, in einem Heidelberger naturwissenschaftlichen Jahrbuch veröffentlicht, dass einst das Polareis bis an die südlichste Grenze des Landstriches reichte, welcher jetzt von jenen Felstrümmern bedeckt wird. 1837 prägte *Schimper*, ein Münchener Botaniker, den Begriff Eiszeit. Schimper konnte *Jean Charpentier*, einen namhaften Schweizer Naturforscher, von der Hypothese überzeugen, dass einmal eine kompakte Eisdecke von sechs Millionen Quadratkilometern weite Teile Europas unter sich begraben hätte. Es war 1836, als Charpentier den jungen *Louis Agassiz*, ebenfalls einen Schweizer, mit dem Bazillus dieser Lehre infizierte. Mit Agassiz brach das Eiszeit-Fieber aus. Europa starrte auf diesen Wissenschafts-Eremiten, der auf dem *Aaregletscher* in einer Holzhütte lebte, Thermometer ablas, erratisches Geschiebe inspizierte und die Bewegungen der Eismassen und ihrer Moränen maß. Charpentier und Agassiz waren es schließlich, die schon zwischen 1840 und 1847 klassische Werke der Eiszeitforschung veröffentlichten.

Heute geht man davon aus, dass das *Pleistozän*[214], wie die Fachleute das jüngste Eiszeitalter nennen, vor etwa 2,4 Millionen Jahren begonnen hat. Seit dieser alten Zeit bis heute hat man sechs Kaltzeiten ausgemacht, denen Warmzeiten folgten. Ihre zeitliche Dauer ist ganz unterschiedlich, wobei sie insgesamt gesehen von den alten zu den jungen Kaltzeiten deutlich abnimmt, ein Phänomen, das auch für die Warmzeiten gilt:

	Beginn	**Ende**	**Dauer**
Kaltzeit Weichsel	-115.000	-10.000	105.000
Warmzeit	-130.000	-115.000	15.000
Kaltzeit Saale	-300.000	-130.000	170.000
Warmzeit	-500.000	-300.000	200.000
Kaltzeit Elster	-690.000	-500.000	190.000
Warmzeit	-750.000	-690.000	60.000
Kaltzeit Menap	-950.000	-750.000	200.000
Warmzeit	-1.300.000	-950.000	350.000
Kaltzeit Eburon	-1.700.000	-1.300.000	400.000
Warmzeit	-2.100.000	-1.700.000	400.000
Kaltzeit Brüggen	-2.400.000	-2.100.000	300.000
Warmzeit	?	-2.400.000	?

Wir können, so beurteilt der Eiszeitforscher P. *Woldstedt* die globale zeitliche Identität dieser sechs großen Kalt- und Warmzeitfolgen, *diese Grenze zwischen*

---

[214] Griechisch: am Neuesten

jungen und alten Formen, die zweifellos, im großen gesehen, eine synchrone Linie ist, in den Gebirgen kontinuierlich von der Nordhalbkugel über den Äquator zur Südhalbkugel verfolgen. Das ist ein klarer Hinweis auf die Gleichzeitigkeit der Kaltzeiten für die ganze Erde. In der Tat: Es sieht danach aus, als seien die Phänomene der Kalt- und Warmzeiten bipolar - das soll heißen, dass die krassen Klimaänderungen annähernd gleichzeitig über die Erdpole gehen; eine andere Frage in diesem Zusammenhang ist, wo sich die Pole oder auch der Äquator in den verschiedenen Erdzeitaltern jeweils befunden haben, denn es gibt, abgesehen vom antarktischen Kontinent, auch auf der Südhalbkugel Eiszeit- und Polwanderungsindizien: Lokale Vergletscherungen sind in Südamerika, Australien oder Neuseeland nachweisbar. Anderswo konnte man an Strandterrassen das Ansteigen des Meeresspegels in den Warmzeiten ablesen, oder man gewann durch Tiefseebohrungen Sinkstoffproben, die die Schwankungen des quartären Meeresspiegels wiederspiegeln. Ein krasses Beispiel für das postglaziale Ansteigen der Meeresspiegel sind die versinkenden Städte: Im elften Jahrhundert, noch zu Zeiten Wilhelms des Eroberers, hatte das Hochwasser die große Stadt *Danwich* im südwestlichen England verschlungen; auch das alte Seebad *Brighton* ging unter, das im sechzehnten Jahrhundert, zu Königin Elisabeths I. Zeiten, aufgeblüht war – es ist nachzulesen, dass 1665 das Meer etliche Dutzend Gebäude dieser Stadt überflutete, und wir wissen, dass zu Beginn der achtzehnten Jahrhunderts das alte Brighton endgültig versunken war - das heutige Brighton steht an anderer Stelle; im Staat *Pernambuco*, an der Ostküste Brasiliens, versinkt die Stadt *Orlinda*, die als Perle des portugiesischen Barock gilt – sie war im Mittelalter auf der Steilküste des Atlantiks errichtet worden; auch *Venedig* oder *Genua* sind akut bedroht, heute schon - ihr nasses Schicksal ist programmiert; die Überflutungen der kommenden rund fünfzig Jahrtausende werden langsam aber dramatisch fortschreiten, weil der Meeresspiegel weltweit um bis zu hundert Meter steigen wird – schließlich werden irgendwann die Ruinen von *New York, Hongkong, Hamburg, Los Angeles* oder *Rio de Janeiro* tief unten auf dem Meeresgrund dämmern. Hauptgrund für solche Untergänge ist der allgemeine Anstieg der Ozeanspiegel, der in erster Linie Folge abschmelzender glazialen Panzer in der Warmzeit ist. Kein Wunder: Im ewigen Eis der Polar- und Hochgebirgsregionen, deren Flächen rund elf Prozent des irdischen Festlandes ausmachen, sind mehr als 30 Millionen Kubikkilometer des globalen Süßwassers gebunden – das sind rund zwei Drittel des gesamten Reservoirs; um diese Mengen zusammenzubringen, müssten alle Flüsse der Erde 830 Jahre lang fließen; tauten solche Festlandsgletscher gänzlich ab, stiegen die Spiegel der Ozeane und Randmeere um fast siebzig Meter – das Auslöschen vieler Arten wäre die Folge; zum Glück gibt es kein Indiz, dass so etwas zu erwarten ist. Doch sind es erhebliche Wassermengen, die nach einer Eiszeit abtauen und die Ozeane anschwellen lassen: Wir müssen uns vor Augen halten, dass vor rund 20.000 Jahren global fast 45 Millionen Quadratkilometer Festland von Eis bedeckt waren; heute sind es nur noch 15 Millionen Quadratkilometer. Diese Schwankungen sind klassische Indizien für den steten Wechsel von Kalt- und Warmzeiten: Die Fachleute setzen voraus, dass die Erde seit jeher eine annähernd konstante Wassermenge hält; werden in den Kaltzeiten größere Massen davon zu Festlandeis, führt dies schließlich zur drastischen Absenkung der Meeresspiegels, die auf rund hundert bis zweihundert Meter anzusetzen ist. Solche Pegel-Phänomene wurden in den Tropen verifiziert: Die Lagunen der Südsee-Atolle reichen bis zu rund hundert Meter Tiefe hinab und markieren, weil sie als ehemalige Brandungsplatten kenntlich sind, den Tiefstand des Meeres während der Eiszeit. In diesem Zusammenhang ist es folgerichtig, wenn die Eiszeitforschung die Theorie vertritt, dass mit den Kaltzeiten erhöhte Niederschläge einhergehen; man hat dies aus den Spiegelschwankungen großer Binnenseen geschlossen, besonders in Nordamerika; auch in Indien, Afrika und Australien ist man solchen glazialen Niederschlagszeiten auf die Spur gekommen.

Schneefall ist die Mutter eines jeden Gletschers. Dort, wo der Schnee liegen bleibt, sagt er sich vom irdischen Wasserkreislauf los, verdichtet sich, verfirnt und wird zu Eis, wobei für jeden zusätzlichen Zentimeter Eisdecke etwa 80 Zentimeter Neuschnee nötig sind. Die Gletscher wuchsen recht schnell, das weiß man zumindest von der sechsten Kaltzeit, der Weichseleiszeit. Das Eis kam von Norden, rückte bis zu zweihundertdreißig Meter im Jahr vor und bedeckte schließlich Kanada, Nordirland, Schottland, Mittelengland, Island, Skandinavien, Finnland, Nordostdeutschland, den baltischen Landrücken und das nördliche Sibirien. Die Gletscherzungen blieben in Bewegung, denn die Wellen von Temperaturschwankungen in den Kaltzeiten ließen das Eis wechselweise zurückschmelzen und wieder vorrücken. Als schließlich die postglaziale Warmzeit kam, zog sich das Festlandeis mit einer Geschwindigkeit zurück, die ihrem Vorrücken nahe kommt. Irgendwie war das Inlandeis immer in Bewegung, an seinem kilometertiefen Boden träge, an seinen Rändern flink. Es schob sich in seiner gesamten Mächtigkeit durch den Trog der Ostsee hindurch nach Süden, und irgendwann in der Elster-Kaltzeit ist es auch die Mittelgebirge hinaufgekrochen und hat seine Irrblöcke bis auf die Hochflächen des Harzes verstreut.

Auf der Nordhalbkugel zeigen von der Kaltzeit befreite Landschaften, recht übereinstimmend, die typischen Symptome der eiszeitlichen Gewalt: Da sind zunächst die flachen oder kuppigen *Tills*, in Deutschland auch Grundmoränen genannt; dies sind Mergelschichten, die unter den Eispanzern durch Druck und Schliff gebildet worden sind; in solche Tillplatten eingebettet finden wir Toteis-Löcher, die so heißen, weil mächtige Teile des Gletschers abgebrochen waren und liegenblieben, oft verschüttet und damit konserviert – sie zeigen sich noch heute als Seen oder Moore; und dann sind da noch die großen Gletscherzungenbecken, worin sich bis in unsere Zeit Seewasser hält – man denke an die skandinavischen Fjorde. Schließlich gibt es die Endmoränen, ausgeprägte Erhebungen, die durch Aufschiebungen an der Gletscherstirn entstanden sind. Weiter bemerkenswert sind schließlich die von Schmelzwässern geformten Schotter- und Sandebenen, auch die Schmelzwasserrinnen, worin wir häufig lange schmale Seen finden, und die breiten Urstromtäler, worin sich die Schmelzwässer sammelten und den Randmeeren zuströmten. Die erwähnten Findlinge sind aus einem Granitstein, wie es in Juragebirgen vorkommt, und von den unendlich vielen Irrlingen Norddeutschlands weiß man heute, dass sie aus Skandinavien stammen und eben von den Eisgletschern der Kaltzeiten an ihre heutigen Fundorte verschleppt worden sind, nicht etwa vom Wasser der Flüsse. Manche Steine haben eine eisige Wanderung von tausend Kilometern hinter sich, ehe sie irgendwo frei schmolzen und zu markanten Punkten in der warmzeitlichen Landschaft wurden. Mit solchen Findlingen hat man Megalith-Kultstätten und Kultgräber errichtet, Werkzeuge hergestellt, Festungen, Kirchen und Fundamente errichtet oder Straßen gepflastert. Noch heute sammelt man Findlinge vom Feld und wirft sie auf Lesesteinhaufen, weil solche Findlinge in Wintern mit häufigen Frostwechseln an die Oberfläche gerüttelt werden. Es sind gewaltige Steine darunter, die den Weg aus Skandinavien nach Deutschland fanden: Im Berliner Lustgarten, nahe der Straße Unter den Linden, steht eine Granitschale mit einem Durchmesser von rund sieben Metern; ihr Rohmaterial wog runde achtzig Tonnen und war aus einem Findling in den *Rauener Bergen* östlich der Hauptstadt herausgesprengt worden; die Restblöcke des ehemaligen Großen Markgrafensteins liegen noch heute auf einer der waldigen Höhen bei Rauen, und es lohnt, sie zu betrachten – es sind gigantische Brocken, so hoch und rundgeschliffen, dass man den höchsten nicht ohne Leiter besteigen kann.

Wohl alle Forscher stimmen überein, dass unsere Zeit, das sogenannte *Holozän* beziehungsweise *Postglazial*[215], eine Warmzeit ist. Den Höhepunkt dieser Warmzeit hat eine uns recht nahe Menschengeneration vor rund sechstausend Jahren erlebt, und es kühlt schon wieder ab: In spätestens 60.000 Jahren, so rechnen die Experten, werden *Vancouver, Ottawa, Reykjavik, Belfast, Edinburgh, Oslo, Stockholm, Kopenhagen, Berlin, Helsinki, Riga oder St. Petersburg* unter einem nächsten gewaltigen Eispanzer zerrieben sein, der sich von Nord nach Süd geschoben hat. Wieder wird der Ärmelkanal zur baumlosen Tundra mit Riedgräsern und Moosfarnen verwandelt sein, woraus die weißen Klippen Englands ragen, und wieder wird der Rhein durch den verlandeten Ärmelkanal strömen, die Themse aufnehmen und irgendwo anders in den Atlantik münden. Diese nächste Eiszeit, so ist zu vermu-

---

[215] Die Epoche nach der letzten Eiszeit, die die Gegenwart einschließt

ten, könnte dann vielleicht auch wieder etwa 100.000 Jahre dauern.

Es stellen sich nun die Fragen, ob solche Temperaturschwankungen für alle erdgeschichtlichen Zeitalter typisch sind, und wie ein solches globales Wechselbad möglich ist. Die Antwort ist schwierig: Nur etwas mehr als ein Siebentel der irdischen Klimageschichte kann heute rekonstruiert werden; so reichen die Untersuchungen nicht weiter zurück als 600 Millionen Jahre; vom Klima vor dem *Kambrium* wissen wir nichts. Klassische Indizien für erdgeschichtliche Kaltzeiten sind Gletscherschrammen und verfestigte Tills[216] - Mergelschichten also, die man *Tillite* nennt. Solche Indizien stammen nicht nur aus der Quartär-Zeit: So geht man heute davon aus, dass das *Jung-Kambrium* vor ungefähr 570 Millionen Jahren mit einer gewaltigen Kaltzeit zu Ende gegangen ist; auch verabschiedete sich vor etwa 280 Millionen Jahren das *Jungpaläolitikum* mit einer, wie es *Bölsche*[217] sagt, unendlich blauen Glasschale von Inlandeis. Fängt man an zu rechnen, könnte man eine Periodizität der drei großen Glaziale unterstellen, die rund 300 Millionen Jahre beträgt. Aber es gibt noch eine weitere Eiszeit, die vor 440 Millionen Jahren mit dem *Ordovizium* zu Ende ging; sie zieht einen frostigen Strich durch eine solche These.

Bis 1910[218] sagten die Experten, die Geschichte des Klimas und der historischen Geologie zeige, dass sich das Erdklima seit dem Ende der Eiszeiten nicht merkbar verändert habe. In unseren Tagen ist aber der Beweis erbracht, dass in den vergangenen tausend Jahren verschiedene Male das Klima katastrophal abgestürzt ist. Heute ist klar, dass *die Eiszeit selbst nicht so weit entfernt war, wie das geschienen habe, und dass in der Tat die nachglaziale Geologie Europas gleichzeitig mit der Geschichte Ägyptens verlief*[219].

Starke Klimastürze, sogenannte Mini-Eiszeiten[220], werden zum Beispiel Anfang des siebten Jahrtausends und in der Mitte des zweiten Jahrtausends vor der Zeitrechnung angesetzt. Auch ungefähr 700 vor der Zeitrechnung trat so eine Katastrophe ein, in Skandinavien markierte sie das Ende der Bronzezeit und brachte Verwüstungen und Armut mit sich – sie soll mit katastrophaler Plötzlichkeit eingesetzt haben. Solche Erkenntnisse finden ihren Beweis in den Pollen- oder Baumringanalysen, in den Messungen und Funden der Archäologen, Biologen, Geologen, in den historischen oder

---

[216] Grundmoränen

[217] Wilhelm Bölsche, * 1. 1861, † 31. 8. 1939

[218] Internationaler Geologischer Kongress, Stockholm

[219] Brooks, Climate through the Ages

[220] Walter Pitman und William Ryan

mythologischen Forschungen.

Bekannt ist das Phänomen der *Kleinen Eiszeit*, eine längere Periode vergleichsweise kalten Klimas von Anfang des 15. bis in das 19. Jahrhundert unserer Zeitrechnung hinein. Global signifikant, wenn auch zeitlich nicht immer ganz synchron, lagen die Temperaturen zwischen 800/900 und 1200/1300 um bis zu zwei Grad tiefer als gewohnt. Die Kleine Eiszeit ist für Europa, Nordamerika, Russland, China und in der Arktis nachgewiesen; die siebzig Jahre von 1645 bis 1715 gelten als ihre frostigste Periode. Im 15. Jahrhundert fror mindestens zweimal die Ostsee komplett zu. Bemerkenswert kalt waren auch die Jahrzehnte von 1570 bis 1630. Damals gab es abnorm frostige, lange Winter und regenreiche, kalte Sommer. Vom siebzehnten bis neunzehnten Jahrhundert drangen die Alpengletscher vor und zerstörten Bergsiedlungen. Auch die Packeisgrenze schob sich wieder nach Süden, ein Phänomen, das Island mit der Isolierung von der Außenwelt bedrohte. Jahr um Jahr froren in den Niederlanden die Kanäle und Grachten zu, und die Londoner frequentierten damals die *Frostjahrmärkte* auf der zugefrorenen Themse. Den eisbedeckten New Yorker Hafen konnte man im Winter 1780 zu Fuß überqueren. Auf den Großen Seen in Nordamerika hielt sich das Eis das Frühjahr hindurch.

Hinweise auf die Klimadaten der Kleinen Eiszeit gibt es etliche: Sie finden sich in wissenschaftlichen Arbeiten[221], in zeitgenössischen Berichten, Wachstumsringen der Bäume, Pollenanalysen oder organischen Ablagerungen. Auch die Kunst ist ein Klimazeuge: Wir kennen die Winterlandschaften der niederländischen Meister[222] des 16. und 17. Jahrhundert, oder *Vivaldis* Winterkonzert, das das Schlittschuhlaufen auf der Lagune von Venedig in Töne setzt. Gemälde aus der frühen mandschurischen Qing-Dynastie[223] weisen in die gleiche Richtung.

Die Ursache für die Kleine Eiszeit soll eine Verminderung der Sonnenaktivität sowie ein verstärkter Vulkanismus gewesen sein. Genannt wird die Eruption des *Laki*[224] am *Grímsvötn* in Island, die größte Naturkatastrophe der frühen Neuzeit, die zum Schreckenswinter 1783/84 führte. Auch soll der Golfstrom zur Zeit der Kleinen Eiszeit um ein Zehntel schwächer als gewohnt geflossen sein. Umfassende und eindeutige Erklärungen gibt es nicht, Vieles ist im Widerstreit, im Kleinen wie im Großen.

---

[221] *Calendarium* des Astronomen Johannes Fabricius

[222] Hendrick Avercamp, *Pieter Brueghel*

[223] Beginn: 1644

[224] 8. Juni 1783

Oftmals verwandelt sich ein alter, scheinbar zu einem Ziel führender Pfad in einen Kaninchenwechsel und mündet schließlich unter einer Baumwurzel in ein Loch. So beschreibt *Graue Eule*, der weiße Algonkin-Indianer, die trügerischen Irrwege in der Wildnis Kanadas. Die Etappen und Schlappen der eiszeitlichen Ursachenforschung ähneln *Wäscha-kwonnesins*[225]Beschreibung wie ein Zwilling. Es ist ein ungelöstes Rätsel, wie es kommen kann, dass die globalen Lufttemperaturen um fünf bis sechs Grad Celsius sinken und eine neue quartäre Eiszeit über die Erde bringen; ebenso wenig wird überzeugend erklärt, warum am Rande der Eismassen das Thermometer sogar um sechs bis zehn Grad in den Keller geht. Die Fachleute sind hier in Beweisnot. So viele Fakten die Glazialtheorie heute stützen, so wenig weiß man über die Ursachen solcher globalen Temperaturstürze und Vereisungen. Es gibt etliche Grundsatzthesen, die zusammenpassen, andere, die wie Feuer und Wasser sind.

Lange Zeit brachte man die Entstehung der Kalt- und Warmzeiten mit dem Phänomen der Sonnenflecken in Verbindung. Der holländische Forscher *Eugen Dubois* hatte sie 1893 als periodische Rotschwankungen des Zentralsterns gedeutet, die Anzeichen für sein allmähliches Erkalten seien und die Ausbildung von Eiszeiten begünstige. Gegenteiliger Ansicht war *Svante Arrhenius*, ein schwedischer Wissenschaftler, der die Sonnenflecken für verstärkte Eruptionen hielt und als Zeichen höherer Sonneneinstrahlung verstand, die zur Warmzeit führe. Hier steht man am Ende des Pfades der Grauen Eule, am toten Punkt der Wildnis Wissenschaft: Dubois sah in der Vergrößerung der Sonnenflecken den Auslöser irdischer Kälte, Arrhenius die Ursache irdischer Wärme – dem Skeptiker mag dies zeigen, dass das Pulsen der Sonnenflecken vielleicht doch nicht die richtige Spur zu den kaltzeitlichen Eismassen ist.

Besonders betagt und hartnäckig ist die These von den unterschiedlichen Temperaturen im Weltraum. Unsere Sonne soll mit ihren Planeten, eingebettet in das mit Sternen gespickte Milchstraßensystem, abwechselnd durch kältere und wärmere Gebiete des weiten Raumes rotieren.

Vor 280 Millionen Jahren, Im *Karbon/Perm*, soll der Südpol im südlichen Afrika beziehungsweise in der südost-australischen Inselwelt gelegen haben. Die Landmasse um diese Pole sah seinerzeit anders aus als heute, sie bestand aus dem Großkontinent *Gondwana*, in dem sich das heutige Südamerika, Afrika, Madagaskar, Indien, Australien und die Antarktis zusammenballten. Solche Polverschiebungen wurden oft zur Erklärung der Wechsel von Kalt- und Warmzeiten herangezogen. In diesem Modell ist Bipolarität das Prinzip: *Lässt man nämlich den einen Pol wandern*, so schreibt Bölsche, *so muss*

---

[225] Graue Eule

immer auch der andere mit, und die Sache muss stets doppelt passen. Immer neue Länder und Meere sollen im Laufe der Erdzeitalter auf diese Weise über die Pole gewandert sein, auch unter die polaren Eisschalen. 1901 veröffentlichte der Ingenieur *Paul Reibisch* seine *Pendulationstheorie*: Die Erde beschreibe eine Pendelbewegung zu ihrer Drehachse, so, als kippte ein unsichtbares kosmisches Monstrum sie zwischen zwei Fingern langsam polwärts vor und zurück. Solange Europa in Richtung Äquator pendelt, hat es tropisches Klima und wachsen auf Spitzbergen oder Grönland Magnolien und Zypressen. Pendele es zurück, kommt die Tundra nach Europa und später dann das Eis. 1907 ordnete *Heinrich Simroth*, ein Leipziger Zoologieprofessor, die Pendelausschläge den einschlägigen Erdzeitaltern zu: Im Paläozoikum, dem Erdaltertum, sei das Pendel zum Nordpol gegangen, im Mesozoikum, dem Erdmittelalter, zum Äquator hin, im Tertiär wieder polar, in unserer Zeit wieder äquatorial. Die Pendulationstheorie beschäftigt sich auch mit Veränderungen durch zentrifugale Kräfte, die ein solches Pendeln mit sich bringt: Die Erde ist an den Polen durch den Rotationsschwung abgeplattet, wie man weiß, und am Äquator ausgewölbt; diese Zustände würden sich den Meeren und dem Festland mitteilen, welche sich durch das Pendel dem Pol oder Äquator immer neu zuneigten. Wasser ist weich und passe sich solchen Wechseln sehr viel rascher und konfliktloser an als die harten Kontinente; das führe zu Tauchfahrten der Kontinente, wenn es zum Äquator geht, und zu ihrem Emporsteigen, geht es zum Nordpol.

Auch hat das ausbalancierte Netz der warmen und kalten Meeresströmungen Stoff für die Ursachenforschung der Eiszeiten geliefert: Die großen tropischen Äquatorialströme werden von den Passatwinden nach Westen gedrückt, stauen sich um die Antillen und im Golf von Mexiko, vereinigen ihr abgelenktes Heizwasser im Golfstrom, dessen Wärme nach Norden bis gegen die Westküsten Nordeuropas treibt. In umgekehrter Richtung wälzt der Labradorstrom sein Eiswasser nach Süden, aus der Davisstraße an Ostgrönland vorbei gegen Nordamerika. Was passiert aber, wenn die Landenge von Panama aufbräche? Die heißen tropischen Ströme flössen in den Pazifik, und der Europa wärmende Golfstrom gehörte der Erdgeschichte an – dort herrschte dann der Labradorstrom. Oder was wäre los, wenn es eine Landbrücke gäbe, die Europa über die britischen Inseln und über Island an Grönland anschlösse und vom Golfstrom abkoppelte? – eine solche Landbrücke soll tatsächlich bis ins junge Quartär vorhanden gewesen sein. Es gibt noch etliche Varianten solcher geologischen Planspiele. Man hört dann selbst den eisigen Wind heulen und die frostigen Gletscherzungen krachen, die sich über Skandinavien gelegt haben und nach Mitteleuropa drängen.

Auch wird die Chemie der irdischen Lufthülle zur Erklärung der Kalt- und Warmzeiten herangezogen: Alle Erdwärme ist der Sonne zu danken, aber ob sich diese Erdwärme erhält, hängt entscheidend von der Zusammensetzung der Lufthülle ab. Es war *Svante Arrhenius*, der 1896 die an sich geringen Anteile[226] des in der Luft gebundenen Kohlendioxids[227] zum Verursacher des Treibhauseffektes erklärte. Verschwände alles Kohlendioxid aus der Luft, würde die Temperatur der Erdoberfläche um 21 Grad Celsius sinken; weil aber eine solche Abkühlung auch den in der Luft gelösten Wasserdampf verringerte, der einen ähnlichen Treibhauseffekt wie das Kohlendioxid besitzt, ginge die Temperatur noch einmal um knapp den gleichen Wert herunter. Nun ist dies eine Extremrechnung. Immerhin wird sichtbar, wie sensibel das Klima auf veränderte CO_2-Werte reagiert – steigen sie über den kritischen Punkt hinaus wachsen Palmen in Europa, sinken sie, kommt das Eis. Die Wechselwirkung von CO_2-Verbrauch und CO_2-Ersatz hatte und hat nach Arrhenius geologische Konsequenzen, insoweit, als das Öffnen und Schließen des Treibhausfensters die Temperaturen des sonnenbestrahlten Planeten mal herauf- und mal heruntergehen lassen. Dies spiegelt sich, so Arrhenius, in den Erdzeitaltern – im Perm, aber auch im aktuellen Pleistozän, sei es kühler, im Tertiär aber wärmer gewesen. Der Schwede hielt die Smogwolken des irdischen Vulkanismus für den CO_2-Anstieg in der Luft verantwortlich, dessen Intensität er für langfristig wechselhaft annahm – rauchen und spucken die Vulkane für einige hunderttausend Jahre weniger intensiv, kommt es zur Eiszeit.

Die zeitgenössische Wissenschaft sieht das Ursachenspektrum differenzierter: Die Rotation der Erde und ihr Lauf um die Sonne werde von diversen Massen-Anziehungskräften beeinflusst, in erster Linie von denen der Sonne selbst. Da ist aber auch Jupiter, der die doppelte Masse aller anderen Planeten und ihrer Monde zusammen besitzt. Alle Planeten reagierten auf solche Kräfte, jeder auf seine Weise: Für die Erde typisch sei die Präzession ihrer Achse, womit eine Bahn auf einem gedachten Kegelmantel gemeint ist. Die Erde drehe sich also taumelnd durch den Raum, wie es ein austrudelnder Kreisel tut. Der Zyklus einer solchen ganzen Trudeldrehung betrage im Schnitt 21.000 Jahre, wobei die Perioden zwischen 16.000 und 26.000 Jahren schwanken. Die Präzession sei aber nur der eine astronomische Parameter. Der zweite sei die Neigung der Erdachse gegenüber der Erdbahn, den Fachleute *Schiefe der Ekliptik* nennen. In einer Periode von durchschnittlich 41.000 Jahren nicke diese um knapp 2,3 Grad[228] - nimmt die Schiefe ab, wie es zur Zeit geschieht, verringerten sich die Unterschiede zwischen den Jahreszeiten, nimmt sie zu, verstärkten sie sich. Präzession und Schiefe der Ekliptik/Nutation beeinflussten besonders das Klima der Nordhalbkugel und der Pole. Der dritte Parameter sei die Veränderung der Erdbahn um

---

[226] knapp 0,05 Volumenprozent

[227] CO_2

[228] periodische Achsschwankungen

die Sonne. Mal sei sie elliptisch, mal ein Kreis – die Schwankungsbreite betrüge rund zwanzig Prozent. Zurzeit sei die Erdbahn fast kreisförmig, was ja durchaus für ein gemäßigtes Klima beziehungsweise eine Warmzeit spricht. Die Extremformen Kreis und Ellipsenmaximum trennten im Mittel 92.000 Jahre, wobei die Werte zwischen 72 und 103.000 Jahren schwankten. Alle drei Parameter zusammen veränderten das Einstrahlungsvolumen des Sonnenlichts auf die Erde. Sie wirkten jedoch zeitlich versetzt, auch seien sie unterschiedlich lang. Es träten deshalb Phasen ein, worin sich das klimatische Auf und Ab verstärkt beziehungsweise reduziert.

Die *Flohnsche Mehrfaktorenhypothese*[229] fügt solchen astronomischen Gründen etliche globale hinzu und verknüpft sie miteinander: Hauptursache des Wechsels von Kalt- und Warmzeitalters, so Flohn, sei die Drift einer größeren Landmasse in eine polnahe Lage. Für das Quartär müsste das die Drift des antarktischen Kontinents in den südpolaren Bereich sein - solange die Antarktis ihn nicht verlassen habe, werde der Kaltzeit-Warmzeit-Zyklus anhalten. Schon vor rund 34 Millionen Jahren, im Tertiär, habe sich eine winterliche Schneedecke in der Antarktis aufzubauen begonnen, die ständig gewachsen sei. Das antarktische Eisschild habe sich daraus vor etwa 15 Millionen Jahren gebildet. Das jährliche sommerliche Abschmelzen dort habe das Tiefenwasser der umliegenden Meere abgekühlt, was sich durch die Meeresströme global ausgewirkt habe. Insbesondere in den höheren Breiten sei es schließlich am Ende des Tertiärs deutlich kälter geworden. So habe es kommen können, dass sich vor ungefähr 3,5 Millionen Jahren auch im nördlichen Polarbereich eine Eisdecke zu bilden begann. Dann sei das antarktische Eis über die Landflächen hinausgequollen und habe einen weiteren Kälteschub gebracht, der auch die nördlichen Eisschilde wachsen und den Weltmeerspiegel bis auf minus 145 Meter sinken ließ. Dieser Trend sei schließlich ins Gegenteil gekippt: Die rabiaten Temperaturtiefs hätten die Verdunstung über den Ozeanen um bis zu 30 Prozent gemindert, was die Niederschläge reduzierte – so wurden die Eisschilde der Nord- und Südkugel irgendwann nicht mehr ausreichend mit Schnee versorgt. Auch seien die Ränder der nördlichen Gletscher mit aufgewehtem Löß verschmutzt worden, was im Sommer dazu geführt habe, dass mehr Wärme absorbiert wurde und die Gletscher allmählich schmolzen, was auch das Weltmeerniveau wieder steigen ließ. So sei es schließlich global wieder wärmer geworden, die Verdunstung hätte zugenommen und damit auch der Niederschlag. Diese Mehrfaktorenhypothese schnürt kosmische und globaltektonische Zustände in ein Paket von Ursachen, die einen Kreislauf von Kalt- und Warmzeiten in Gang halten, solange eine genügend große Landmasse über den Südpol driftet. Sie unterstellt durchaus eine gut umrissene Periodizität: Durch-

---

[229] 1969

schnittlich alle 5.000 Jahre sähen wir einer Tundrenphase entgegen, alle 22.000 Jahre einer deutlichen Inlandausbreitung, alle 60.000 Jahre einem Kaltzeithöhepunkt.

Es gibt also eine große Zahl von Versuchen, die Ursachen der erdgeschichtlichen Kalt- und Warmzeiten zu erklären. Letztlich kommt man nicht so recht voran: Erklärt man eines oder zwei der glazialen Phänomene, das ist das Dilemma, reichen die Argumente nicht für die übrigen. Man wird den verschiedenen Hypothesen Ungenügen vorwerfen müssen, der einen mehr, der anderen weniger: Sie alle haben ihre gute Logik, aber nur dann, wenn man sie kontinental anwendet, auf Europa zum Beispiel; Nordamerika erforderte schon wieder seine individuelle, eigene These; die bipolaren Parallelen, die tertiäre Wärme, die vorquartären Eiszeiten und ihre Polverschiebungen – alles dies wird nicht schlüssig in eine überzeugende, einzige Glazialtheorie zusammengeführt. Beginnen wir mit der Überlegung, die Sonnenflecken stünden in Wechselwirkung zu den Warm- und Kaltzeiten: Die Sonnenfleckenperioden, also das Schwanken zwischen Minimum und Maximum, vollziehen sich in Zeiträumen von durchschnittlich rund elf Jahren. Diese kurzen Fristen stehen in keinem Verhältnis zum gemächlichen Wechselspiel der Glaziale und Postglaziale, das sich in hunderttausenden von Jahren bemisst. Betrachten wir die These, unser Sonnensystem durchquere unterschiedlich temperierte All-Zonen: Es gibt so recht keinen Anlass, sich das All als unterschiedlich kalt vorzustellen. Man müsste schon eine Wärmequelle benennen, die unserer Sonne assistiert, während sie ihre Bahn nimmt. Das kann dann freilich nur so etwas sein wie eine fremde Sonne, ein ferner Sonnenzwilling vielleicht, in dessen Nähe wir geraten. Schwer vorstellbar, wenn bedacht wird, dass Alpha Centauri als nächster Fixstern immerhin 4,3 Lichtjahre von uns entfernt seine Bahn zieht, und ansonsten kein vergleichbares Gestirn zu orten ist. Auch die Überlegung mit den Meeresströmungen hat ihre Schwäche: Es gibt keinen definitiven Hinweis darauf, dass der Golfstrom im Quartär irgendwann seinen Weg durch die mittelamerikanische Landbrücke in den Pazifik gefunden hätte – es ist auch ziemlich unwahrscheinlich, dass es diesen tropenwarmen Strom in dieser Form und Richtung überhaupt schon gegeben hat vor 280 Millionen Jahren, als es zur archaischen Gondwana-Eiszeit gekommen ist. Was den Kohlendioxidgehalt der Luft und seine Treibhauswirkung anbetrifft, ist Vorsicht geboten: Bringt man das Anwachsen beziehungsweise Schwinden des CO_2-Anteils mit wechselnden vulkanischen Intensitäten in Verbindung und zieht solche Ereignisse zur Erklärung der Warm- oder Kaltzeiten heran, wird man auch die Gründe herausfinden und darlegen müssen, wie es zu solchen tektonischen und atmosphärischen Änderungen kommt; die Erörterung des Umwelt- und Zivilisationsfaktors Mensch allein wird hier nicht ausreichen, erschöpft sich doch die Geschichte des Homo Sapiens weitgehend im fortschreitenden Quartär. Auch die These von den Polwanderung beziehungsweise die Pendulationstheorie stehen auf schwachen Füßen: Die angebliche Pendulation des Globus ist nicht messbar, erwiesen ist nur das kleine 2,3-Grad-Nicken der schiefen Erdachse; dieses Nicken ist mit besagter Pendulation nicht identisch und kann solche einschneidenden Klimafolgen wie den Wechsel von Kalt- und Warmzeiten allein nicht in Gang setzen; was die Polwanderungen anlangt reicht es nicht aus sie nachzuweisen, auch ihre Ursachen müssen erläutert werden – sie aber liegen im Dunkeln. Auch die Flohnsche Mehrfaktorenhypothese beantwortet weniger Fragen als sie aufgibt: Wie wir wissen, stehen sechs quartären Kaltzeiten in 2,4 Millionen Jahren nur drei vorquartäre Eiszeiten gegenüber, die sich auf rund 600 Millionen Jahre verteilen; dieses Zeitproblem mit dem Automatismus einer Drift von Kontinenten über die Pole und diversen kosmischen Einflüssen zu erklären, lässt Fragen offen.

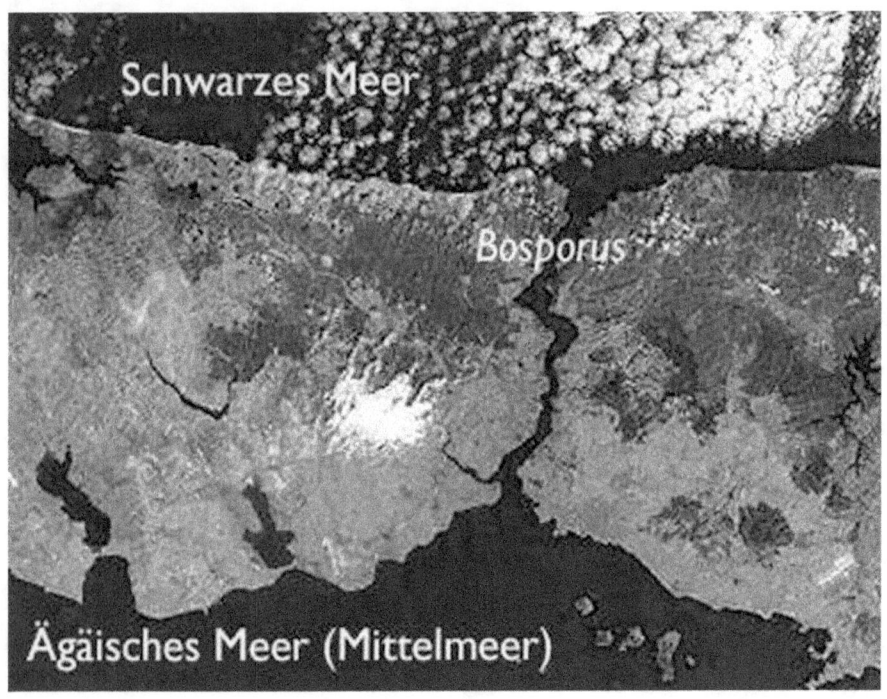

Der Bosporus beim heutigen Istanbul

DEICHBRUCH AM BOSPORUS

Die Gletscher der Eiszeit schliffen, erdrückten, verschoben die Landschaften des Kontinents bis zur Unkenntlichkeit, ihnen standen die Schmelzwässer der folgenden Warmzeit in ihrer Zerstörungskraft nicht nach.

Während das Eurasische Eisschild, das bis -12.500 bestanden hatte, schmolz, nahmen die Meere diese Schmelzwässer auf und stiegen letztlich um etwa 120 Meter an. Diese Schmelze ereignete sich in zwei kurzen schnellen Schüben, die von einer tausendjährigen frostigen Zwischenphase unterbrochen waren.

 Der erste rasante Schub ungeheurer Wassermassen aus dem schmelzenden Eispanzer, der Nordeuropa und Asien bedeckt hatte, füllte Dutzende großer Seen, die heute nicht mehr existieren, den Oberen Dnjepr See zum Beispiel, den Oberen Wolga See, den Dwina Pechora See, den Tunguska See, den Pur See oder den Mansi See. Diese *Großen Seen* füllten sich, schwollen an, durchbrachen die Kämme der Erdwälle und flossen nach Süden zum Aral See ab, zum Kaspischen Meer und zum Schwarzen Meer. Das *Schwarze Meer* führte damals über den *Sakaria-Abfluss* und das *Marmara Meer*[230] Schmelzwässer durch den *Dardanellen-Abfluss* in das *Ägäische Meer* ab.

Der zweite Schub der Schmelzwässer begann etwa 9.400 vor der Zeitrechnung. Sein Abfluss vollzog sich anders als der erste, denn er erreichte nie das Schwarze Meer, sondern nahm seinen Weg in den Urstromtälern von Dnjestr, Dnjepr und Wolga nach Westen. Unmengen von Wasser flossen durch Polen und Deutschland in die Nordsee. Während der Süßwasserspiegel des Schwarzen Meeres verdunstete und unter die Höhe der Ozeane sank[231], stieg der Pegel der Weltmeere unaufhörlich. Etwa um -5.600 lag die Küstenlinie des Mittelmeers gut 100 Meter unter der Krone des Bosporus-Damms, der damals noch keine Meerenge war, sondern eine natürlich gewachsene Sperrbarriere. Schließlich stand der Pegel der Weltmeere nur noch fünfzehn Meter unter dem heutigen Niveau. Die Schicksalsjahre hatten begonnen, worin das Mittelmeer begann, den Bosporus-Damm aufzuweichen und zum Schwarzen Meer durchzusickern.

Die Wassermassen und der Druck des Mittelmeers und des angrenzenden Atlantik sind gewaltig und unerschöpflich. Das Rinnsal am Bosporus entwickelte sich bald zu einer Sturzflut. Sie würde erst ein Ende haben, wenn sich die Pegel ausgeglichen hatten und das Schwarze Meer Salzwasser führte. Die Menschen an den Küsten mussten täglich 400 Meter landeinwärts zie-

---

[230] Drei Süßwasser Reservoire

[231] Beginn etwa -10.000

hen, um der Überflutung zu entkommen. Eine Flucht durch die flachen Flusstäler forderte ihnen die vierfache Tagesleistung ab. Die Siedlungen an den Küsten sind innerhalb von wenigen Wochen im Meer versunken. Die Menschen kannten die Gefahr, die auf sie zukam. Der Durchbruch des Meeres war ein drohendes Getöse, etliche Wochen zitterte der Boden und dröhnte die Sturzsee.

Während das Schwarzmeergebiet überflutet[232] wurde, gerieten die Völker in Bewegung. Die Schnurkeramiker breiteten sich bis nach Westeuropa aus. Die Proto-Indoeuropäer gingen nach Norden und Nordosten, die Semiten und Ubaiden zogen bis zum Persischen Golf, die Prädynastischen Ägypter erreichten das Nildelta.

---

[232] vor 7.600 Jahren

Sechster Teil

Sternchaos

Merkur, das Caloris-Becken (NASA-Foto)

DER SCHWARZE STERN

Zum Kreis der altgriechischen Götter zählt eine Göttin, die die schicksalhafte Aufgabe hatte, den Menschen das ihnen *Gebührende* zuzuteilen. Sie wachte über das rechte Maß an Glück und Recht für die Sterblichen wie es hieß, und vergalt begangenes Unrecht und Übermut. Diese Göttin hieß *Nemesis*, ihr Name ist zum Synonym für grausige Vergeltung geworden.

Amerikanische Wissenschaftler[233] haben einen Stern nach ihr benannt, von dem sie vermuten, dass er unsere Sonne begleitet und periodische Massensterben auf der Erde auslöst. Die Existenz dieses Sterns ist eine Fiktion, unbewiesen wie die Göttin Nemesis selbst und das antike Pantheon, aber eine fesselnde Theorie, die viele Rätsel der Erdgeschichte lösen könnte.

Diese Fachleute sagen, dass der *schwarze Stern*, *Nemesis* genannt, als kleine fremde Sonne vorstellbar ist, die in einer extrem exzentrischen Bahn um unser Zentralgestirn läuft. Regelmäßig tauche *Nemesis* in die *Oortsche Wolke* und träte einen Kometenhagel los. Es wird eine Orbitalperiode von sechsundzwanzig Millionen Erdjahren vermutet, eine Sonnendistanz zwischen dreißigtausend und hundertfünfzigtausend Astronomischen Einheiten. Das letzte Massensterben, so wird datiert, läge zirka dreizehn Millionen Jahre zurück. Heute sei *Nemesis* zwei bis drei Lichtjahre entfernt und liefe extrem sonnenfern. Erst in dreizehn Millionen Jahren käme uns der Killerstern wieder gefährlich nahe, durchquere die *Oortsche Wolke* und löse seinen nächsten Bombenteppich aus.

Die Annahme, es gäbe so etwas wie diesen *Schwarzen Stern*, bezeichnet die Wissenschaft als *Ad-hoc-Konstruktion* – unter diesen Begriff fasst man die Einführung eines neuen Gesichtspunktes, um ein Phänomen zu erklären. Nun ist nicht zu bestreiten, dass Ad-hoc-Konstruktionen in der Geschichte der Wissenschaft die Forschung belebt und neue und überraschende Erkenntnisse gebracht haben. So hat man sich auch in den vergangenen Jahrzehnten alle Mühe gegeben, diese zweite Sonne zu finden. Die Teleskop- oder Satellitenauswertung des Sternhimmels hat aber nichts gebracht, die Forschung tritt auf der Stelle. Solange es keinen Beweis gibt für die vermutete Sonnenbegleiterin *Nemesis*, sind Zweifel angesagt an ihrer Existenz. Es ist verständlich, dass es still um den *schwarzen Stern* geworden ist.

Der *schwarze Stern* müsste eigentlich zu sehen sein, wie *Proxima Centauri* etwa, der als sonnennächster Stern gilt, zumal *Nemesis*, so muss man annehmen, sehr viel sonnennäher umläuft als *Proxima Centauri*. Wenn jedoch die Masse des *schwarzen Sterns* weniger als ein Achtel unseres Zentralgestirns erreichte,

---

[233] Daniel P. Whitmire, Albert A. Jackson IV, Piet Hut, Marc Davis, Richard Muller, David M. Raup, Jack Sepkoski

das ist auch wahr, würde es schwer fallen, ihn zu entdecken: *Die Minimalmasse des heimlichen Begleiters kann auf etwa ein Zweihundertstel der Sonnenmasse oder fünf Jupitermassen geschätzt werden, sonst würde sie nicht ausreichen, um die Oortsche Wolke stark genug zu stören. Ein Stern innerhalb dieser Massengrenzen könnte in einer Million Jahren rund 500 bis 1000 Millionen Kometenkerne ins innere Sonnensystem jagen, von denen einige die Erde mit ziemlicher Sicherheit treffen dürften. Wenn der Stern weniger als etwa ein Fünfzehntel der Sonnenmasse hätte, wäre er ein Brauner Zwerg, der nur im Infraroten glüht. Dann erschiene es nicht so verwunderlich, dass er am Himmel bislang noch niemandem aufgefallen ist*[234].

---

[234] Rüdiger Vaas

Die Sombrero-Galaxis (NASA-Foto)

Die Antennen-Galaxis (NASA-Foto)

DIE ANTENNEN-GALAXIS

Lautlos und majestätisch rollen zwei Feuerräder aus Myriaden von Sternen aufeinander zu und beginnen sich in einem grazilen Tanz zu umkreisen. Zwei leuchtende Bänder lösen sich aus dem Schwung des funkelnden Duos und eilen ihm wie filigrane Schleier hinterher. Dann wird die unsichtbare Kraft übermächtig, die dieses kosmische Ballett dirigiert, und die rotierenden Spiralen greifen wie elastische Zahnräder ineinander, verbiegen sich und strahlen in einem galaktischen Glanz, der noch Äonen später viele Lichtjahre entfernte Astronomen staunen lässt[235].

Die Karambolagen von Himmelskörpern mit Planeten oder ihren Trabanten sind kleine Fische im Vergleich zu den Karambolagen zwischen Galaxien. Solche Karambolagen gab es, gibt es und werden wieder passieren. In zirka drei Milliarden Jahren steht die Karambolage unserer Milchstraße mit dem Andromeda Nebel heran, mit etwas Glück wird es bei einem hauchdünnen Rempler dieser riesigen Galaxien bleiben. Beide sind zurzeit knapp drei Millionen Lichtjahre voneinander entfernt, rasen aber mit etwa dreihundert Sekundenkilometern zielstrebig auf ihren kosmischen Treffpunkt zu. Diese Kollision wird unser Sonnensystem in seinem Greisenalter treffen – in einer Endzeit, wo die Erde längst zur Glaswüste verbrannt ist von einem Zentralgestirn, das seine superheiße Zwischenphase hinter sich hat und in den letzten Zügen liegt. Diese Kollision brächte dann wieder frische Farben in unser dekadentes Sternensystem und zauberte funkelnde Kugelsternhaufen an den alten Himmel, die neu geboren und prächtig anzuschauen sind.

Bei solchen Crashs ist es übrigens eher unwahrscheinlich, dass einzelne Sterne ineinander krachen, denn in der Regel sind diese mehr als das Hundertmillionenfache ihres Durchmessers voneinander entfernt. Bei den Galaxien sieht das anders aus, die Entfernungen zwischen den Galaxien eines Galaxienhaufens betragen maximal das Hundertfache ihres Durchmessers. So kann man ausrechnen, dass galaktische Karambolagen rund eine Billion Mal wahrscheinlicher sind als Stern-Crashs – der Zusammenstoß von Milchstraßen in großen Galaxien sollte deshalb jederzeit in ein bis zwei Fällen zu beobachten sein. Die Astronomen untersuchen heute Tausende von Galaxien, die dicht aneinander vorbeirasen oder -rasten, sich streifen oder streiften, frontal aufeinander treffen oder trafen – sie zeigen sich als Ellipsen, verzerrte Spiralen, Ringe oder gebeutelte Fetzen; die Fachleute gehen davon aus, dass etwa zwei Prozent der Galaxien unser kosmischen Umgebung diesen gigantischen Crash erleben oder hinter sich haben.

Es ist klar: Wenn Galaxien ohne Kollision genügend nahe aneinander vo-

---

[235] Bild der Wissenschaft 4/1998

rüberziehen, wirken ihre Gezeitenkräfte aufeinander und verbiegen die ihnen zugewandte Staub- und Stern-Peripherie der jeweils anderen Milchstraße. Prallen zwei Galaxien mit einer Geschwindigkeit zusammen, die etwa bei 200 Kilometersekunden liegt, werden die beiden Milchstraßen in der Regel verschmelzen; spätestens bei Geschwindigkeiten über 600 Kilometersekunden ziehen sie sich nach der Kollision wieder auseinander, nachdem sie sich gegenseitig deformiert und zerrissen haben. Besonders spektakulär sind die Galaxien *NGC 4038* und *NGC 4039* im Sternbild *Rabe*, etwa 63 Millionen Lichtjahre entfernt; sie sind das jüngste Beispiel einer kosmischen Kollision, und man nennt sie *Antennen-Galaxien*, weil sie derartig ineinander verhakt und verwirbelt sind, dass aus einem milchweißen Sternklumpen zwei endlose Schweife aus galaktischer Gas- und Sternmasse links und rechts ins All züngeln – das Ganze mutet an wie ein dickbäuchiges Himmelsinsekt mit langen, weit tastenden Fühlern. Das Interessante an der Antennen-Galaxis: Man entdeckte darin mehr als tausend junge Kugelsternhaufen, die jeweils bis zu einer Million Sonnen haben und erst vor einigen hundert Millionen Jahren geboren worden sind.

So nehmen wir heute zur Kenntnis, dass diese gigantischen Milchstraßen-Crashs nicht nur zerstören, sondern ein Heer von neuen Sternen schaffen. Es werden unvorstellbare Gezeitenkräfte frei bei solchen Kollisionen, so ungestüm, dass die zusammenstoßenden Galaxien ihre Bausteine fieberhaft verheizen – so vervielfachen sich ihre Helligkeiten innerhalb weniger Jahrmillionen, was die Astronomen einen *Starburst* nennen. In diesen glühenden Kesseln voll Licht, Reibung und Schmelze kollabieren die Gas- und Staubwolken, die bis zu zwanzig Prozent der Gesamtmasse einer Galaxie ausmachen, und verdichten sich zu neuen Sternen. Die Fachleute beginnen zu ahnen, dass solche Kollisionen die eigentlichen Urkräfte sind, aus denen das Universum gewachsen ist. Man geht davon aus, dass es früher viel mehr Crashs oder Fast-Crashs dieser Art gegeben hat als heute, weil das Universum noch kleiner und kompakter war, die Galaxien also sehr viel dichter beieinander durchs All rasten. Damals waren Kollisionen die Regel, nicht die Ausnahme. So hat die Geburtenrate der Sterne im frühen Universum rapide zugenommen, etwa eine Milliarde Jahre nach dem Urknall etwa, und vielleicht zwei Milliarden Jahre später ihr Maximum erreicht – das dürfte das Zehnfache der Sternbildung von heute gewesen sein. Seitdem werden Starbursts immer seltener, in unserer näheren kosmischen Umgebung sind sie zur Rarität geworden.

Besonders die elliptischen Galaxien scheinen keine nur denkbare Karambolage ausgelassen zu haben: Schon der Streifflug zweier Galaxien mag, dies zeigen Computersimulationen, beide Sternsysteme in eine Ellipse zu zwingen. Manche der elliptischen Galaxien zählen zu den massigsten Galaxien überhaupt – man darf davon ausgehen, dass solche elliptischen Monster sich im Lauf etlicher Milliarden Jahre Dutzende kollidierender Galaxien einverleibt haben. Fachleute bezeichnen diesen kosmischen Heißhunger als galaktischen Kannibalismus. Computersimulationen der Brüder *Alar* und *Juri Toomre* am Goddard-Institut für Weltraumforschung der NASA haben diese Hypothese in den siebziger Jahren bestätigt: Aus der Verschmelzung von zwei oder mehreren Spiralen gingen immer wieder elliptische Galaxien hervor.

Ende

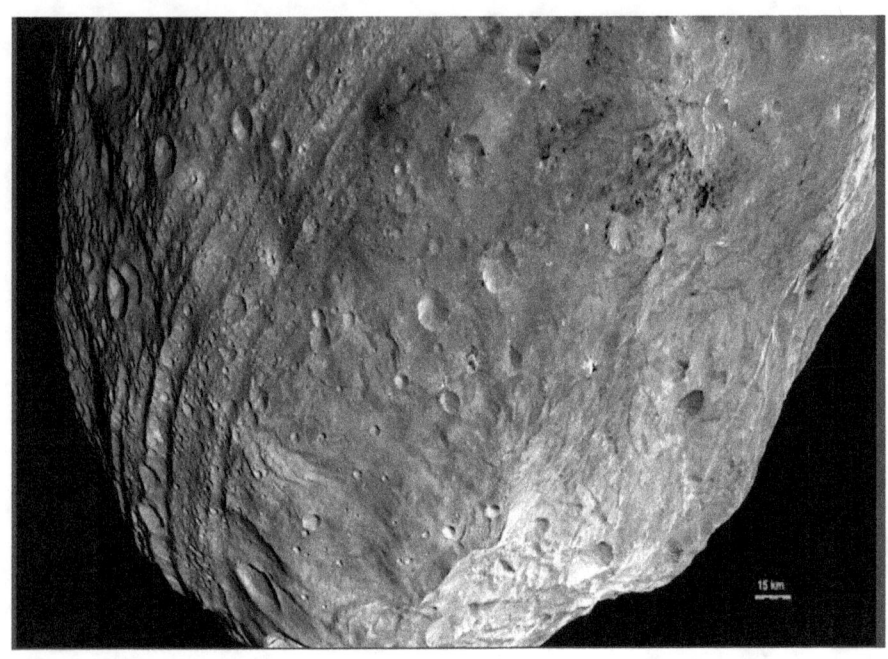

Vesta, Koloss unter den Asteroiden (NASA-Foto)

INHALT

Prolog eines Philosophen	5
Ein gnädiges Ende	7
Die Welt geht unter	17
Schnappschüsse	21
Abgesprengt	25
Sternschnuppen	27
Hiroshima-Bomben	31
Meteoritenjäger	41
Vagabundierende Steine	51
Durch den Globus gehämmert	55
Verhüllte Krater	57
Die Impact-Wüste	59
Eingefangene Asteroiden	65
Methan-Globus	69
Gesteinigte Trabanten	75
Verwitterte Sternwunden	77
Erdstreifer	91
Das Ein-Kilometer-Kaliber	95
Fallkötze in gefährlicher Nähe	103
Wolken aus Nuklei	107
Aufklärer im All	113
Fotojagd	119
Impact-Indizien	125
Atlantis	131
Tscheljabinsk 2013	137
Tunguska 1908	139
Satans heiße Spur	143
Vernichtung der Riesensäuger	151
Mythos Sintflut	163
Desaster im Nördlinger Ries	177

Flaschengrüne Pfeile	185
Verräterische Formationen	189
Graphitkohle	191
Das Auslöschen der Saurier	195
Artensterben	207
Das Erdgleichgewicht kippt	213
Das Rätsel der Wandersteine	221
Deichbruch am Bosporus	237
Der schwarze Stern	241
Die Antennen-Galaxis	245

LITERATUR

Das Buch wendet sich an Leser, die sich für die Geschichte des Universums und der Erde interessieren. Speziell geht es um den Einfluss von Katastrophen, die die Welt verändern.

Nachfolgend werden Veröffentlichungen angeführt, deren Details weiterführen.

Auch auf das Internet wird hingewiesen, das viele Möglichkeiten bietet. Besondere Aufmerksamkeit verdienen die Veröffentlichungen der ESA, NASA oder Wikipedia.

Apelt, Otto: Platons Dialoge; Hamburg, 1988

Bölsche, Wilhelm: Eiszeit und Klimawechsel; Stuttgart 1919

Bölsche, Wilhelm: Komet und Weltuntergang; Jena 1910

Bölsche, Wilhelm: Wenn der Komet kommt - in Vom Bazillus zum Affenmenschen; Leipzig 1900

Buckland, William: Reliquiae Diluvianae; London

Diagonal, Zeitschrift der Universität-Gesamthochschule-Siegen zum Thema Eiszeit, Jahrgang 1991, Heft 2

ESA: http://www.esa.int/ger/ESA_in_your_country/Germany

Fraedrich, Wolfgang: Spuren der Eiszeit; Berlin/Heidelberg 1996

Haber, Heinz: Unser blauer Planet; Frankfurt/Berlin 1989

Herrmann, Joachim: DTV-Atlas zur Astronomie; München, 7. durchgesehene Auflage 1/1983

Hoyle, Fred: Kosmische Katastrophen und der Ursprung der Religion; Frankfurt/Leipzig, 1997

Hsü, Kenneth J.: Die letzten Jahre der Dinosaurier; Basel/Boston/Berlin 1990

Kavasch, Julius: Meteoritenkrater Ries; Donauwörth 1992

Liedtke, H.: Die nordischen Vereisungen in Mitteleuropa; Forschungen zu deutschen Landeskunde, Bd. 204, 2. erweiterte Auflage; Trier 1981

Liedtke, H. (Hrsg.): Einszeitforschung; Darmstadt 1990

Gert Meier/Hermann Zschweigert: Die Hochkultur der Megalithzeit; Tübingen 1997

Muck, Otto: Alles über Atlantis; Düsseldorf 1976

NASA: http://www.nasa.gov/

Pitman, Walter/Ryan, William: Sintflut; Bergisch Gladbach 1999

Pösges, Gisela und Schieber, Michael: Das Rieskrater-Museum Nördlingen; München 1994

Rasumow, G. A. und Chasin, M. F.: Versinkende Städte; Leipzig 1989

Raup, David M.: Der schwarze Stern; Reinbek 1990

Rezanow, Dr. Igor Aleksandrowitsch: Katastrophen der Erdgeschichte; Köln 1985

Schaifers, Karl/Traving, Gerhard: Meyers Handbuch Weltall, 6. neu bearbeitete Auflage; Mannheim 1984

Tollmann, Alexander und Edith: Das Weltenjahr geht zur Neige – Mythos und Wahrheit der Prophezeiungen; Wien 1998

Tollmann, Alexander und Edith: Und die Sintflut gab es doch – vom Mythos zur historischen Wahrheit; München 1995

Tollmann, Alexander und Edith: Der Sintflut-Impakt; Wien, 1992

Vaas, Rüdiger: Der Tod kam aus dem All, Stuttgart 1995

Velikowsky, Immanuel: Erde im Aufruhr; Frankfurt/M, Berlin, Wien 1983

Velikowsky, Immanuel: Welten im Zusammenstoss; Frankfurt/M., Berlin, Wien 1982

Ward, Peter D.: Ausgerottet oder ausgestorben? ; Basel, Boston, Berlin 1998

Werner Watson, Jane/Bolle, Fritz: Die Welt in der wir leben; München/Zürich 1957

Weidinger, Erich: Die Apokryphen - Verborgene Bücher der Bibel; Augsburg 1995

Wikipedia: http://de.wikipedia.org/wiki/Wikipedia:Hauptseite

Woldstedt, P.: Das Eiszeitalter, Grundlinien einer Geologie des Quartärs; Stuttgart 1954

Woldstedt, P. und Duphorn, K.: Norddeutschland und angrenzende Gebiete im Eiszeitalter; Stuttgart 1974

Zanot, Mario: Die Welt ging dreimal unter; Augsburg 1992

Zolbrod, Paul G.: Auf dem Weg des Regenbogens – Das Buch vom Ursprung der Navajos; München 1988

Verzeichnis der Abbildungen

Phaeton stürzt vom Sonnenwagen (examiner.com)	4
Krater auf dem Mond (NASA-Foto)	6
Der Meteoriten-Krater Gosses Bluff (Gesamt), Australien (NASA-Foto)	15
Der Meteoriten-Krater Gosses Bluff (Innenring), Australien (NASA-Foto)	16
Pingualuit-Krater (auch Chubb-Krater) auf der Halbinsel Ungava, Kanada (NASA-Foto)	19
Der Saturnmond Dione (NASA-Foto)	20
Impact (Tomislav Zvonaric, http//www.shutterstock.com/)	24
Ganymed, der größte Mond Jupiters (NASA-Foto)	26
Krater auf dem Merkur (NASA-Foto)	30
Der Uranusmond Ariel (NASA-Foto)	39
Asteroiden-Brocken Itokawa (NASA-Foto)	40
Der Komet Churyomov-Gerasimenko (ESA-Foto)	47
Meteoritenbruch in der libyschen Wüste (Foto: R. Pelisson, SaharaMet)	48
Proteus, Mond des Neptun (NASA-Foto)	50
Das typische Narbengesicht eines Asteroiden (NASA-Foto)	54
Das Blatterngesicht des Merkur (NASA-Foto)	63
Jupitermond Amalthea (NASA-Foto)	64
Asteroid 2012DA14 (NASA-Foto)	67
Impact-Serie auf dem Jupiter (NASA-Foto)	68
Oberflächendetail vom Mars-Mond Deimos (NASA-Foto)	73
Umbriel, Mond des Uranus (NASA-Foto)	74
Asteroid Dawn, Juli 2011 (NASA- Foto)	76
Jupitermond Callisto (NASA-Foto)	87
Details aus dem Asteroidengürtel (NASA-Illustration)	88
Der Barringer Krater (NASA-Foto)	90
Oberfläche des Mondes (NASA-Foto)	93
Der Asteroid Gaspra (NASA-Foto)	94

Halbmond (Foto: Michael Khan, Darmstadt)	102
Der Asteroid Vesta (NASA-Foto)	106
Narbengesicht des Saturnmondes Iapetus (NASA-Foto)	111
Neptun, der Eisplanet (NASA-Foto)	112
Krater im Kurdengebiet der Türkei (http://www.almusafir.ch)	117
Detail auf dem Kometen Churyomov-Gerasimenko (ESA-Foto)	118
Der Uranusmond Oberon (NASA-Foto)	121
Oberfläche des Kometen Churyomov-Gerasimenko (ESA-Foto)	122
Der Wolf-Creek-Krater in Australien (NASA-Foto)	124
Meteoritenkrater von 2007 in Carancas, Peru (Foto: BBC News)	129
Oberfläche des Kometen Churyomov-Gerasimenko (ESA-Foto)	130
Der Meteorit über Tscheljabinsk (Foto: dpa/AFP)	136
Waldschäden nach dem Tunguska-Desaster 1908 in Russland (www.ikerjimenez.com)	138
Der Planet Venus, in der Antike Lucifer genannt (NASA-Radar-Foto)	142
Der Komet Halley (NASA-Foto)	150
Aspekte des Kometen Churyomow-Gerasimenko (ESA-Foto)	162
Das Steinheimer Becken (Luftaufnahme, Google Earth)	175
Das Nördlinger Ries (Luftaufnahme, Stadt Nördlingen)	176
Asteroid Ida mit seinem Mond Dactyl (NASA-Foto)	184
Marsmond Phobos (NASA-Foto)	188
Der Komet Churyomow-Gerasimenko (ESA-Foto)	190
1,7 kg Eisen-Meteorit aus Alice Springs, Australien http:// www.de.wikipedia.org/wiki/Henbury_(Meteorit)	193
Blick auf den Mars (NASA-Foto)	194
Der Komet Halley (Foto: NASA)	202

Der Hoba-Meteorit, Namibia (german.china.org.cn)	203
Ort des Chicxulub Kraters (www.newgeology.us)	204
Der Komet Hartley 2 (NASA Expoxi Mission am 4.11.2010)	206
Der Manicouagan-Krater in Kanada (ESA-Foto)	212
Die Eiszeit im Quartär (www.physik.wissenstexte.de)	220
Der Bosporus beim heutigen Istanbul	236
Merkur, das Caloris-Becken (NASA-Foto)	240
Die Sombrero-Galaxis (NASA-Foto)	243
Die Antennen-Galaxis (NASA-Foto)	244
Vesta, Koloss unter den Asteroiden (NASA-Foto)	248
Der Hoba-Meteorit in Namibia (www.geo.de)	256

Der Hoba-Meteorit in Namibia (www.geo.de)

 **Carl-Friedrich von Steegen** arbeitet als Journalist und Schriftsteller, er widmet sich der Literatur, der Malerei und der Musik. Sein besonderes Interesse gilt der Erdgeschichte, dem kosmischen Geschehen und der Mythologie der Völker. Sein erstes Buch (*Unter dem Donnergott Perkunos*, Schild, 1986) erzählt die Vor- und Frühgeschichte der westbaltischen Völker in Ostpreußen. Dann gingen touristische Taschenbücher auf den Markt (*Wanderungen um Berlin*, Busse Seewald, 1990). Bekannt geworden ist der Autor durch seine Analyse des Bösen (*Satan - Porträt des Leibhaftigen*, Heyne 1998).

www.ingramcontent.com/pod-product-compliance
Lightning Source LLC
Chambersburg PA
CBHW051636170526
45167CB00001B/213